高等教育“新工科”产教融合创新教材

建筑工程制图与CAD

邓福康　姚继权　主编

中国建筑工业出版社

图书在版编目（CIP）数据

建筑工程制图与CAD/邓福康，姚继权主编．—北京：中国建筑工业出版社，2021.4（2024.6重印）
高等教育“新工科”产教融合创新教材
ISBN 978-7-112-26058-4

Ⅰ.①建… Ⅱ.①邓… ②姚… Ⅲ.①建筑制图-AutoCAD软件-高等学校-教材 Ⅳ.①TU204.2-39

中国版本图书馆CIP数据核字（2021）第065044号

本书按照教育部高等学校工程图学课程教学指导委员会制定的《普通高等学校工程图学课程教学基本要求》（2015版）和国家标准中有关建筑制图的条款，结合编制组多年来承担的省级、校级精品资源共享课、教学改革项目的研究成果编写而成。本书内容包括基本投影理论、专业工程图、制图实践三部分，在本书编写过程中，重点内容采用Classroom Digital System数字化课堂平台技术。

本书可作为高等学校工程管理、测绘工程、建筑学、工程力学及相关专业的建筑制图课程教材，也可供高职院校、继续教育、网络教育、职工大学等院校相关专业选用。

策划编辑：徐仲莉
责任编辑：曹丹丹
责任校对：姜小莲

高等教育“新工科”产教融合创新教材
建筑工程制图与CAD
邓福康　姚继权　主编
*
中国建筑工业出版社出版、发行（北京海淀三里河路9号）
各地新华书店、建筑书店经销
霸州市顺浩图文科技发展有限公司制版
建工社（河北）印刷有限公司印刷
*
开本：787毫米×1092毫米　1/16　印张：15　插页：4　字数：385千字
2021年6月第一版　2024年6月第三次印刷
定价：**46.00**元
ISBN 978-7-112-26058-4
（37209）

编写委员会

主　审： 周佳新（沈阳建筑大学）

刘　瀛［源助教（沈阳）科技有限公司］

主　编： 邓福康（宿州学院）

姚继权（辽宁工程技术大学）

副主编： 倪树楠（辽宁工程技术大学）

刘　佳（辽宁工程技术大学）

编　委： 杨　梅（辽宁工程技术大学）

倪　杰（辽宁工程技术大学）

侯　锋（辽宁工程技术大学）

尹　晶（辽宁工程技术大学）

杨舒婷（辽东学院）

王乙惠［源助教（沈阳）科技有限公司］

前　言

本书按照教育部高等学校工程图学课程教学指导委员会制定的《普通高等学校工程图学课程教学基本要求》（2015 版）、国家标准及编制组多年的研究成果编写。本书内容包括基本投影理论、专业工程图、制图实践三个部分。

（1）基本投影理论主要包括点、线、面的投影，线面的相对位置、投影变换、立体投影、截切与相贯、轴测投影、建筑形体的表达；

（2）专业工程图主要包括建筑施工图、结构施工图；

（3）制图实践主要包括制图的基本知识、仪器绘图、计算机绘图。

通过本书的学习，主要培养学生的空间思维能力、绘制和阅读建筑图样能力、工程设计能力。本书主要供普通高等学校工程管理、测绘工程、建筑学、工程力学等相关专业建筑制图、AutoCAD 课程教学使用，也可供高职院校、继续教育、网络教育等院校和相关工程技术人员学习使用。

本书由宿州学院邓福康副教授、辽宁工程技术大学姚继权副教授担任主编。参加编写的有：杨梅第 1 章；刘佳第 2、3、4、7 章；倪树楠第 5、8、9 章；姚继权第 10、11 章；杨舒婷第 6、12 章；邓福康、倪杰、侯锋、尹晶参加了本书部分内容的编写和图形绘制工作，全书由姚继权、邓福康统稿。

本书在编写过程中，获批辽宁省一流课程《建筑制图》，得到源助教（沈阳）科技公司的 CDS（Classroom Digital System）数字化课堂平台技术支持，宿州学院提供了较多工程实践案例，也参考和引用了国内学者和同行的部分研究成果，在此一并致谢。由于编者水平有限，敬请读者批评指正。

2021 年 4 月

目　　录

第一篇　绪　　论

第二篇　画法几何

第三篇　制图基础

第四篇　建筑工程专业图

第五篇 计算机绘图

第一篇

绪　论

第1章　绪　　论

(1) 课程的地位、内容、任务和学习方法。

(2) 投影法分类及平行投影的基本性质。

(3) 工程中常用的投影图。

1.1　课程地位、内容、任务和学习方法

1.1.1　课程地位

建筑制图是土建类专业重要的工程基础课。它是以投影法为理论基础，以图示为手段，以工程对象为表达内容的一个学科。在建造房屋（图1-1）、桥梁等工程项目中，都需要根据设计完善的图纸进行施工。

在建筑工程中，需要将建筑物的形状、大小、材料、结构、设备、装修等内容用图样表达出来，因为这些内容很难用语言或文字描述清楚，而图纸可以借助一系列图样和必要的文字说明将这些内容准确而详尽地表达出来，作为施工依据，所以图纸是各类工程不可缺少的重要技术资料。

工程图样是设计与制（建）造中工程与产品信息的载体、表达和传递设计信息的主要媒介，被认为是工程界表达、交流技术思想的语言；是人们认识规律、表达信息、探索未知的重要工具。不会绘图，就无法表达自己的设计思想；不会读图，就无法理解别人的设计意图并根据图纸进行施工。

图1-1　某小学教学楼

图1-2是如图1-1所示小学教学楼的一张建筑施工图。此施工图表达了该教学楼的长、宽、高尺寸，正立面形状，教学楼的内部分隔情况，教室大小，楼层高度及门窗、楼梯位置等主要施工资料。在建筑施工图中，还要有总平面图表达该教学楼的坐落位置，建筑详图表达门窗、栏板等构件的具体做法。此外，还要有结构施工图和设备施工图表达承

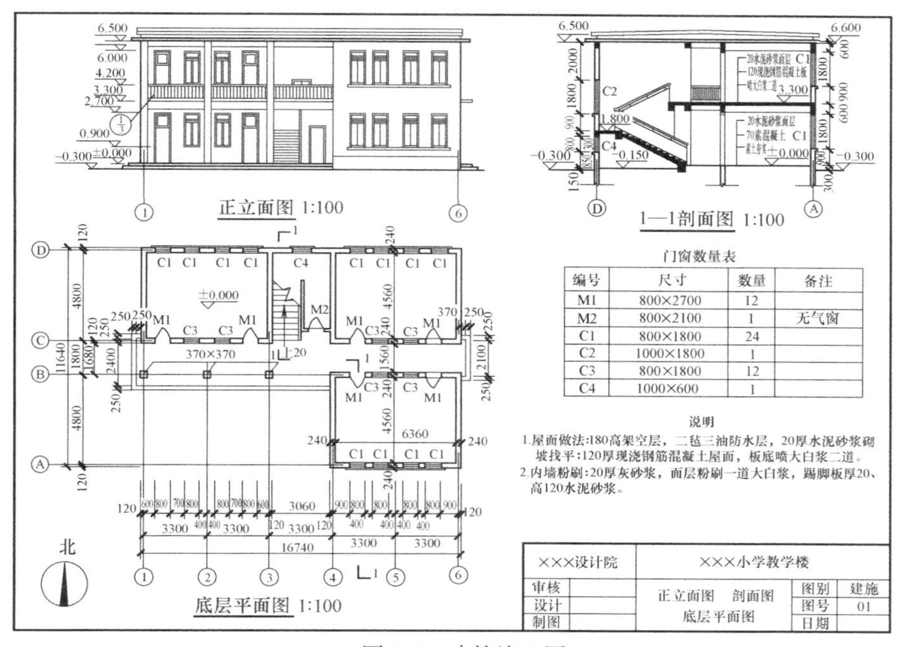

图 1-2　建筑施工图

某小学教学楼模型

重构件的构造和设备的布置情况。从事工程技术的人员，都必须掌握绘制和阅读工程图样的基本方法，以满足设计和生产的需要。

1.1.2　课程内容与要求

本课程包括基本投影理论、画法几何、制图基础、建筑工程专业图和计算机绘图五大部分内容。

（1）基本投影理论：主要包括投影法的基本理论和方法。

（2）画法几何：画法几何是专业制图的理论基础，比较抽象，系统性和理论性较强。包括点、线、面的投影，立体的投影，轴测投影，组合体等几方面的内容。

（3）制图基础：主要介绍建筑制图国家标准中的基本规定，如图幅、比例、字体、图线、尺寸标注等。要求学生能正确使用绘图工具，掌握徒手绘图和尺规绘图的能力。

（4）建筑工程专业图：本部分内容是画法几何在工程实践中的应用结果，包括建筑形体、建筑施工图、结构施工图等内容，要求学生掌握工程图样的绘制与阅读方法，为后续课程的学习打下良好的基础。

（5）计算机绘图：对计算机绘图有初步认识，并能应用计算机绘图软件绘制出一般工程图样。

1.1.3　课程任务

本课程作为工科专业重要的工程基础课，不但要培养学生工程图样绘制、阅读及形象思维能力，还要提高学生工程素质、增强创新意识。

主要学习任务：

（1）培养依据投影理论用二维图形表达三维形体的能力。

（2）培养空间思维能力和形象思维能力。

（3）培养徒手绘图和尺规绘图的能力。

（4）培养绘制和阅读建筑工程图样的基本能力。

（5）培养计算机二维绘图和三维形体建模的能力。

（6）培养工程意识、标准化意识和严谨认真的工作态度。

1.1.4 课程学习方法

本课程既有理论又偏重实践，对空间想象能力既有初步要求，又有强化培养作用。

学习本课程应注意以下几个方面：

（1）以空间形体（表达对象）为本，投影为手段。学习中应以图为中心，提倡“三多”，即多看，多想，多画，手脑并用。通过一系列由浅入深地读图、绘图实践，建立空间（三维）到平面（二维），平面到空间的转换能力，培养空间思维能力和想象能力。

（2）认真、及时、独立完成作业。

（3）学习中应勤学多问、知难而进、不厌其烦。

（4）学习专业工程图部分，绘图时需要更严谨的学习态度与工作作风，要符合国家标准。国家标准是评价工程图样是否合格的重要依据，要认真学习国家标准的相关内容并严格遵守，扎扎实实地学好专业制图知识。

1.2 基本投影理论

1.2.1 投影法及其分类

在日常生活中，可以看到物体在阳光或灯光的照射下，在地面或墙面上产生影子的现象，这就是投影现象。人们根据这一现象，经过科学抽象，创造了将物体表示在平面上的方法。在这里，称光线为投射线，所有投射线的起源点为投射中心，地面或墙面为投影面，影子为投影，如图 1-3 所示。利用投射线通过物体，向指定的投影面投射，并在投影面上得到物体投影的方法称为投影法。根据投影法所得到的投影图形，称为投影图。

投射线、投影面、物体（被投影对象）是产生投影的三要素。

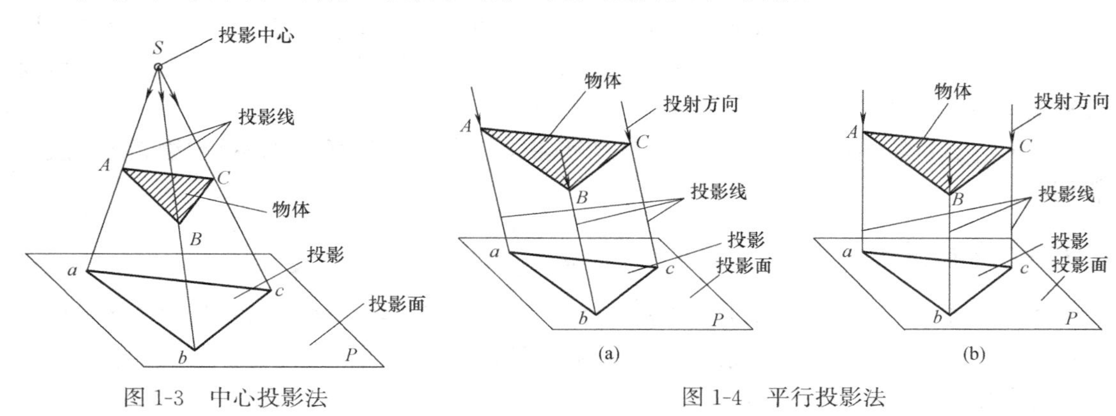

图 1-3　中心投影法

图 1-4　平行投影法

（a）斜投影法；（b）正投影法

工程上常用的投影法有中心投影法和平行投影法两大类。

1. 中心投影法

中心投影法是投射线汇交于一点的投影法（投射中心位于有限远处），如图1-3所示。

2. 平行投影法

平行投影法是投射线相互平行的投影法（投射中心位于无限远处，所有投射线具有相同的投射方向），如图1-4所示。在平行投影法中，根据投射线与投影面的关系又分为斜投影法和正投影法两种。

（1）斜投影法：平行投影法中，当投射线与投影面倾斜时，这种对物体进行投影的方法称为斜投影法，如图1-4（a）所示。

（2）正投影法：平行投影法中，当投射线与投影面垂直时，这种对物体进行投影的方法称为正投影法，如图1-4（b）所示。

正投影法具有作图简便、度量性好的特点，在工程中得到了广泛的应用。用正投影法得到的物体投影称为正投影图。本书中提到的投影，除特别说明外，均为正投影。

1.2.2 平行投影的基本性质

物体的形状是由其表面的形状决定的。表面是由线（直线、曲线）和面（平面、曲面）构成的。因此，物体的投影就是构成物体表面的线（直线、曲线）和面（平面、曲面）的投影的总和。平行投影的基本性质，主要是指直线、平面的投影特性。

1. 实形性

当空间直线或平面与投影面平行时，其投影反映原直线的实长或原平面图形的实形，如图1-5所示。

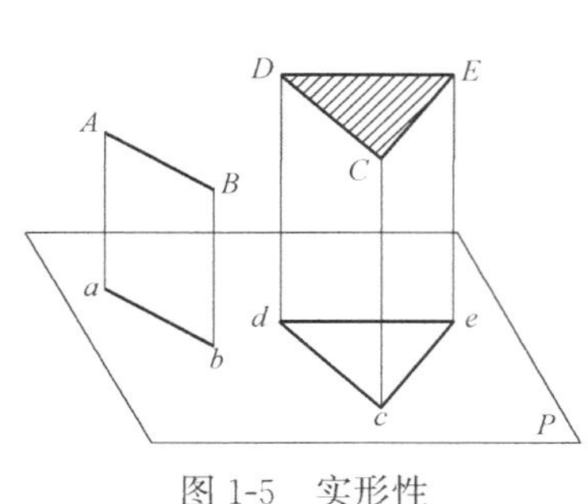

图1-5 实形性

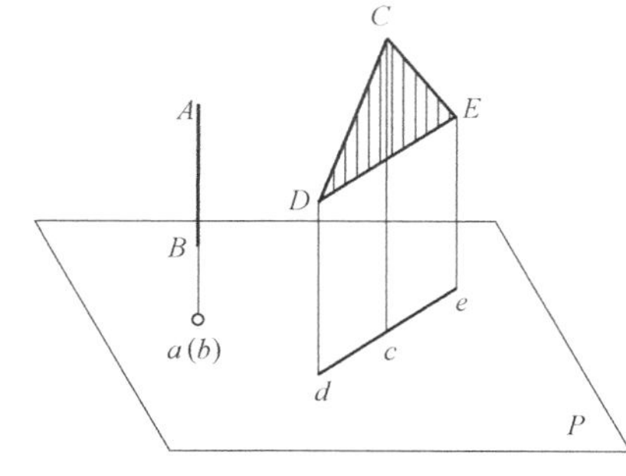

图1-6 积聚性

2. 积聚性

当空间直线或平面与投射线平行时（正投影时，则垂直于投影面），则直线的投影积聚为一个点，平面的投影积聚为一条直线，如图1-6所示。

3. 类似性

当空间直线或平面与投影面倾斜时，则直线的投影仍为直线，但长度发生改变（正投影的长度缩短），平面的投影为类似形（正投影的面积变小），如图1-7所示。

4. 从属性

一点在一直线（或曲线）上，它的投影必落在该直线（或曲线）的同面投影上，如图1-8所示。

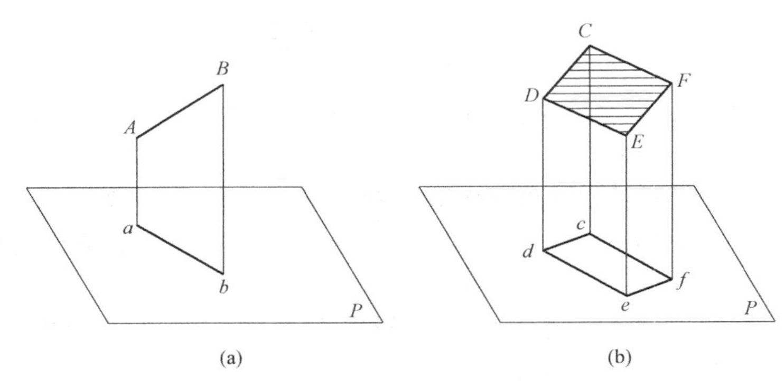

图 1-7 类似性

(a) 直线的投影；(b) 平面的投影

5. 定比性

若直线上的点分割线段成一定比例，则点的投影分割线段的投影成相同的比例，如图 1-8 所示，$AK:KB=ak:kb$。

6. 平行性

当空间两直线相互平行时，它们的投影一定相互平行，且两直线的投影长度之比等于其空间长度之比，如图 1-9 所示。

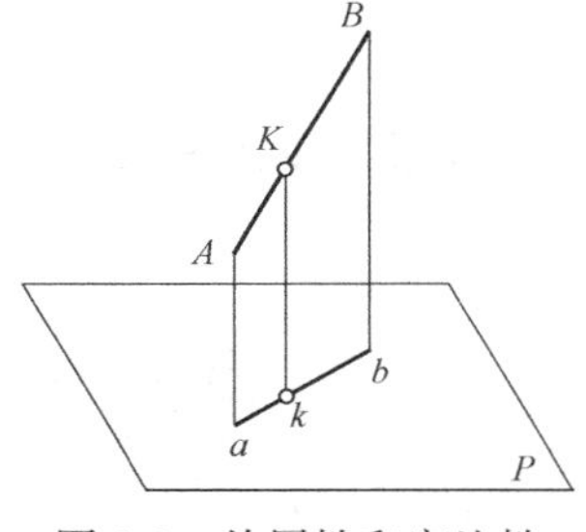

图 1-8 从属性和定比性

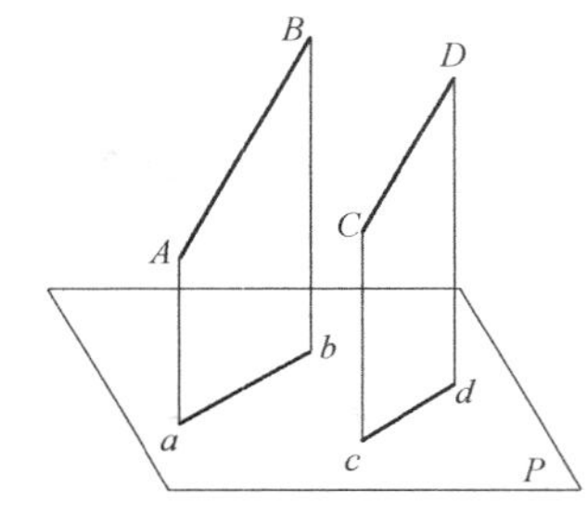

图 1-9 平行性

1.2.3 工程中常用投影图

1. 多面正投影图

由于单面投影和某些情况下的两面投影不能确定物体的形状，如图 1-10 所示的物体具有相同的单面投影和两面投影，因此工程上通常采用三面投影表达物体的形状。

三面投影体系由三个互相垂直的平面构成，V 面称为正立投影面，H 面称为水平投影面，W 面称为侧立投影面，三个投影面两两垂直相交的交线 OX、OY、OZ 称为投影轴，三个投影轴相互垂直且交于一点 O，称为原点。

如图 1-11 所示为把一物体分别向三个互相垂直的投影面做正投影的过程。物体移走后，规定 V 面固定不动，H 面绕 OX 轴向下旋转，W 面绕 OZ 轴向右旋转，将投影面及物体的投影展开到同一平面，得到物体的三面投影图。

投影面展开后，形体在 V 面、H 面和 W 面的投影分别称为主视图、俯视图和左视图。主、俯两个视图左右对正，称为“长对正”；主、左两个视图都反映物体的高度，称

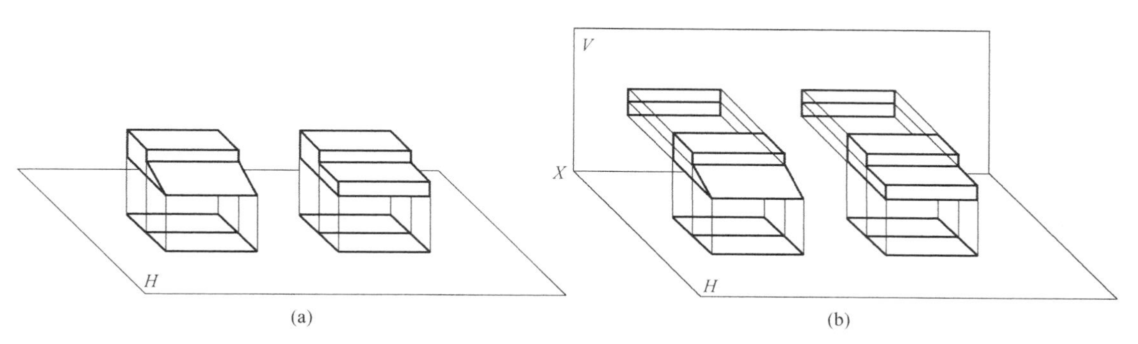

图 1-10　单面投影与两面投影

（a）单面投影；（b）两面投影

为“高平齐”；俯、左两个视图都反映物体的宽度，称为“宽相等”。

三视图之间的这种对应关系也称为三视图的投影规律，这种关系无论是对整个物体还是对物体的局部均是如此。

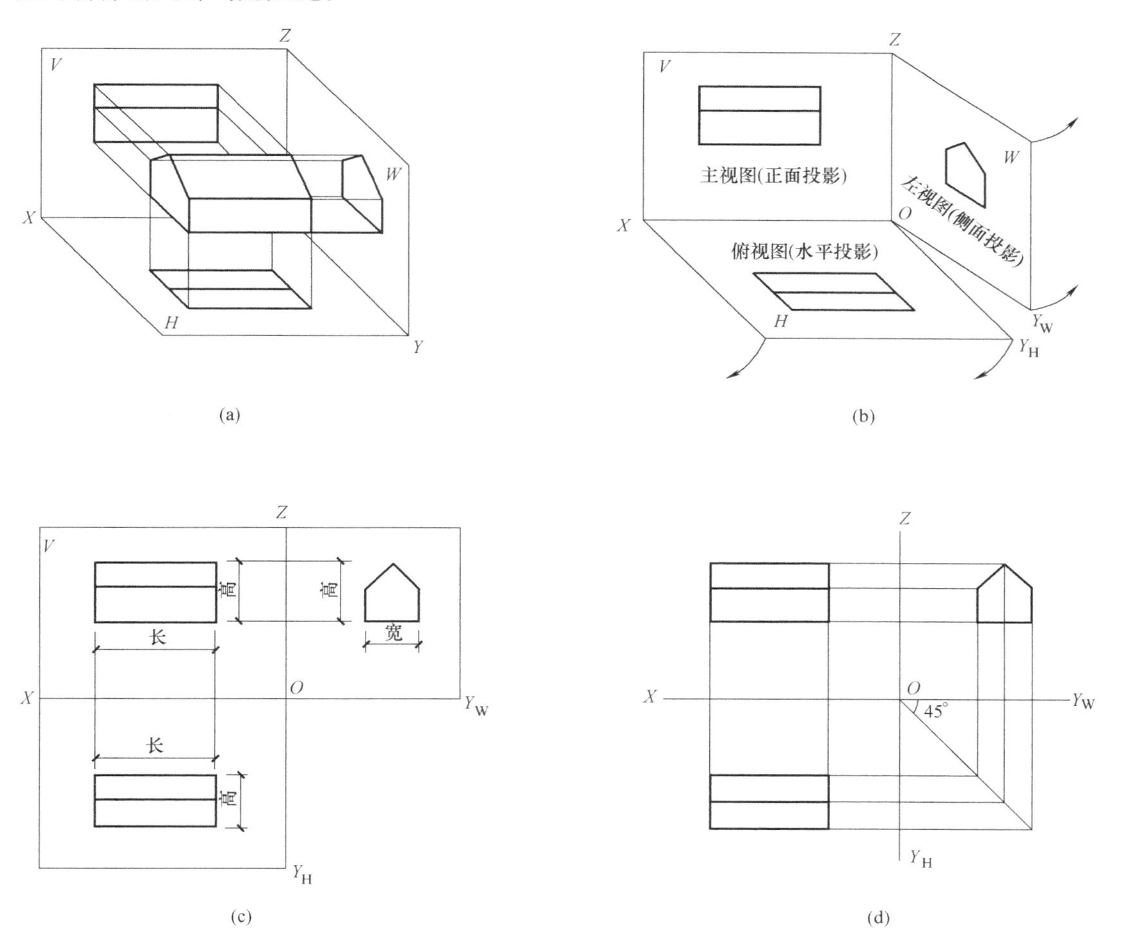

图 1-11　物体的三面投影形成、投影面展开及作图过程

（a）物体的三投影面投影（第一角画法）；（b）投影面的展开；

（c）展开后的三面投影位置；（d）实际画图时的三面投影

多面正投影图能较完整、准确地表达出物体的形状和大小，度量性好，作图简便，在工程图中被广泛采用。其缺点是立体感较差，读图时需要将几个投影联系起来才能想象出物体的形状，需要经过专门学习和训练才能看懂。

2. 轴测投影图

在物体上建立一个适当的直角坐标系，用平行投影法将物体连同其参考直角坐标系一起沿不平行于任一坐标平面的方向投射到单一投影面上，所得到的图形称为轴测投影图，如图 1-12 所示。

轴测投影图能同时反映物体长、宽、高 3 个方向的大致形状，立体感较强，但度量性和反映物体的全面性方面不如多面正投影图，且作图较繁锁，在生产实践中一般作为辅助图样。

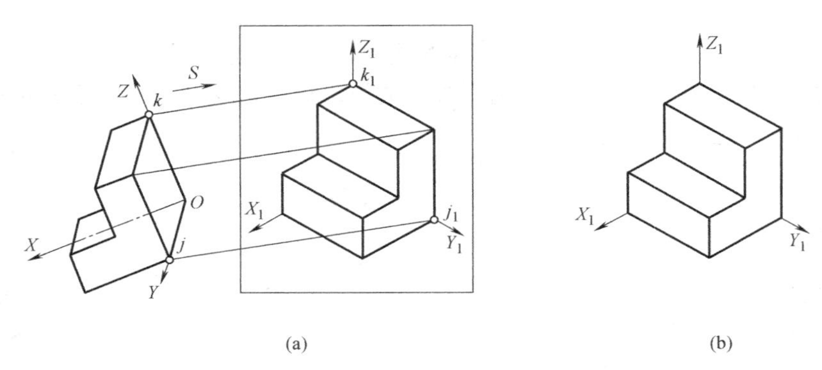

图 1-12　轴测投影图

(a) 轴测投影图的形成；(b) 物体的轴测图

3. 透视图

用中心投影法在投影面上画出房屋的单面投影，称为透视图（图 1-13）。透视图常用于形体宏大的建筑物。透视图相当于一个人的眼睛在投影中心的位置所看到的该房屋的形象，符合近大远小的视觉效果，直观性强，但它的度量性差，作图较难。

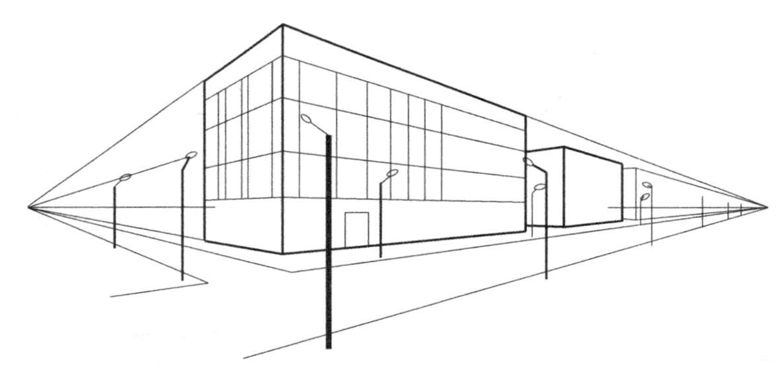

图 1-13　透视图

4. 标高投影图

用正投影法将一段地形的等高线或物体的等值线投影到一个投影面上，并标出等高线（或等值线）数值，这种带有标高的正投影图称为标高投影图（图 1-14）。地形图一般采用这种形式，图上附有作图的比例尺。

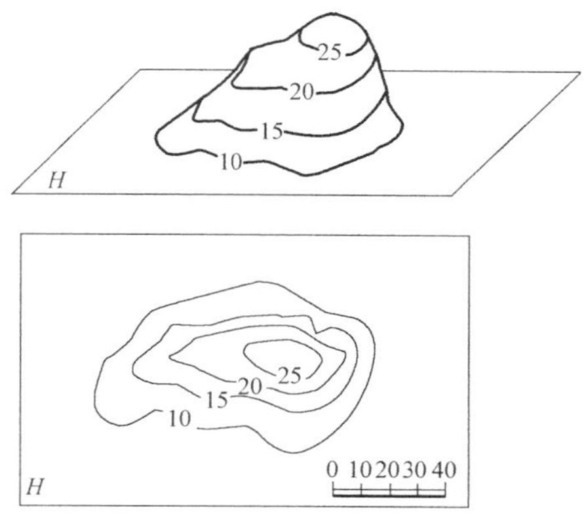

图 1-14　标高投影图

【本章小结】

本章主要介绍了本学科的地位、研究内容和学习任务；介绍了投影法的基本概念及投影法的分类，平行投影法的基本性质，工程中常用的工程图样等内容。

【思考与习题】

（1）投影法分为几类？
（2）平行投影法的基本性质有哪些？
（3）为什么工程图样多采用正投影图？

第二篇

画 法 几 何

第 2 章　点、直线、平面的投影

（1）点的投影。
（2）线的投影。
（3）面的投影。
（4）直线与平面以及两平面的相对位置。

2.1　点的投影

立体是由面所围成的封闭空间，房屋形体大多是由多个平面表面围成，如图 2-1 所示，这些相邻表面相交于多条直线，各直线又相交于多个顶点。因此作出立体的投影，需作出构成立体表面的一些点、线、面等基本几何要素的投影。点是最基本的几何要素，它也是求作直线和平面投影的基础。

如图 2-2 所示，给定空间点 A，可以确定其投影。但由于点的单面投影不能唯一确定点的空间位置，因此工程中多采用两面或三面投影来表示点的空间位置。

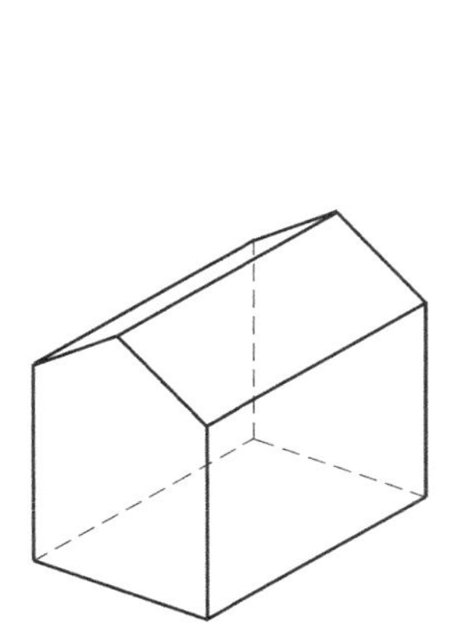

图 2-1　房屋形体

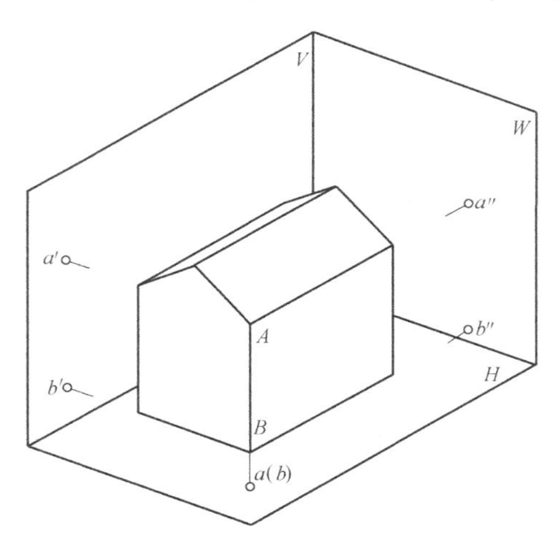

图 2-2　点的投影

房屋形体及点的投影

2.1.1　点的两面投影

如图 2-3（a）所示，空间有两个相互垂直的投影面，一个是水平放置的水平投影面 H（简称 H 面），另一个为直立放置的正立投影面 V（简称 V 面），这两个投影面构成一个两投影面体系，V/H 体系。两个投影面的交线 OX 称为投影轴。

作空间点 A 的两面投影，需过点 A 分别作两个投影面的垂线，垂足即为投影，得到

的 a 和 a' 分别为点 A 的水平投影和正面投影。为了将 V 面和 H 面处于同一个平面上，需要将其展开，展开的过程是：V 面不动，H 面绕 OX 轴向下旋转 90°，如图 2-3（b）所示，去掉投影面的边框和标记，即得到点 A 的两面投影图，如图 2-3（c）所示。

由此，得到点的正投影规律：

（1）点 A 的正面投影和水平投影的连线垂直于投影轴（即 $a'a \perp OX$）。

（2）点 A 的正面投影到投影轴的距离等于空间点 A 到 H 面的距离（即 $a'a_X = Aa$）；点 A 的水平投影到投影轴的距离等于空间点 A 到 V 面的距离（即 $aa_X = Aa'$）。

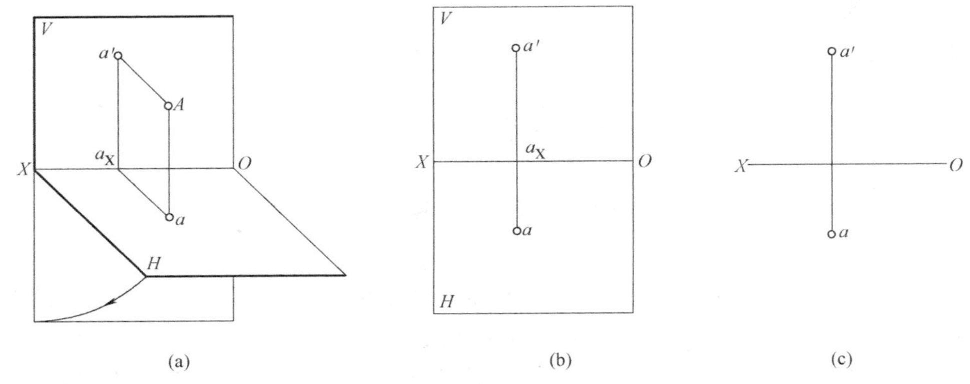

图 2-3　点在两投影面体系中的投影

（a）点的投影；（b）展开图；（c）投影图

作图时，点的投影用小写字母表示，并用小圆圈或小黑点标记；投影轴和投影连线用细实线；擦去多余作图线，字母书写工整，大小一致。

图 2-4 中为几种不同位置点的两面投影。

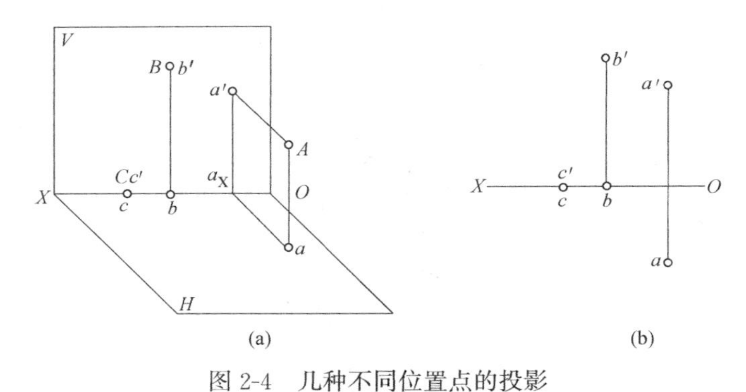

图 2-4　几种不同位置点的投影

2.1.2　点的三面投影

如图 2-5 所示，三投影面体系是在两投影面体系的基础上增加了一个侧立的投影面 W（简称 W 面），使 W 面垂直于 V 面和 H 面。三个投影面两两垂直并相交，得到三条投影轴 OX 轴、OY 轴和 OZ 轴，点 O 为投影原点。

空间点 A 在 H 面、V 面和 W 面上的投影分别用 a、a' 和 a'' 表示。a'' 为侧面投影。展开过程：H 面绕 OX 轴向下旋转 90°、W 面绕 OZ 轴向右旋转 90°，三个投影面处于同一平面上，去掉投影面的边框和标记，得到点的三面投影图，如图 2-5（c）所示。

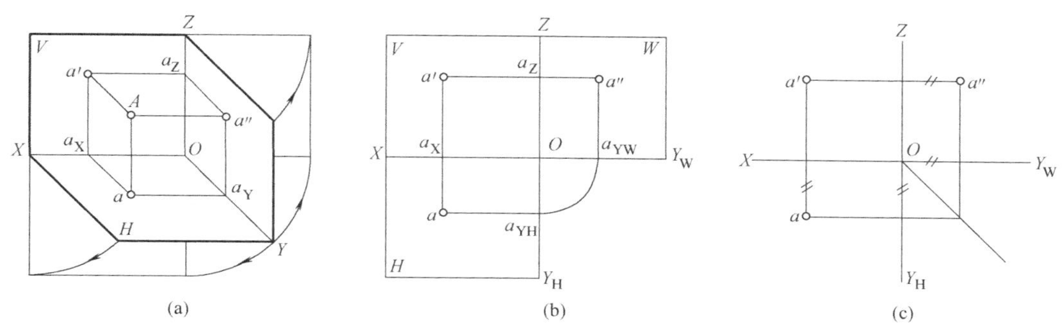

图 2-5　点的三面投影

在三投影体系中，每两个投影面构成一个两投影面体系，由前面所述，可知点的三面投影规律：

（1）点 A 的正面投影与水平投影的连线垂直于 OX 轴，即 $a'a \perp OX$；

（2）点 A 的正面投影与侧面投影的连线垂直于 OZ 轴，即 $a'a'' \perp OZ$。

（3）点 A 的水平投影到 OX 轴的距离 aa_X 等于点 A 的侧面投影到 OZ 轴的距离 $a''a_Z$，它们均反映空间点 A 到 V 面的距离，即 $aa_X = a''a_Z = Aa'$。

点的三面投影规律表明点的三个投影 a、a' 和 a'' 之间的关系，也是立体三面投影中“长对正、高平齐、宽相等”的理论依据。

空间点 A 的位置可由它的三个坐标确定，表示为 $A(x, y, z)$。三投影体系中，组成一个空间坐标系，三个投影面就是坐标面，投影轴就是坐标轴，因此点 A 的三个投影坐标分别为 $a(x, y)$、$a'(x, z)$、$a''(y, z)$。因此，根据点的任意两投影，可唯一确定该点的空间位置，也可作出它的第三面投影。

【例 2-1】 如图 2-6（a）所示，已知点 A 的正面投影 a' 和侧面投影 a''，求它的水平投影 a。

作图：

（1）过 a' 作投影轴 OX 的垂线，a 必在这条竖直的投影连线上。

（2）过 O 作 45°斜线，过 a'' 作竖直方向线与 45°斜线相交，然后过交点向左作水平线，与竖直的投影连线的交点即为 a。

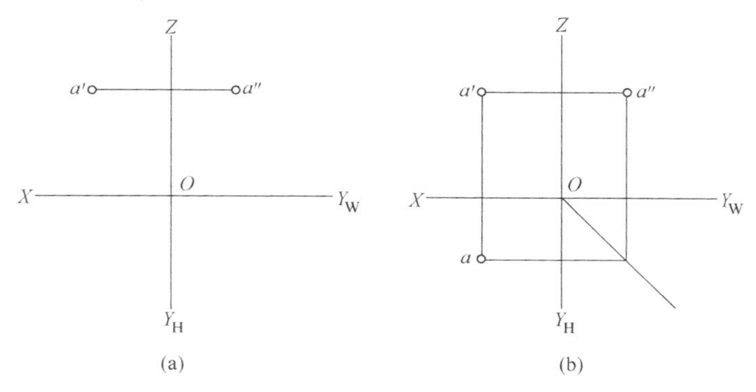

图 2-6　求点的第三投影

2.1.3 两点的相对位置

空间两点的相对位置有左右、前后、上下之分，可以在其三面投影图中得到反映。H 面投影反映它们的左右、前后关系，V 面投影反映其左右、上下关系，W 面投影反映其前后、上下关系。

把投影面看成是直角坐标系中的坐标面，投影轴看成是坐标轴，可建立点的投影与直角坐标的关系。两点的相对位置在投影图上可以通过三个方向的坐标差 ΔX_{AB}、ΔY_{AB}、ΔZ_{AB} 判断，规定 X、Y、Z 坐标值增大方向分别为左、前、上，反之为右、后、下。如图 2-7 所示，通过坐标差可以判断 A 点在 B 点的右、后和上的位置。

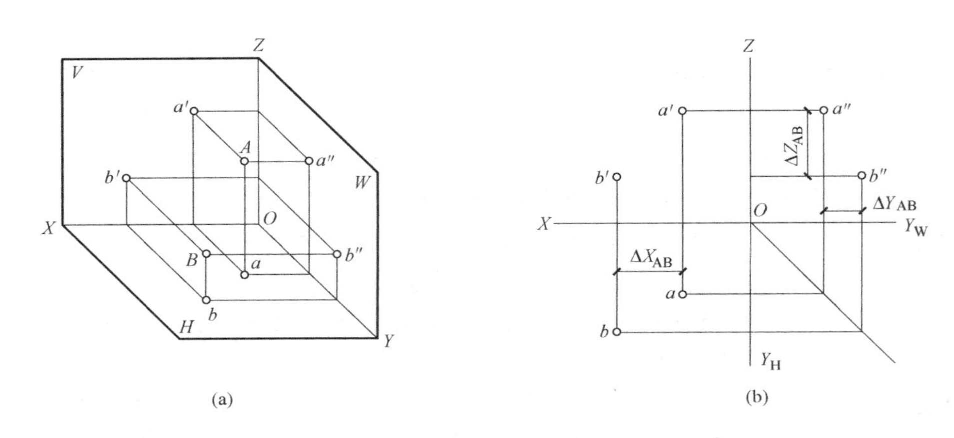

图 2-7　两点的相对位置

在特殊情况下，空间两点在某一投影面上的投影重合为一点，这两点称为对该投影面的重影点。如图 2-8 所示，点 C、D 的水平投影重合为一点，这两个点称为一对对 H 面的重影点，从 V 投影可知，点 D 位于点 C 的正下方，因此，在水平投影中，点 C 可见，点 D 不可见，重合投影标记为 $c(d)$。同理可知，点 E、F 称为一对对 V 面的重影点，其正面投影标记为 $e'(f')$。

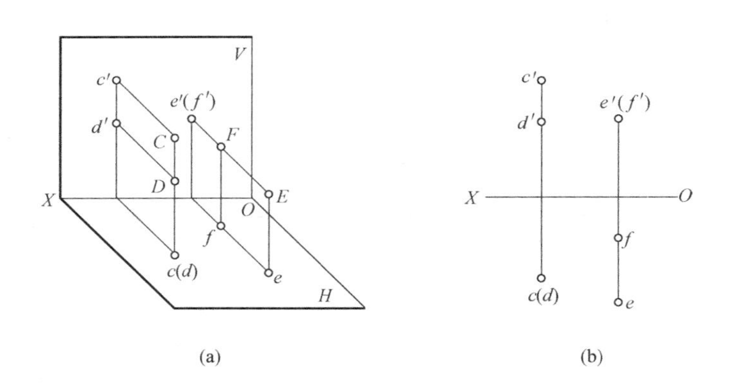

图 2-8　重影点

2.2 线的投影

线可以看作空间动点的运动轨迹，也可以看作两个面的交线。点沿定向运动形成直线，否则形成曲线。曲线上所有的点都在同一平面上时，称为平面曲线，否则称为空间曲线。

两点确定一条直线，所以直线的空间位置可由线上任意两点的位置确定，如图 2-9（a）所示，标记为直线 AB。线的投影是线上所有点的投影的集合。

2.2.1 直线的投影

直线的投影，一般情况下仍为直线，特殊情况下为一点，如图 2-9（b）所示。

直线的三面投影，可作出直线上两点的三面投影，然后用粗实线将其同面投影相连，即得到直线的三面投影，如图 2-9（c）、（d）所示。

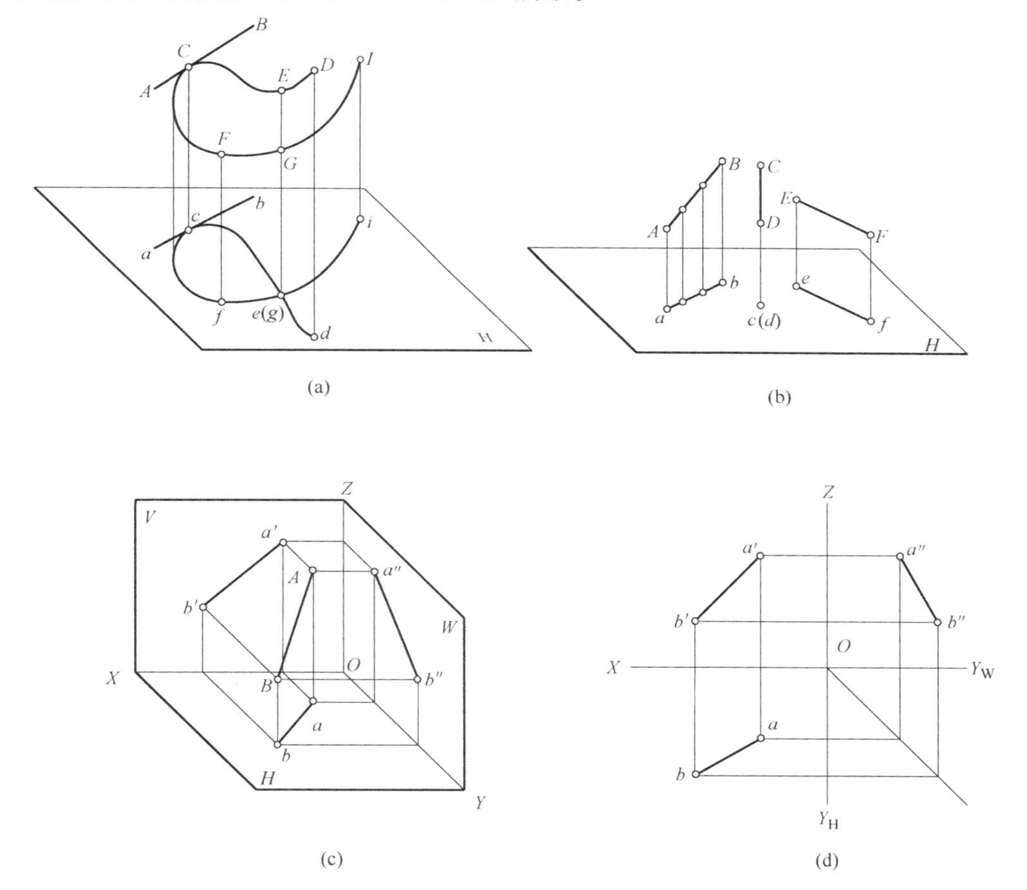

图 2-9　线的投影

2.2.2 各种位置直线及其投影特性

从正投影的基本特性可知，直线针对投影面有三种位置关系，投影面的平行线、垂直线和一般位置直线三大类，共七种情况。

（1）投影面平行线：直线与某一投影面平行，与另两投影面倾斜，分为水平线、正平线和侧平线，其投影特性见表 2-1；

（2）投影面垂直线：直线与某一投影面垂直，与另两投影面平行，分为铅垂线、正垂线和侧垂线，其投影特性见表 2-2；

（3）一般位置直线（简称一般线）：直线与三个投影面均倾斜，如图 2-9（c）（d），其投影特性：三面投影与投影轴均倾斜，三面投影的长度均小于实长，且投影与投影轴的夹角不反映直线对投影面的倾角。

平行线的投影特性 **表 2-1**

名称	水平线（$AC /\!/ H$ 面）	正平线（$AB /\!/ V$ 面）	侧平线（$BC /\!/ W$ 面）
轴测图	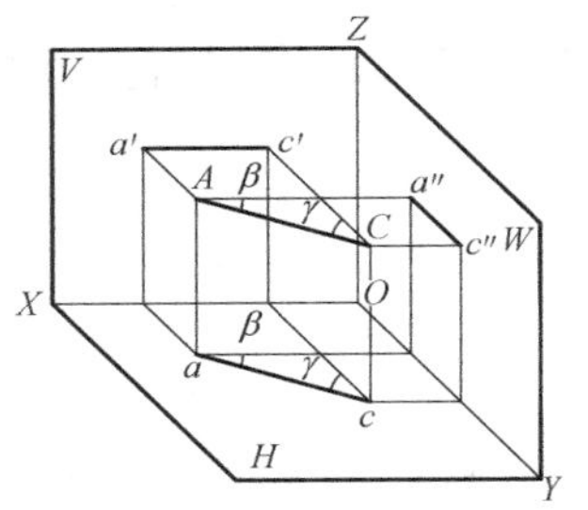	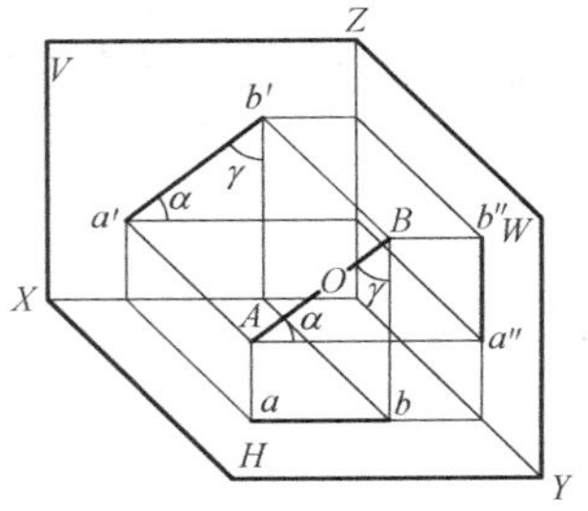	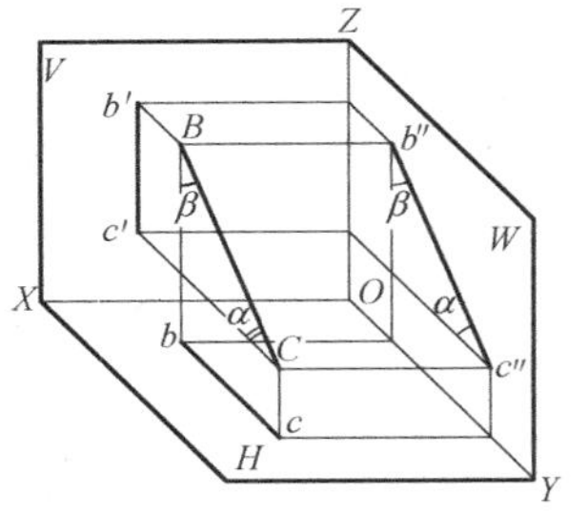
投影图	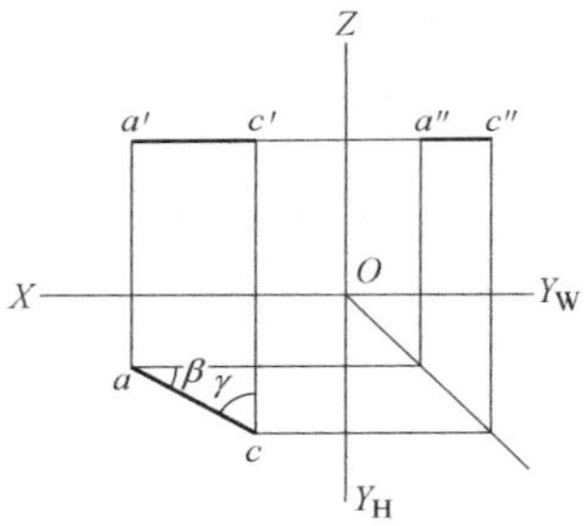	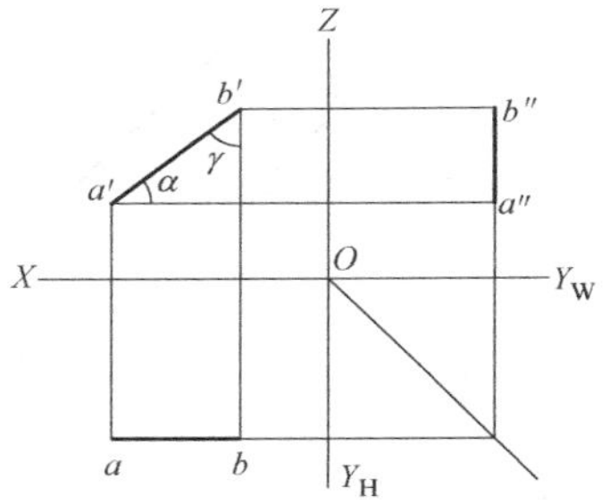	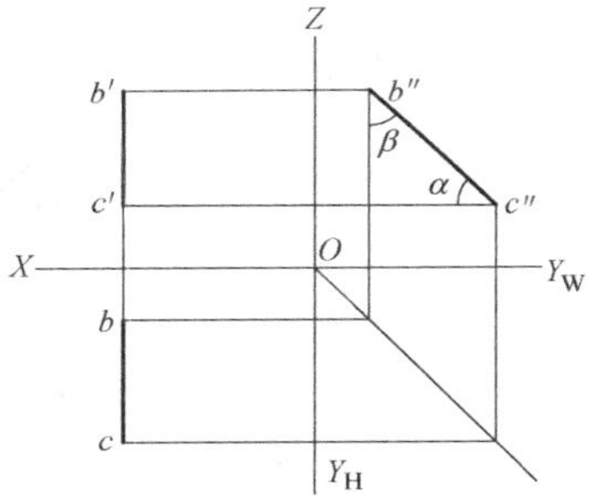
投影特性	1. $ac=AC$； 2. H 面投影反映 β、γ； 3. $a'c' /\!/ OX$，$a'c'<AC$，$a''c'' /\!/ OY_W$，$a''c''<AC$	1. $a'b'=AB$； 2. V 面投影反映 α、γ； 3. $ab /\!/ OX$，$ab<AB$，$a''b'' /\!/ OZ$，$a''b''<AB$	1. $b''c''=BC$； 2. W 面投影反映 α、β； 3. $b'c' /\!/ OZ$，$b'c'<BC$，$bc /\!/ OY_H$，$bc<BC$

垂直线的投影特性 **表 2-2**

名称	铅垂线（$AC \perp H$ 面）	正垂线（$AB \perp V$ 面）	侧垂线（$AD \perp W$ 面）
轴测图	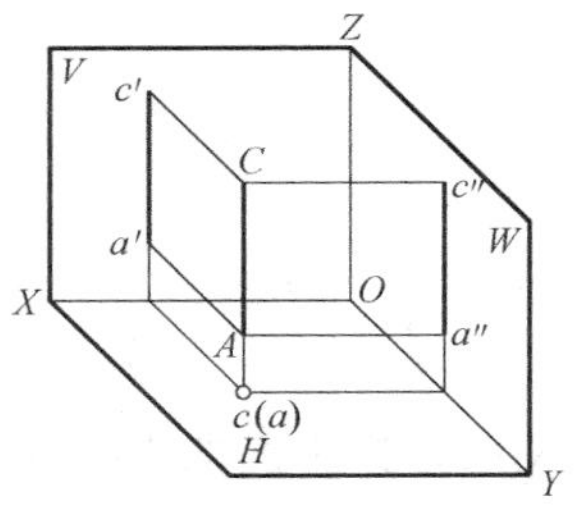	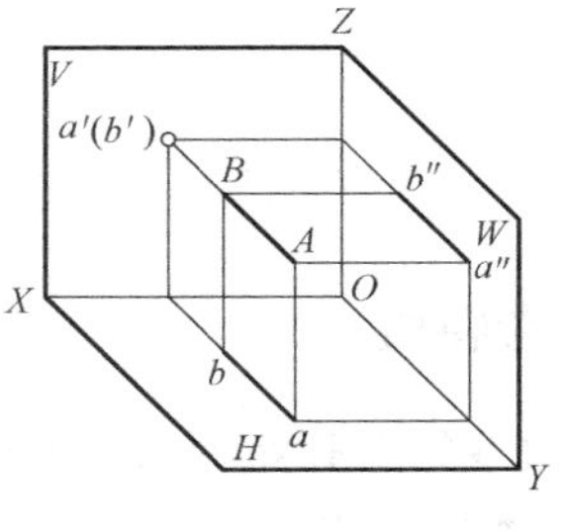	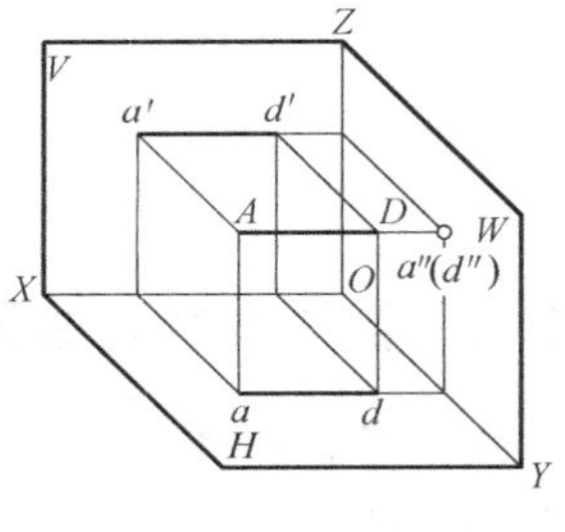

续表

名称	铅垂线（$CA \perp H$ 面）	正垂线（$AB \perp V$ 面）	侧垂线（$AD \perp W$ 面）
投影图	Z c′　c″ a′　a″ X　O　Y_W c(a) Y_H	Z a′(b′)　b″　a″ X　O　Y_W b a Y_H	Z a′　d′　a″(d″) X　O　Y_W a　d Y_H
投影特性	1. $c(a)$ 重影成一点； 2. $a'c' \perp OX$，$a''c'' \perp OY_W$； 3. $a'c' = a''c'' = AC$	1. $a'(b')$ 重影成一点； 2. $ab \perp OX$，$a''b'' \perp OZ$； 3. $ab = a''b'' = AB$	1. $a''(d'')$ 重影成一点； 2. $a'd' \perp OZ$，$ad \perp OY_H$； 3. $ad = a'd' = AD$

2.2.3　直线上的点的投影

如图 2-10 所示，点在直线上，则点的各面投影必在直线的同面投影上，这种性质称为从属性。

点在直线上，它将线段分成两段的长度之比等于它们投影的长度之比，即 $AC : CB = ac : cb = a'c' : c'b' = a''c'' : c''b''$，这种性质称为定比性。

根据直线上点的性质，可作出直线上点的投影。反之，也可根据投影判断点与直线的空间情况。

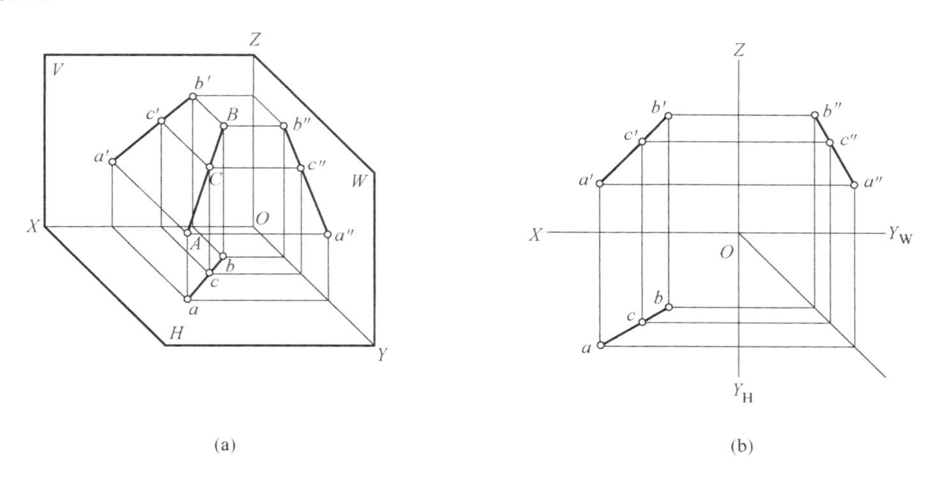

(a)　　(b)

图 2-10　直线上的点

【例 2-2】 如图 2-11 所示，已知侧平线 AB 的正面和水平投影，以及 AB 上一点 C 的正面投影 c'，求点 C 的水平投影 c。

方法一：根据定比性作图，如图 2-11（a）所示。

作图：

(1) 过点 a 作任一射线，并在该线上截取 $ac_0=a'c'$，$c_0b_0=c'b'$，得点 c_0、b_0；

(2) 连接 b_0b，并由 c_0 作 $c_0c//b_0b$ 交 ab 于点 c，即得到点 C 的水平投影 c。

方法二：根据第三投影作图，如图 2-11 (b) 所示。

作图：

(1) 作出直线 AB 和点 C 的侧面投影 $a''b''$ 和 c''；

(2) 由 c'、c'' 作出 c。

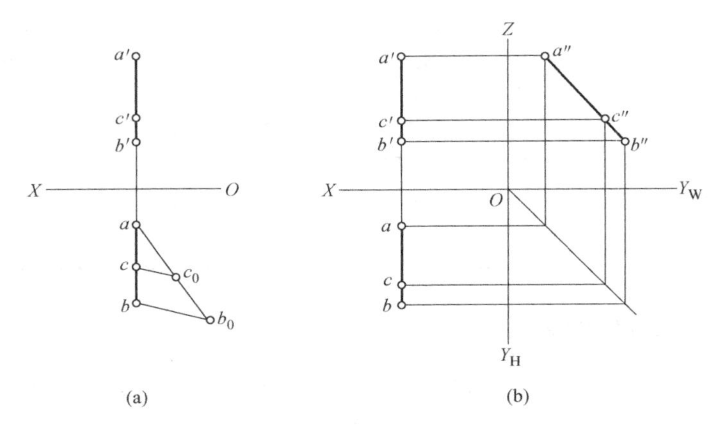

图 2-11　求直线上点 C 的水平投影

2.2.4　直角三角形法求直线的实长及直线与投影面的倾角

一般位置直线的三面投影既不反映直线的实长，也不反映直线对投影面的倾角。下面介绍直角三角形法求一般位置直线的实长及其对投影面的倾角。

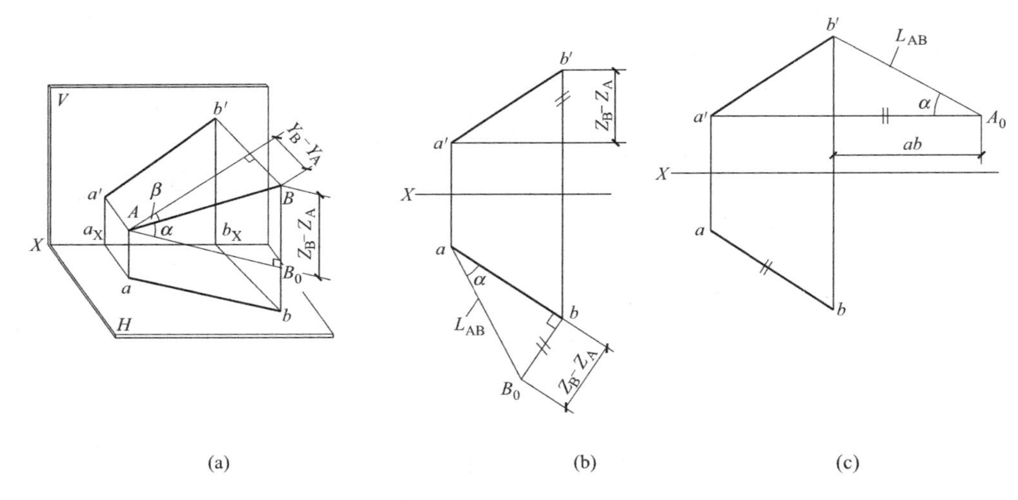

图 2-12　直角三角形法求直线段的实长和倾角

如图 2-12 (a) 所示，一般位置直线 AB，过点 A 作直线平行于 ab，与 Bb 交于 B_0，得到直角三角形 $\triangle ABB_0$。在这个直角三角形中，斜边 AB 为实长，两个直角边 $AB_0=$

ab，$BB_0=Z_B-Z_A$，$\angle BAB_0$ 为直线 AB 对 H 面的倾角 α。由空间直角三角形与投影的几何关系可知，在任意位置画出与空间直角三角形$\triangle AB_0B$ 全等的直角三角形，即可得到线段 AB 的实长和倾角 α。在图 2-12（b）中，自点 b（或点 a）作直线 bB_0 垂直于 ab，在垂线上截取 $bB_0=Z_B-Z_A$，连接 aB_0，直角三角形$\triangle abB_0$ 即为所求。在该直角三角形中，aB_0 即为直线 AB 实长，$\angle baB_0$ 为 AB 对 H 面的倾角 α。当然，也可以在 V 面上作出该直角三角形，如图 2-12（c）所示。

由图 2-12（a）所示的几何关系，同理可求得 AB 对 V 面的倾角 β。求 β 角应以 AB 的 V 面投影 $a'b'$为一直角边，以 A、B 两点的 Y 方向坐标差为另一直角边作直角三角形。

求直线对三个投影面 H、V、W 的倾角 α、β、γ 时，所利用的几何条件相似，但不相同。三个直角三角形的直角边均为相应投影长和坐标差，斜边均表示直线段的实长，斜边与反映投影长的直角边所夹的角度为直线对相应投影面的倾角。想要求解直角三角形，只需已知其中两个元素即可。

2.2.5　两直线的相对位置

空间两直线的相对位置有三种情况：平行、相交、交叉（异面）。

1. 两平行直线

如果空间两直线平行，则其同面投影必平行；反之，若两直线的三组同面投影分别平行，则空间两直线平行。如图 2-13 所示，$AB/\!/CD$，则 $ab/\!/cd$，$a'b'/\!/c'd'$，$a''b''/\!/c''d''$。并且它们投影的长度之比等于它们的长度之比。

如果两直线为一般位置直线时，只要两面投影符合平行关系，即可判断空间两直线平行。

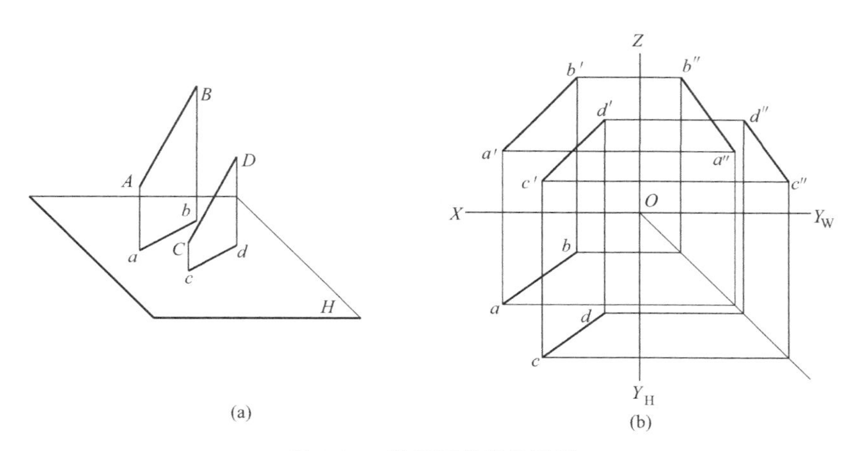

图 2-13　平行两直线的投影

2. 两相交直线

如果空间两直线相交，则其同面投影也相交，且投影的交点符合空间一点的投影规律；反之，如果两直线的同面投影相交，且交点符合空间同一点的投影规律，则空间两直线相交，如图 2-14 所示。

如果两直线为一般位置直线时，只要有两投影符合相交关系，即可判断空间两直线相交。

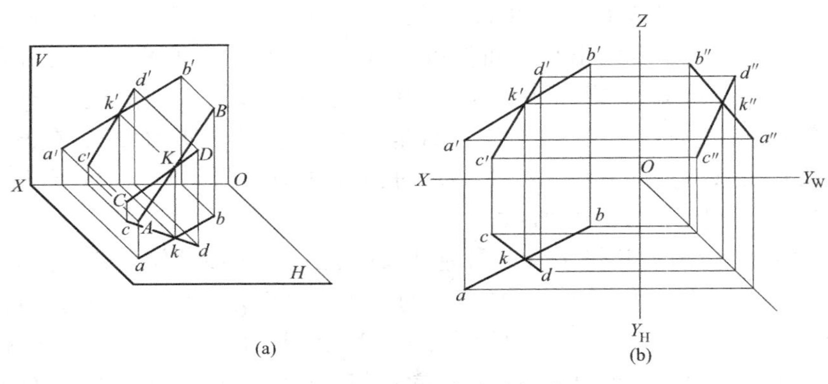

图 2-14　两相交直线的投影

3. 两交叉直线

既不满足平行也不满足相交条件的两直线称为交叉两直线，也称异面直线。交叉两直线投影的交点是两直线上一对重影点的投影，如图 2-15 所示。交叉两直线重影点的投影可见性，需根据两点的相对位置来判断，如图 2-15（b）所示，点*1* 在点*2* 的正上方，所以*1* 可见、*2* 不可见，水平投影标记为*1*（*2*）。

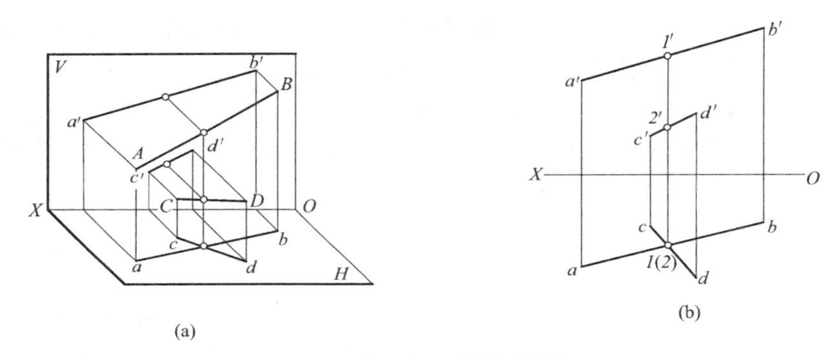

图 2-15　两交叉直线的投影

【例 2-3】 如图 2-16（a）所示，判断两直线 AB 和 CD 的相对位置。

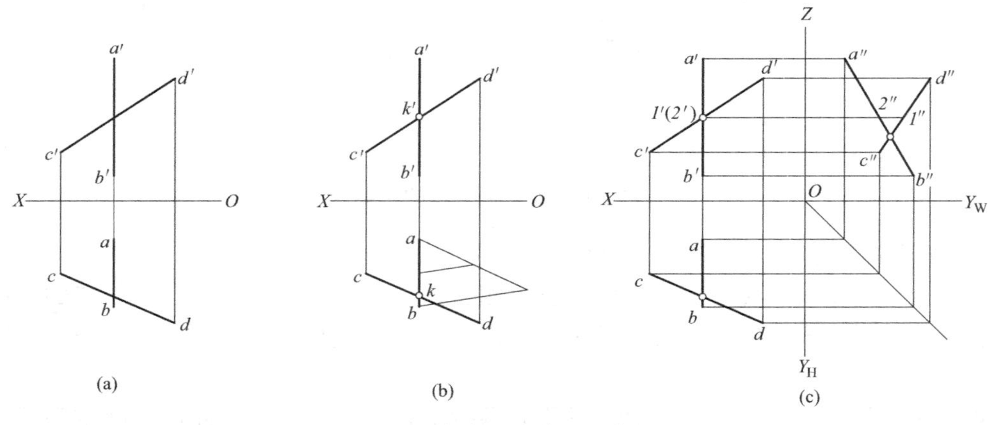

图 2-16　判断两直线相对位置

分析：

由两投影相交，初步判断直线 AB 和 CD 的位置关系为相交或交叉。图中直线 AB 为侧平线，所以不能用两投影符合相交关系来判断相交，具体由以下两种方法判断。

解：

方法一：直线 AB 为侧平线，CD 为一般位置直线，利用定比性求解，如图 2-16（b）所示，假设两直线相交，交点为 k，由图可知，$ak:kb \neq a'k':k'b'$，所以，点 k 不是两直线的共有点，两直线相交的假设不成立，两直线的位置关系为交叉。

方法二：利用侧面投影求解，如图 2-16（c）所示。作出两直线的侧面投影，由图可知，正面投影的交点为重影点的投影，所以两直线的位置关系为交叉。

【例 2-4】 如图 2-17（a）所示，判断两直线 CD、EF 是否平行。

分析：

因直线 CD 和 EF 均为侧平线，所以不能通过两投影符合平行关系来判断空间两直线平行，需要画出第三面投影来判断。

解：

如图 2-17（b）所示，画出两直线的侧面投影，由图可知，两直线侧面投影不平行，因此两直线 CD、EF 不平行而是交叉关系。

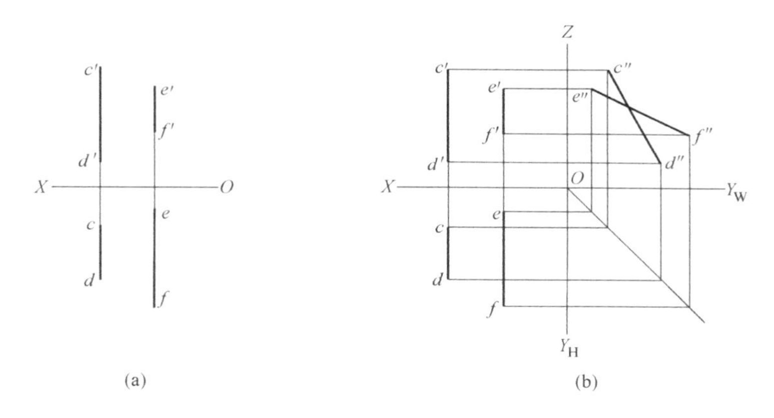

图 2-17　判断两直线相对位置

4. 两直线相对位置中的重要特殊情况——两相互垂直的直线

两相互垂直的直线中，有一条直线平行于某一投影面时，则它们在该投影面的投影反映直角，这一投影规律称为直角投影定理。反之，两条直线的投影为直角，且至少有一条直线与此投影面平行时，则空间两直线垂直。

如图 2-18 所示，已知 $AB \perp BC$，$BC /\!/ H$ 面，AB 倾斜于 H 面。因为 $Bb \perp H$ 面，$BC /\!/ H$ 面，故 $BC \perp Bb$。由于 BC 既垂直于 AB 又垂直于 Bb，所以 BC 是平面 $ABba$ 的垂线。又因为 $bc /\!/ Bc$，故 bc 也是该平面的垂线。因而 $bc \perp ab$，即 $\angle abc$ 为直角。

两直线垂直包括两直线垂直相交和垂直交叉两种情形，和两垂直相交直线一样，直角投影定理及其逆定理可推广到垂直交叉两直线。

【例 2-5】 如图 2-19（a）所示，已知直线 BC 是正平线，点 A 和直线 BC 的两投影，求点 A 到直线 BC 的距离。

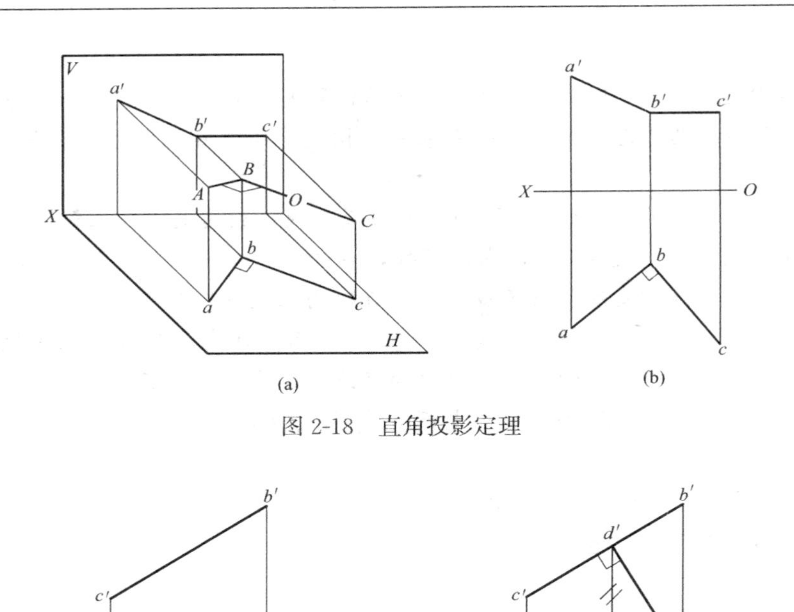

图 2-18　直角投影定理

图 2-19　点 A 到直线 BC 的距离

分析：

直线 BC 是正平线，正面投影平行于 V 面，根据直角定理，过点 A 作直线 BC 的垂线 AD 时，必有 $a'd' \perp b'c'$。

作图：

如图 2-19（b）所示：

（1）由 a' 作 $a'd' \perp b'c'$，垂足为 d'；

（2）作出点 D 的水平投影 d，用粗实线连接 ad；

（3）利用直角三角形法求 AD 的实长，其中 aD_0 的长度即为所求。

2.2.6　曲线的投影

在建筑形体中经常会见到各种曲线，曲线分为平面曲线和空间曲线，常见的平面曲线有圆、椭圆、抛物线、双曲线和渐开线等。常见的空间曲线有圆柱螺旋线。曲线的投影一般仍为曲线，平面曲线在特殊情况下投影为直线或反映曲线的实形，如图 2-20 所示，只要画出曲线上一系列点的投影，并将这些点光滑连线，即可得到曲线的投影。

1. 圆的投影

圆的投影分为以下三种情况：

（1）平行于投影面的圆，它在该投影面上的投影反映圆的实形，另两面投影积聚为直线段，长度等于圆的直径。如图 2-21（a）所示，水平圆的水平投影反映圆的实形，正面

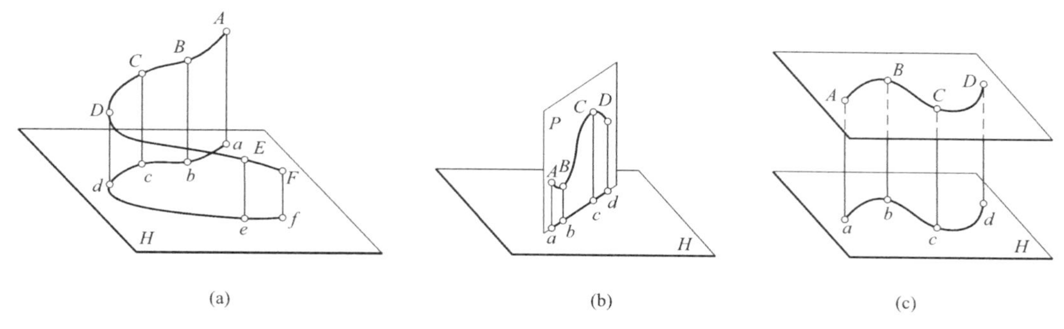

图 2-20　曲线的投影

（a）曲线的投影为曲线；（b）曲线的投影为直线；（c）曲线的投影反映实形图

投影为水平直线段，长度等于圆的直径。

（2）垂直于投影面的圆，它在该投影面上的投影积聚为直线段，长度等于圆的直径，另两面投影为椭圆。如图 2-21（b）所示，为正垂圆的投影，正面投影积聚为直线段，长度等于圆的直径，水平投影为椭圆。

（3）倾斜于投影面的圆，其三面投影均为椭圆。

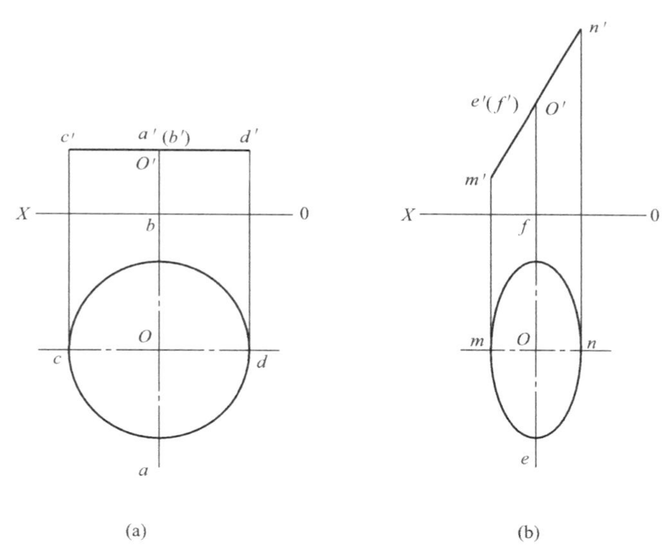

图 2-21　特殊位置圆的投影

2. 圆柱螺旋线的投影

（1）形成及要素：

当空间一动点绕圆柱面做等速回转，同时又沿与圆柱轴线平行的方向做等速移动，其轨迹为圆柱螺旋线，如图 2-22 所示。

圆柱螺旋线有三要素：导圆柱直径、导程和旋向。如图 2-22 所示，螺旋线所在圆柱面的直径，称为导圆柱直径，用 d 表示；动点沿圆柱螺旋线回转一周，沿轴线方向移动的距离称为导程，用 L 表示；螺旋线有左旋和右旋两种。可用左右手法则判别螺旋线的旋向，只要给出这三个要素，就能确定该圆柱螺旋线的形状。

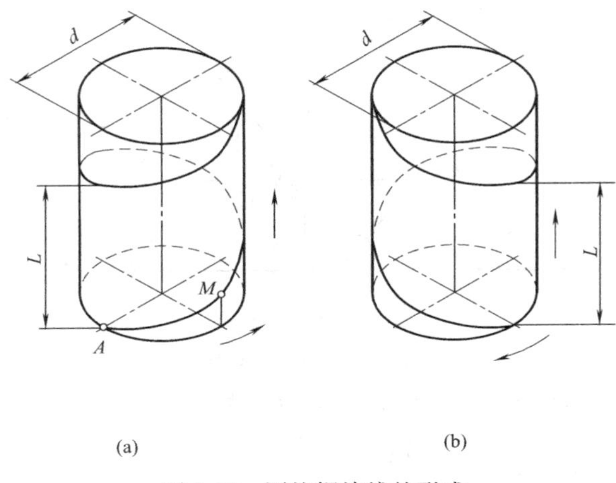

图 2-22　圆柱螺旋线的形成

(a) 右旋；(b) 左旋

(2) 圆柱螺旋线的投影：

已知圆柱螺旋线的导圆柱直径 d，导程 L，右旋。作出一个导程的圆柱螺旋线的正面投影和水平投影。

如图 2-23 所示，作图步骤为：

① 以 d 为直径作出螺旋线的水平投影和轴线的正面投影，并定出导程；

② 将水平投影和导程均分成相同的等份，图中分成 12 等份；

③ 过圆周上的等分点 1，2，…，12 向上引垂线与过对应的导程等分点的水平线相交，得到圆柱螺旋线上点的正面投影 1′，2′，…，M12′；

④ 判别可见性，依次光滑连接 1′，2′，…，12′各点，即得所求。

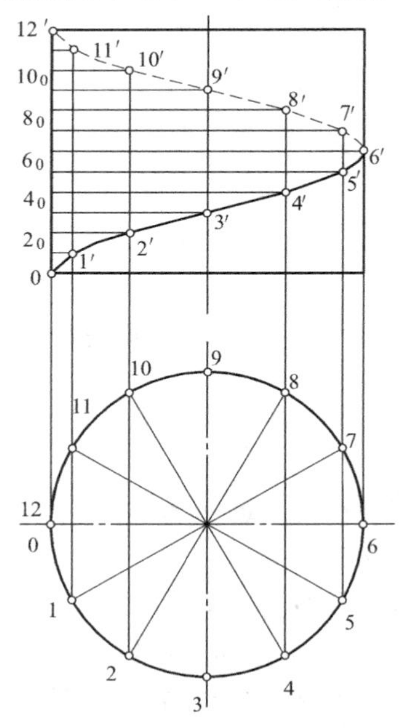

图 2-23　圆柱螺旋线的画法

2.3　面 的 投 影

2.3.1　平面的表示法

1. 用几何要素表示平面

平面可由下列几何元素确定，各种表示法之间可以互相转换：

（1）不在同一直线上的三个点，如图 2-24（a）所示；

（2）一直线和直线外一点，如图 2-24（b）所示；

（3）两相交直线，如图 2-24（c）所示；

（4）两平行直线，如图 2-24（d）所示；

（5）任意的平面图形，如图 2-24（e）所示。

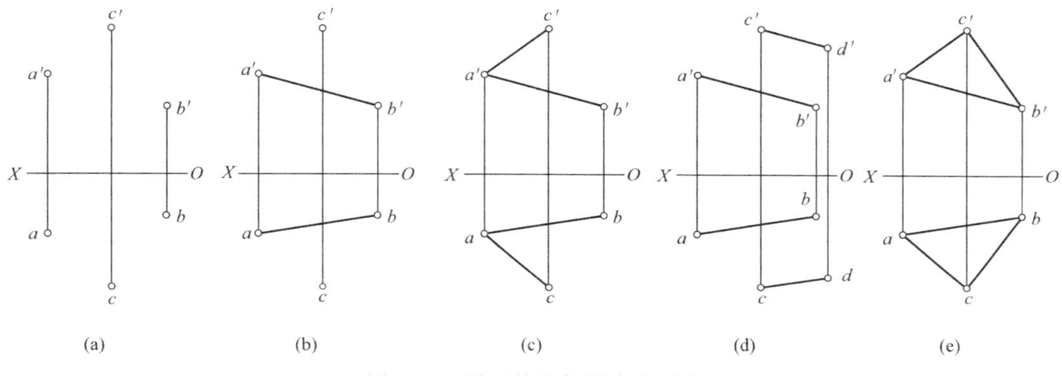

图 2-24　平面的几何要素表示法

2. 用迹线表示平面

如图 2-25 所示，平面 P 与三个投影面相交产生三条交线 P_V、P_H、P_W，称为平面 P 的正面迹线、水平迹线和侧面迹线。用带有特定标记 P_V、P_H和 P_W的迹线表示的平面，称为迹线平面。迹线通常用于表示特殊位置平面，简便、易画，很少用于表示一般位置平面。

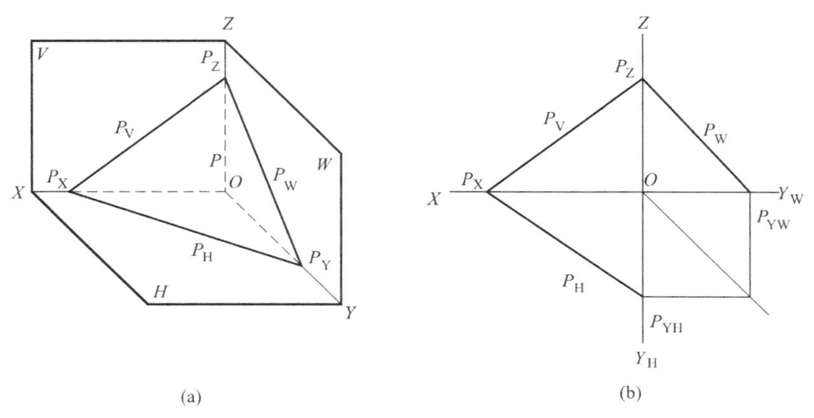

图 2-25　平面的迹线表示法

2.3.2 各种位置平面及其投影特性

空间平面相对于投影面也有三种位置，投影面的垂直面、平行面和一般位置平面。

投影面垂直面——垂直于某一投影面，与另外两投影面倾斜；

投影面平行面——平行于某一投影面，因此垂直于另外两投影面；

一般位置平面——与三个投影面都倾斜。平面与 H 面、V 面和 W 面的倾角分别用 α、β、γ 表示。

1. 投影面垂直面

投影面垂直面又可分为三种：垂直于 H 面的平面，称为铅垂面；垂直于 V 面的平面，称为正垂面；垂直于 W 面的平面，称为侧垂面。它们的投影及投影特性见表 2-3。

2. 投影面平行面

投影面平行面也有三种：平行于 H 面的平面，称为水平面；平行于 V 面的平面，称为正平面；平行于 W 面的平面，称为侧平面。它们的投影及投影特性见表 2-4。

3. 一般位置平面

一般位置平面与三个投影面都倾斜，因此它的三面投影均为原平面图形的类似形，其投影中不反映平面对投影面的倾角，如图 2-26 所示。

投影面垂直面的投影特性 表 2-3

名称	铅垂面（$\triangle ABC \perp H$ 面）	正垂面（$\triangle ABC \perp V$ 面）	侧垂面（$\triangle ABC \perp W$ 面）
轴测图	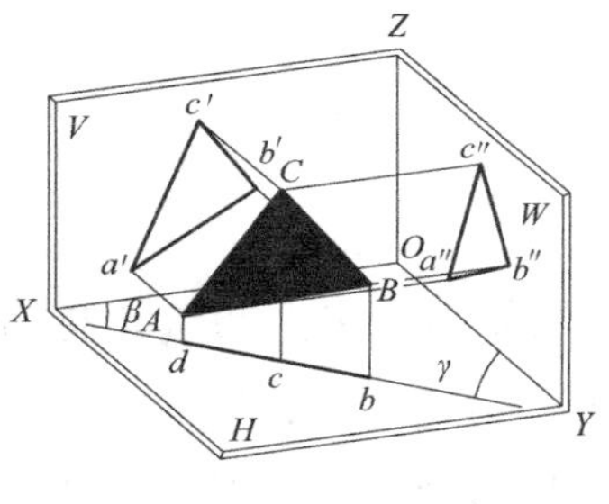 Z V c′ b′ C c″ W a′ O a″ b″ X β A B d c b γ H Y	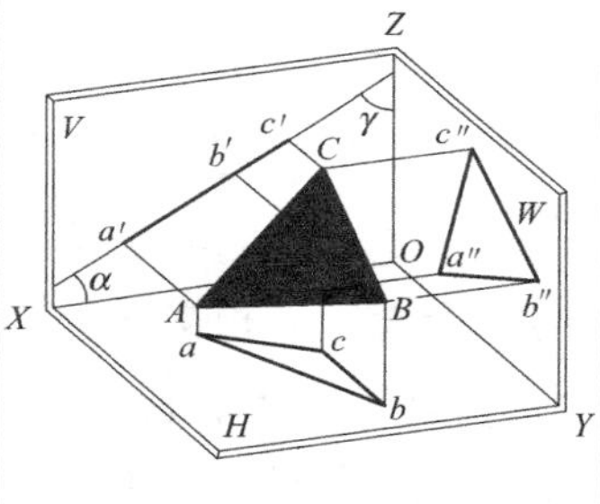 Z V c′ γ b′ C c″ W a′ α O a″ X A B b″ a c b H Y	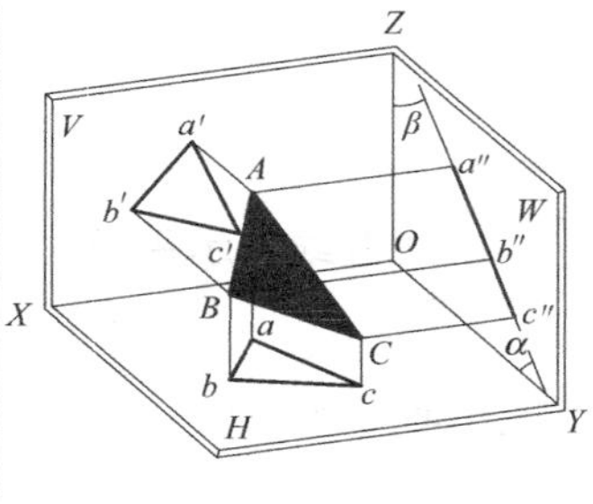 Z V a′ β A a″ W b′ c′ O b″ X B a C c″ α b c H Y
投影图	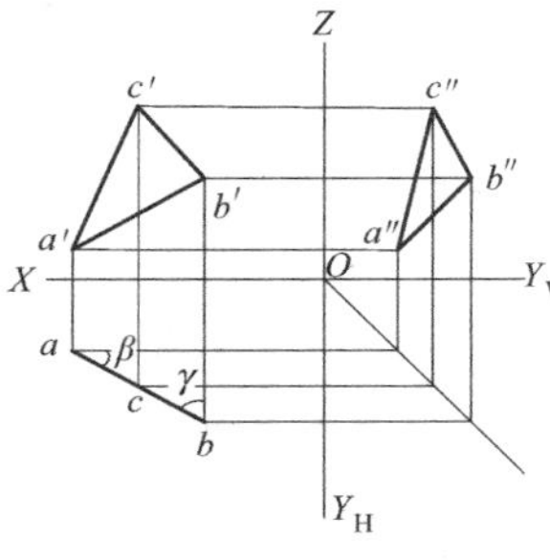 Z c′ c″ b″ b′ a′ a″ X O Y_W a β γ c b Y_H	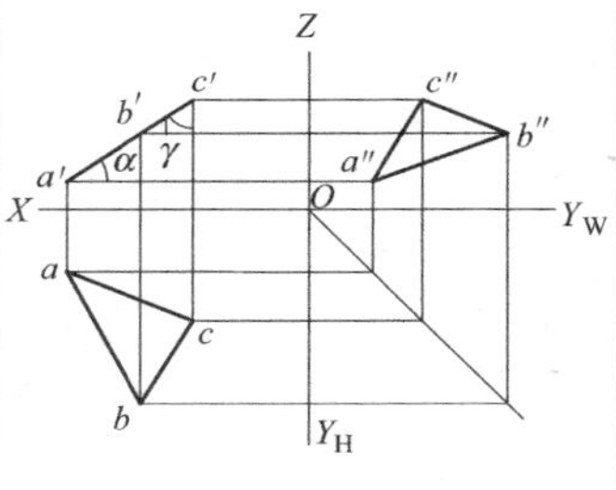 Z c′ c″ b′ b″ a′ α γ a″ X O Y_W a c b Y_H	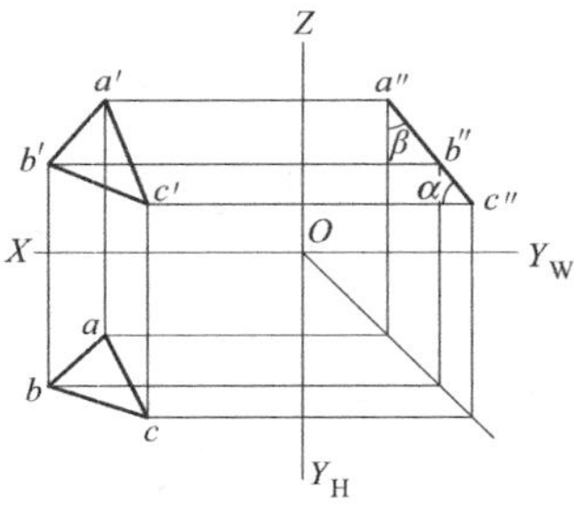 Z a′ a″ β b″ b′ c′ α c″ X O Y_W a b c Y_H
投影特性	1. H 面投影积聚成一条直线； 2. H 面投影反映 β、γ； 3. $\triangle a'b'c'$、$\triangle a''b''c''$ 为类似形	1. V 面投影积聚成一条直线； 2. V 面投影反映 α、γ； 3. $\triangle abc$、$\triangle a''b''c''$ 为类似形	1. W 面投影积聚成一条直线； 2. W 面投影反映 α、β； 3. $\triangle a'b'c'$、$\triangle abc$ 为类似形

投影面平行面的投影特性　　表 2-4

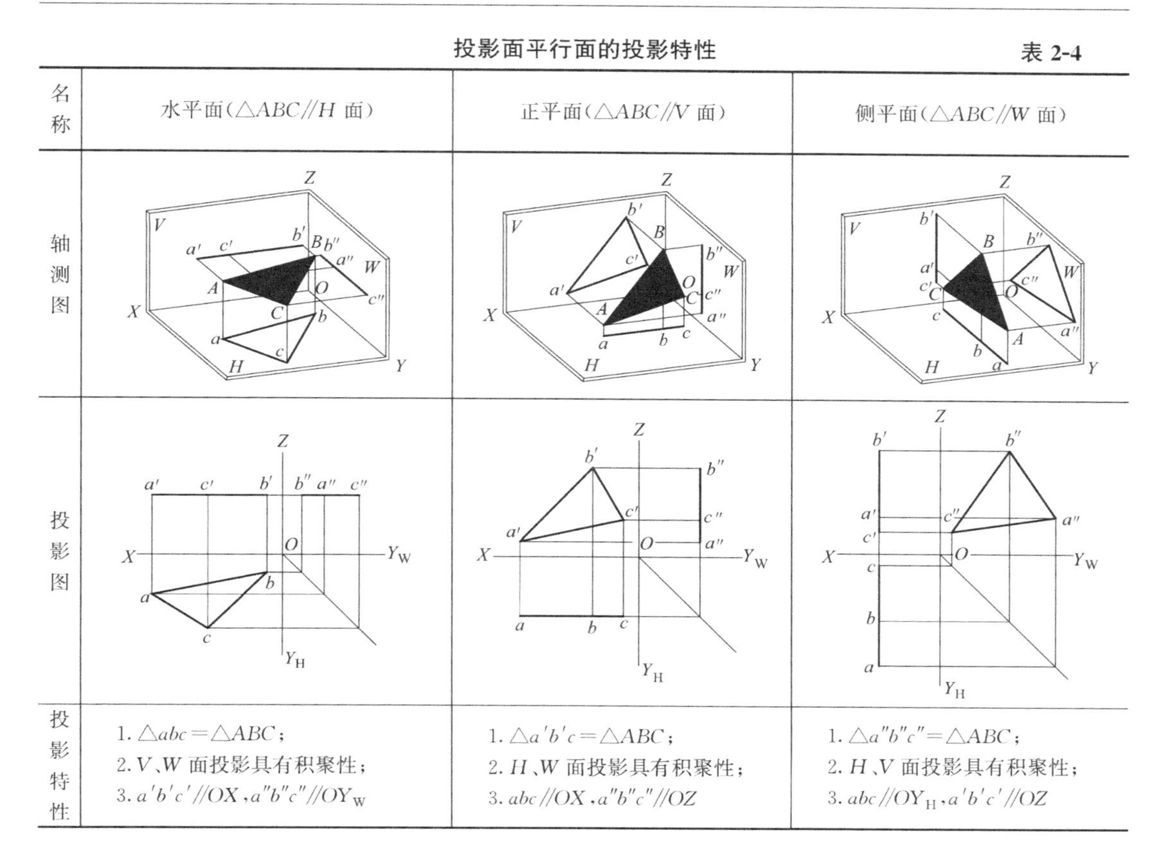

名称	水平面(△ABC//H 面)	正平面(△ABC//V 面)	侧平面(△ABC//W 面)
轴测图			
投影图			
投影特性	1. $\triangle abc=\triangle ABC$； 2. V、W 面投影具有积聚性； 3. $a'b'c'//OX$，$a''b''c''//OY_W$	1. $\triangle a'b'c=\triangle ABC$； 2. H、W 面投影具有积聚性； 3. $abc//OX$，$a''b''c''//OZ$	1. $\triangle a''b''c''=\triangle ABC$； 2. H、V 面投影具有积聚性； 3. $abc//OY_H$，$a'b'c'//OZ$

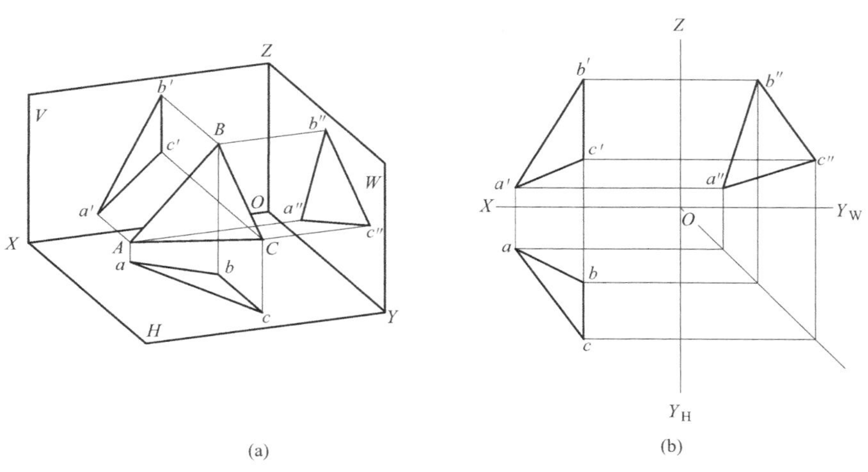

图 2-26　一般位置平面的投影

2.3.3　平面上的点和直线

点或直线在平面上，如图 2-27 所示，须符合下列条件之一：

(1) 如果一个点在平面的任一直线上，则该点在平面上；

(2) 如果一直线通过平面上的两点，则该直线在平面上；

(3) 如果直线通过平面上的一点，且平行于平面上的一直线，则该直线在平面上。

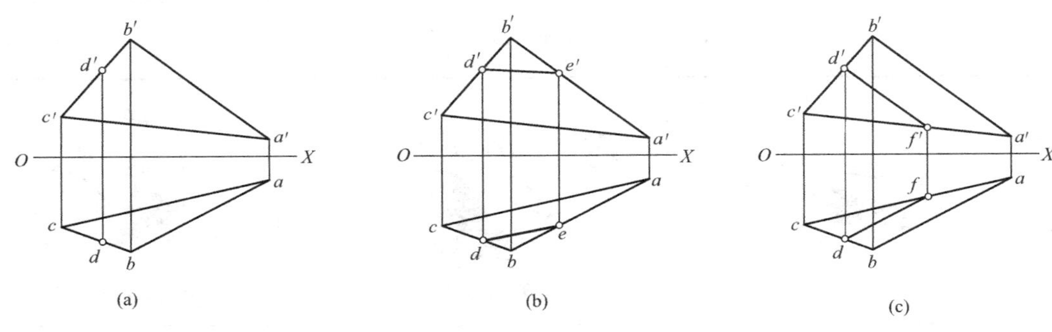

图 2-27　平面上的点和直线

【例 2-6】 已知点 K 位于△ABC 表示的平面内，求点 K 的水平投影 k，如图 2-28 (a) 所示。

分析：

点 K 在平面△ABC 上，一定在该平面的直线上。因此，在平面上过点 K 作一辅助直线。

作图：

如图 2-28 (b) 所示：

(1) 连 $a'k'$，与 $b'c'$ 交于 d'；

(2) 连接 ad，并在 ad 上作出 k。

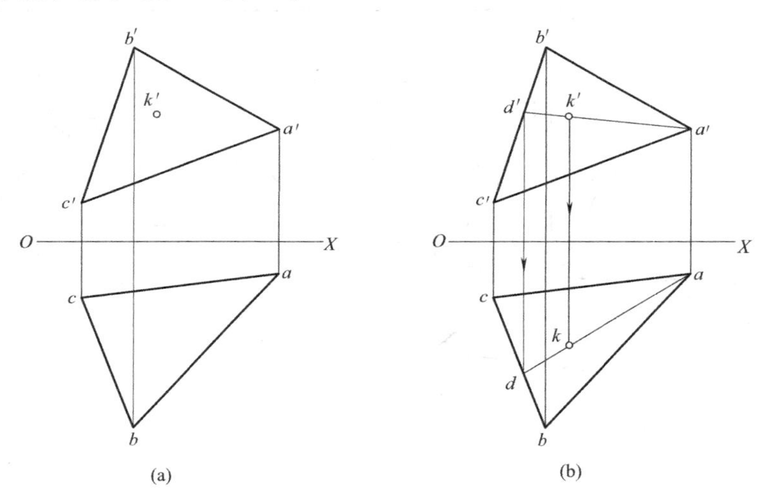

图 2-28　求点 K 的水平投影

【例 2-7】 试完成□$ABCD$ 的水平投影，如图 2-29 所示。

分析：

求□$ABCD$ 的水平投影，核心是求出点 D 的水平投影 d，平面内直线 AC 和 BD 是相交两直线，已知其正面投影，可求水平投影。

作图：

(1) 如图 2-29 (b) 所示，连接 $a'c'$和 $b'd'$，相交于 e'；

（2）连接 ac，再画出 e；

（3）连接 be 并延长，并在其上确定点 d；

（4）用粗实线连接 ad 和 cd，即完成平面四边形的水平投影。

本题也可以在平面 内作已知直线的平行线方法求，见图 2-29（c）

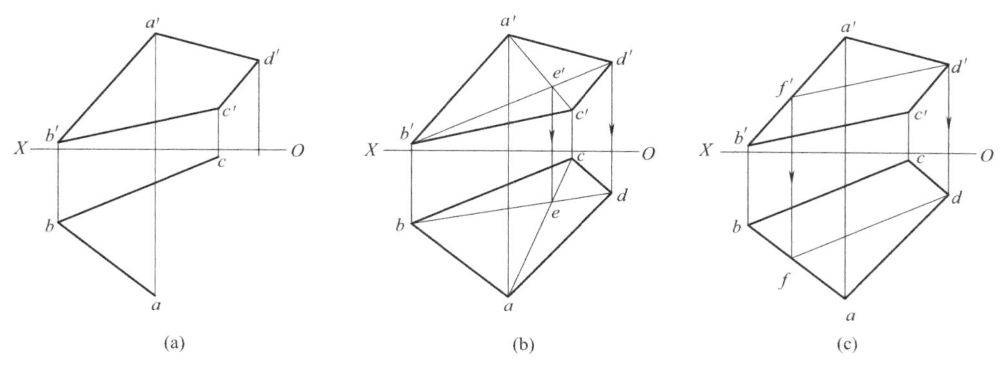

图 2-29　补全平面图形的正面投影

2.3.4　曲面

1. 曲面的形成

曲面可看作空间直线或曲线在一定约束条件下运动的轨迹。该直线或曲线称为母线，母线运动时的任一位置称为素线，如图 2-30 所示。控制母线运动的点、线、面，分别称为导点、导线、导面。

2. 曲面的分类

根据母线形状，可将曲面分为直线面和曲线面。常见的直线面有柱面、锥面等。常见的曲线面有球面、圆环面等。

按曲面的形成规律，曲面有回转面和非回转面两种。常见回转面有圆柱面、圆锥面、圆球面和圆环面等，如图 2-31 所示。在工程实践中，应用广泛的曲面是回转面。

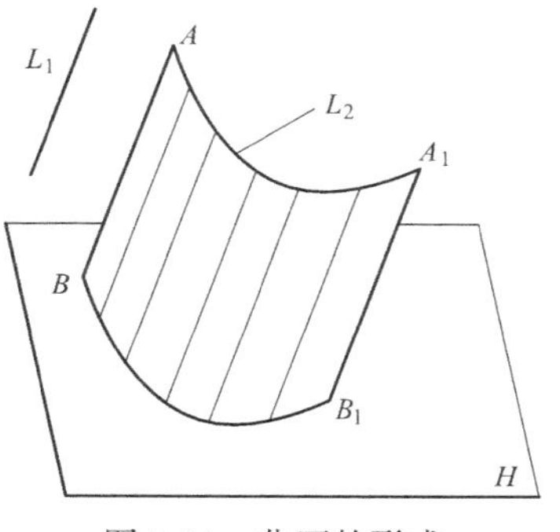

图 2-30　曲面的形成

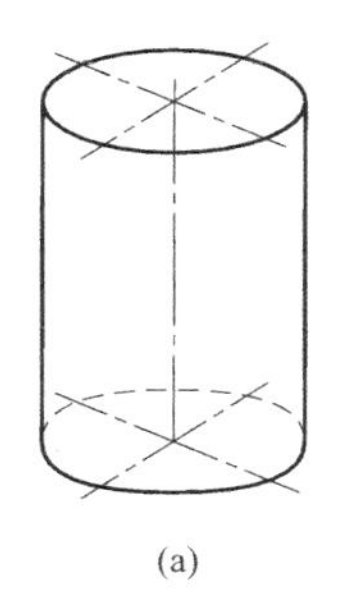

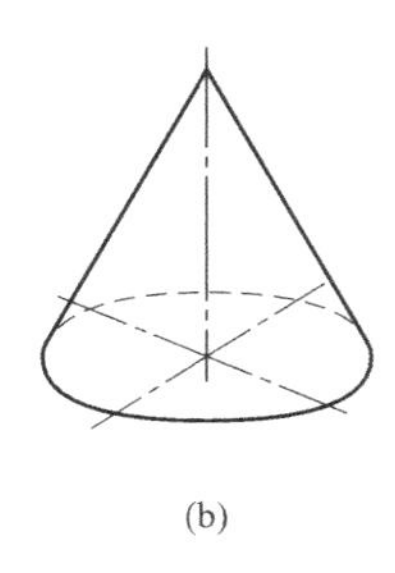

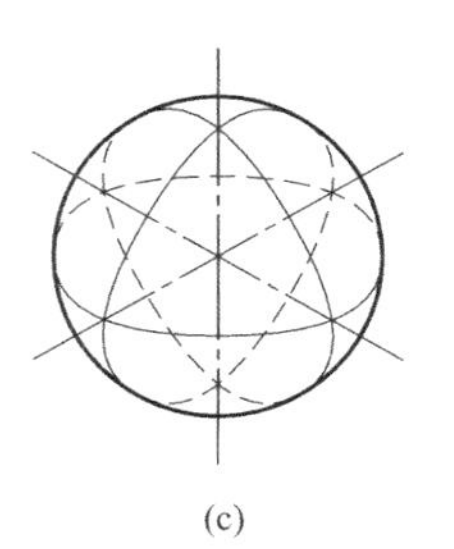

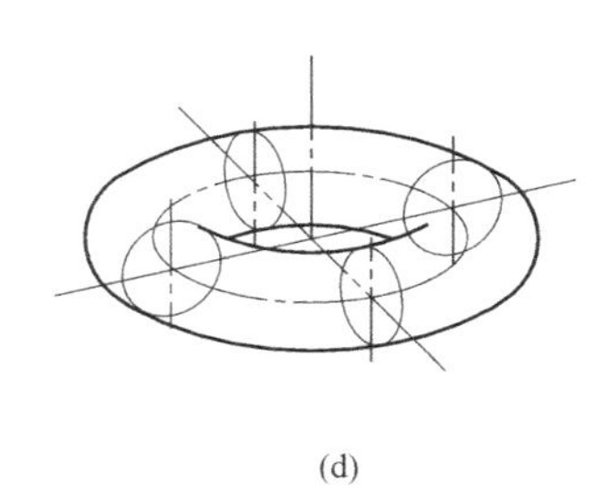

图 2-31　常见回转曲面

（a）圆柱面；（b）圆锥面；（c）圆球面；（d）圆环面

3. 回转面

由母线绕一轴线旋转所形成的曲面称为回转面，如图 2-32 所示。

回转面有两个基本性质，如图 2-32（b）所示：

（1）在回转面上存在一系列纬圆，这些纬圆所在平面垂直于该回转面的轴线。在轴线垂直的投影面上，所有纬圆的投影为圆；在轴线平行的投影面上，所有纬圆的投影均为直线，长度为纬圆的直径。当曲母线光滑连续时，曲面上比它相邻的纬圆都大的纬圆称为赤道圆，比它相邻的纬圆都小的纬圆称为颈圆。

（2）过轴线的平面与回转面的交线，称为子午线，平行于 V 面的子午线称为主子午线，它在 V 投影反映回转面母线的实形。

圆柱面、圆锥面、圆球面及圆环面是工程上较常见的回转面。

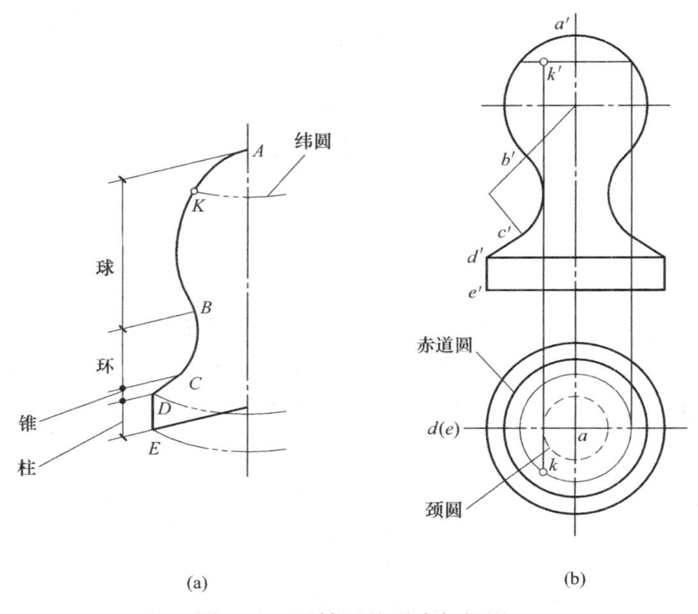

图 2-32 回转面的形成与投影

4. 螺旋面

螺旋面在建筑形体中应用广泛，例如螺旋式楼梯等。一母线沿着螺旋线及其轴线做螺旋式的滑动所形成的曲面为螺旋面。形成螺旋面的母线可以是直线，也可以是曲线。直线螺旋面又分为正螺旋面（平螺旋面）和斜螺旋面两种。这里只介绍正螺旋面。如图 2-33 所示，直母线 MN 沿一圆柱螺旋线 G 和轴线 L 滑动时，始终与直导线 L 垂直，形成的曲面为正螺旋面。

绘制正螺旋面的投影时，通常先画出螺旋线和轴线的两投影；再根据母线每转过 $360°/n$ 角必沿轴线方向移动 S/n 的距离这一规律（其中 n 为偶数，S 为导程），用细实线画出一系列素线的投影。

如图 2-34 所示为实体圆柱及其外面相连接的正螺旋面的投影。

作图步骤为：

（1）画出点画线（正面投影中的竖直点画线和水平投影中相交点画线）；

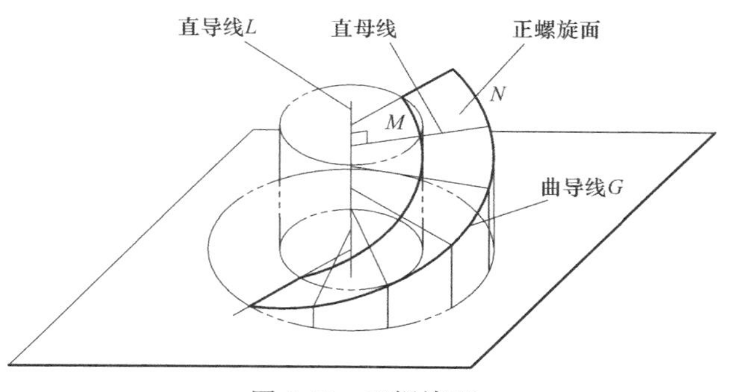

图 2-33　正螺旋面

(2) 根据 D 和 d 画出水平投影中的两个圆；

(3) 根据螺旋线导程 L 和 d 作出圆柱的正面投影（矩形）；

(4) 用细实线画出螺旋面上 12 条素线的水平投影；

(5) 作出内、外两条圆柱螺旋线的正面投影；

(6) 画出 12 条素线的正面投影；

(7) 描深图线并判别可见性。

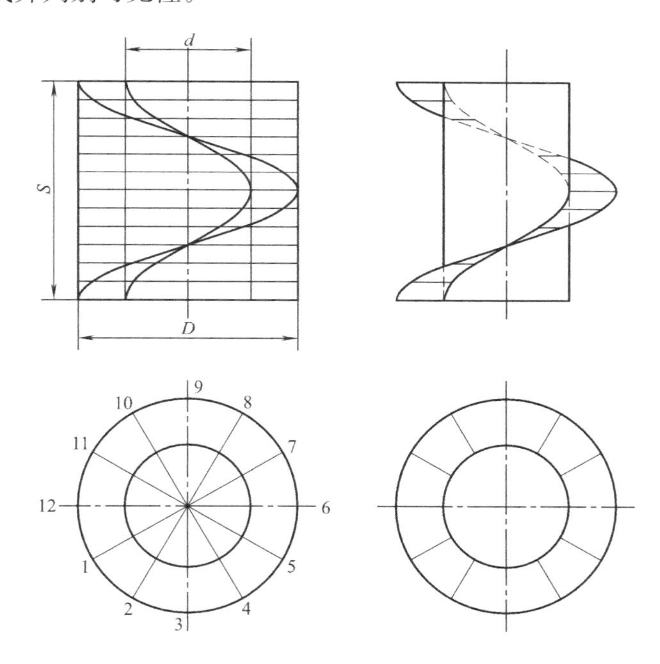

图 2-34　正螺旋面的投影

2.4　直线与平面以及两平面的相对位置

直线与平面以及两平面的相对位置有两种情况：平行和相交（垂直为相交的特殊情况）。

2.4.1 直线与平面平行

由立体几何可知，如果一直线平行于平面上的某一直线，则该直线与平面平行，如图2-35所示。判断一直线是否平行于已知平面，只需看能否在平面内作出一直线与已知直线平行。

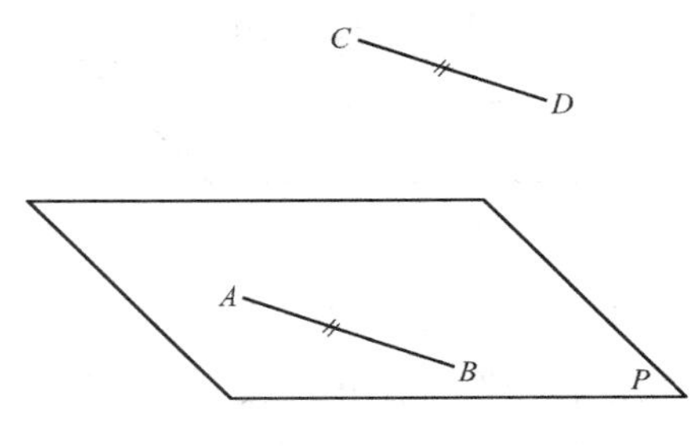

图2-35 直线与平面平行

【例2-8】 已知直线 EF 平行于△ABC 平面，完成直线 EF 的水平投影，如图2-36所示。

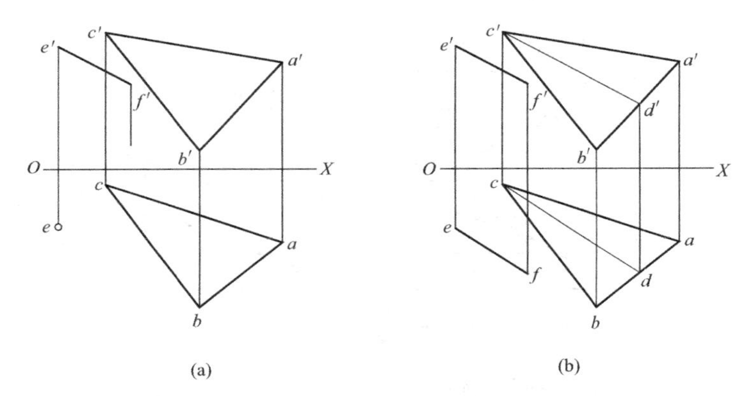

图2-36 完成直线 EF 的水平投影

分析：

直线 EF 平行于△ABC 平面，因此在△ABC 平面上存在与直线 EF 的平行线，此直线的正面投影和水平投影分别平行于直线 EF 的同面投影。

作图：

(1) 首先在正面投影中，过点 c' 作 $c'd'//e'f'$；

(2) 作出水平投影 cd；

(3) 在水平投影图中过点 e 作 $ef//cd$，加深直线 cd 即为所求。

2.4.2 两平面平行

由立体几何可知，如果一个平面上的两条相交直线对应平行于另一个平面上的两条相交直线，则两平面平行，如图2-37(a)所示。如果两平面同时垂直于一个投影面，且它们在该投影面的积聚性投影平行，则两平面平行，如图2-37(b)所示。

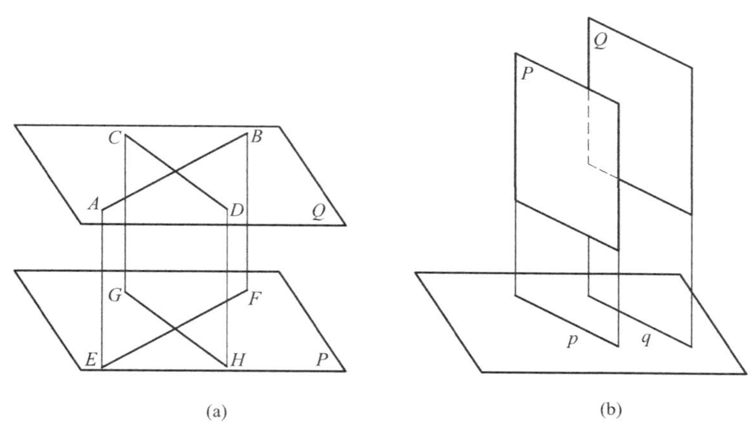

图 2-37　两平面平行的几何条件

【例 2-9】 已知$\triangle ABC$和$\triangle DEF$的两面投影，试判别两平面是否平行，如图 2-38 所示。

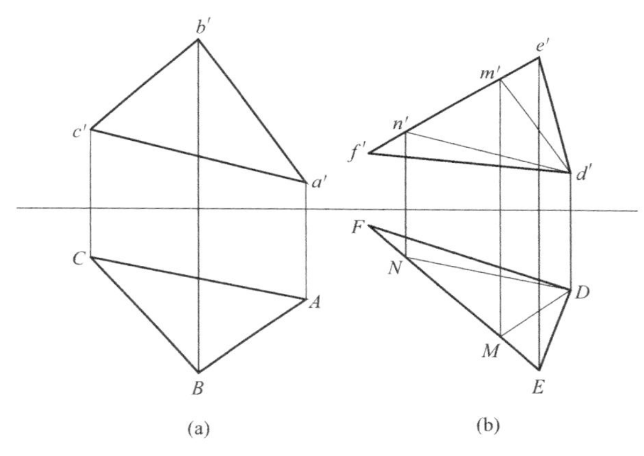

图 2-38　判别两平面是否平行

分析：

判断两个平面是否平行，须验证是否能在一个平面内作出两条相交直线对应平行于另一个平面内的两相交直线。

作图：

(1) 在$\triangle ABC$内任取两相交直线，为作图方便，取两已知边 AB 和 AC。

(2) 在$\triangle DEF$的 H 面投影上作 $dm//ab$、$dn//ac$。

(3) 在$\triangle DEF$内作出直线 DM 和 DN 的正面投影 $d'm'$和 $d'n'$。

(4) 因为 $d'm'//a'b'$、$d'n'//a'c'$，所以直线 $DM//AB$，$DN//AC$，因此$\triangle ABC//\triangle DEF$。

2.4.3　直线与平面相交

直线与平面相交，有且只有一个交点，它是直线与平面的共有点。由于直线与平面的相对位置以及它们对投影面的相对位置不同，作出它们的投影时，平面对直线存在遮挡，而交点是可见与不可见的分界点，所以求直线与平面相交，解题中先求交点，然后判别可见性。

1. 直线与平面相交的特殊情况

当直线与平面其中一个是特殊位置时，利用积聚性可得到交点的一个投影，再根据点、线、面的关系作出其余投影。

【例 2-10】 求直线 EF 与△ABC 的交点 K 并判别可见性，如图 2-39 所示。

分析：

△ABC 是铅垂面，水平投影积聚为一条直线，因此，交点 K 的水平投影 k 已知，只需作出正面投影 k'。

作图：

(1) 求交点。在水平投影中找出 ef 与 abc 的交点，标记为 k，再过 k 画 X 轴的垂直线，与 $e'f'$ 交于 k'。

(2) 判别可见性。用直接观察法，由水平投影可知，KF 在△ABC 的前面，故 $k'f'$ 可见，$k'e'$ 与△$a'b'c'$ 重叠部分不可见，用虚线表示。

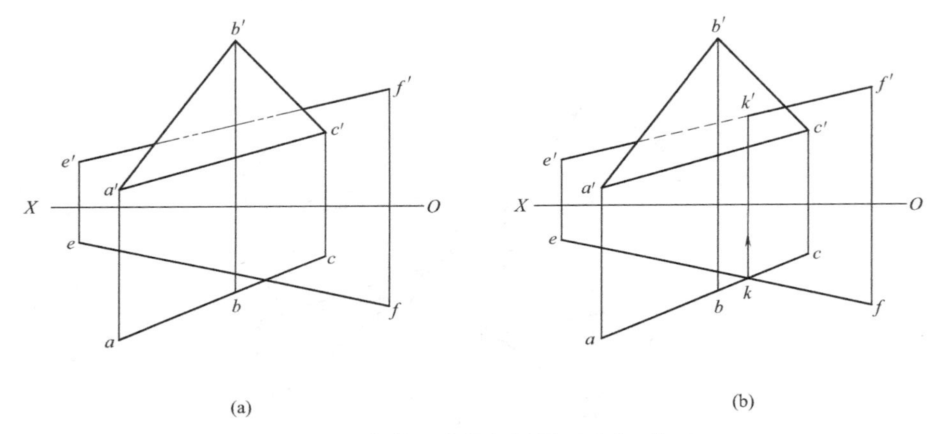

图 2-39　一般位置直线与投影面垂直面相交

【例 2-11】 求直线 MN 与△ABC 的交点 K，并判别可见性，如图 2-40 所示。

分析：

直线 MN 是正垂线，正面投影积聚为一个点，因此，交点 K 的正面投影 k' 已知，只需作出水平投影 k。

作图：

(1) 求交点。正面投影中重合的点即为交点的正面投影 k'，过该点在平面上作辅助线，连接 $a'k'$，作出其水平投影，与 mn 的交点即为 k。

(2) 判别可见性。用重影点法判别可见性，点 1 和点 2 是一对对 H 面的重影点，作出其正面投影，点 1 是在点 2 的正上方，所以水平投影 1 可见，2 不可见，标记为 1 (2)，点 1 在 MN 上，点 2 在 AC 上，由此可知，NK 在△ABC 的上方，水平投影 nk 可见，mk 不可见，用虚线表示。

2. 直线与平面相交的一般情况

直线和平面均为一般位置时，它们的投影均无积聚性。如图 2-41 所示，直线 EF 与△ABC 相交，过直线 EF 确定一辅助平面 P，辅助平面 P 与△ABC 的交线为直线 MN，

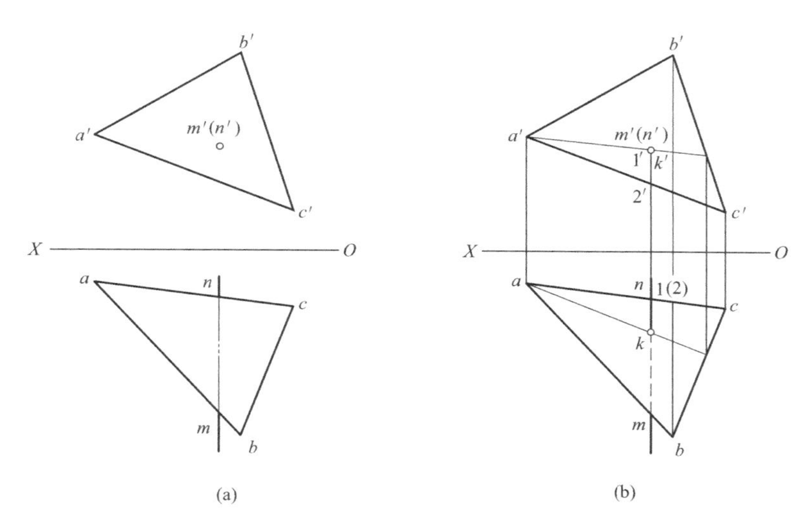

图 2-40 投影面垂直线与一般位置平面相交

直线 MN 与直线 EF 的交点 K 即为直线 EF 与平面 P 的交点，这种方法叫辅助平面法。

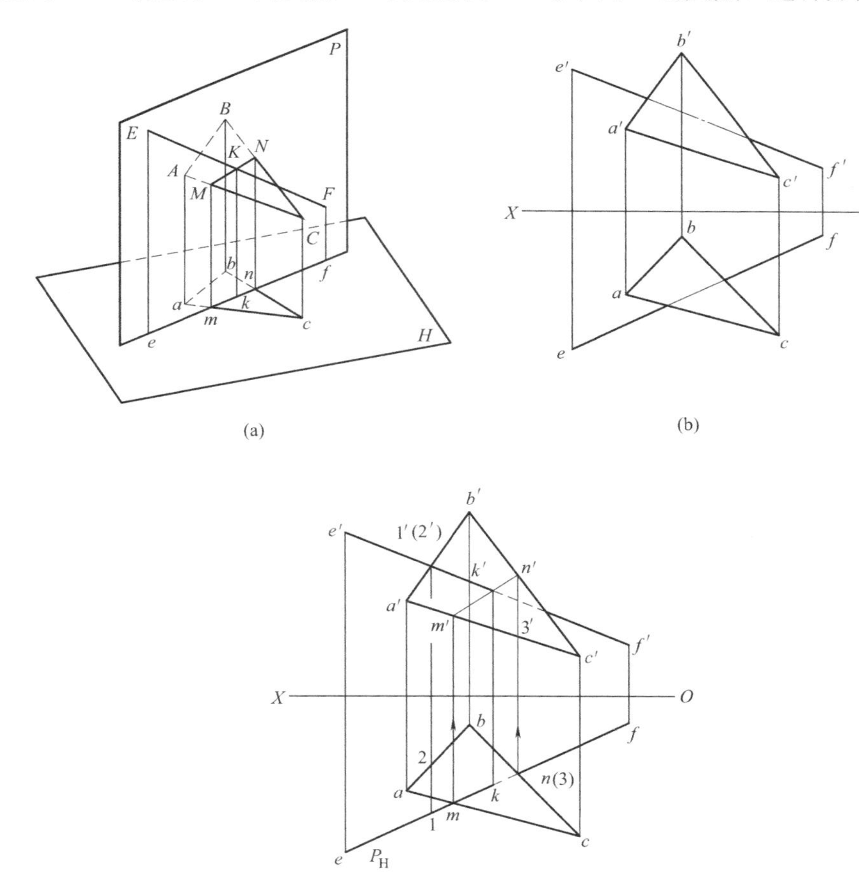

图 2-41 辅助平面法求一般位置直线与平面相交

辅助平面法求
一般位置直线
与平面相交

作图：

(1) 包含已知直线 EF 作一辅助平面 P，作图时取铅垂面；

(2) 求出辅助平面 P 与已知平面 ABC 的交线 MN，先求水平投影 mn，再求正面投影 $m'n'$；

(3) 求出直线 EF 与交线 MN 的交点 K，先求出正面投影点 k'，再求水平投影 k，即为所求直线与平面的交点。

(4) 判别可见性，利用重影点法判别可见性，交点是可见与不可见的分界点。

2.4.4 两平面相交

两平面相交，有且只有一条交线，它是两平面的共有线，也是可见与不可见的分界线。求两平面的交线，也需要先求交线，然后判别可见性。

1. 两平面相交的特殊情况

当垂直于同一投影面的两个投影面垂直面相交时，它们的交线是该投影面的垂直线，它在该投影面上的投影积聚为一个点。

当两相交平面中的一个为投影面垂直面时，求交线可求两个交点，然后再连线。

【例 2-12】 求铅垂面 P 与△ABC 的交线，如图 2-42 所示。

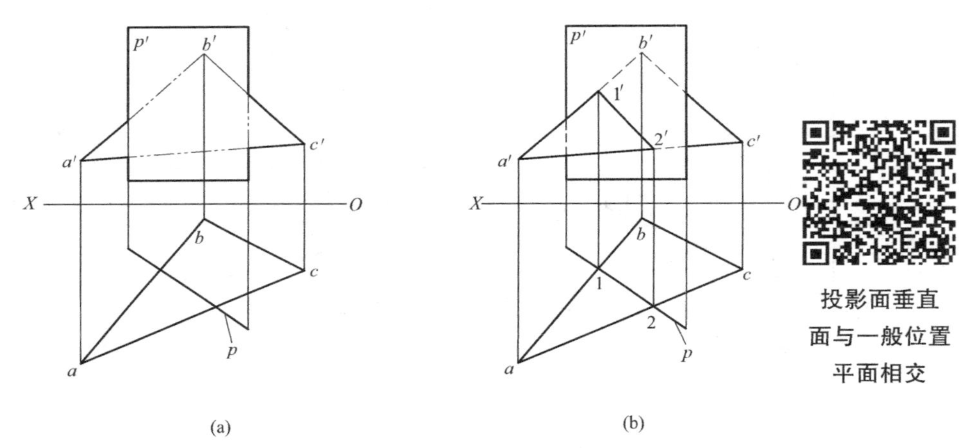

图 2-42 投影面垂直面与一般位置平面相交

作图：

(1) 求交线。交线的两个交点Ⅰ、Ⅱ分别是直线 AB、直线 AC 与平面 P 的交点，水平投影 1、2 已知，然后求其正面投影 $1'$和 $2'$，用粗实线连接。

(2) 判别可见性。水平投影积聚不需判别可见性，它们的正面投影在重合范围内需要判别可见性。利用直接观察法，从水平投影可看出，在 1、2 左边，$a12$ 在平面 P 的前方，所以△ABC 被交线分成两个部分，正面投影 AⅠⅡ可见，ⅠⅡBC 不可见。

2. 两平面相交的一般情况

两个一般位置平面相交，它们的投影都没有积聚性，所以交线的投影无法直接确定。通过辅助平面法或投影变换方法，求出一个平面上两条直线与另一平面的两个交点，再将两点连线，即得两平面的交线，这里不再赘述。

【本章小结】

本章主要介绍了点、线、面的投影规律，以及各要素之间的关系。介绍了点的三面投影及投影规律；点的投影与直角坐标的关系；两点的相对位置。介绍了各种位置直线的投影特性；直线上点的投影；两直线的相对位置；曲线的投影；平面的表示方法；各种位置平面的投影特性；平面上的点和直线；曲面的投影；直线与平面以及两平面的相对位置。

【思考与习题】

（1）点的三面投影规律是什么？

（2）空间直线和平面对投影面的相对位置有几种？它们的投影特性是什么？

（3）两条直线有几种位置关系？它们的投影有什么特点？

（4）直线与平面以及两平面的相对位置有哪几种？

第3章　投影变换

（1）换面法的基本概念。

（2）点的换面投影规律。

（3）换面法六个作图方法。

3.1　换　面　法

3.1.1　换面法的基本概念

在工程实际中，经常会遇到一些解决点、线、面等几何要素之间的空间几何问题，如求两平行管道之间的距离，它可以抽象为求两平行直线间的距离。

当空间直线或平面与投影面处于特殊位置时，其投影反映实长、实形或积聚，而当空间几何元素与投影面处于一般位置时，其投影不反映上述特性。

投影变换就是通过改变空间几何元素对投影面的相对位置，使一般位置变成特殊位置，从而达到解题简化的目的。

常用的投影变换的方法有两种：换面法和旋转法。

如图3-1所示，空间的几何元素保持不动，增加一个新的投影面来替换原投影体系中的某一个，从而形成一个新的投影体系，使几何元素在新投影体系中处于有利于解题的特殊位置，在新投影体系中作图求解，这种方法称为换面法。

如图3-2所示，投影面保持不动，改变空间几何元素的位置，使其达到对投影面处于特殊位置，从而达到解题的目的，这种方法称为旋转法。

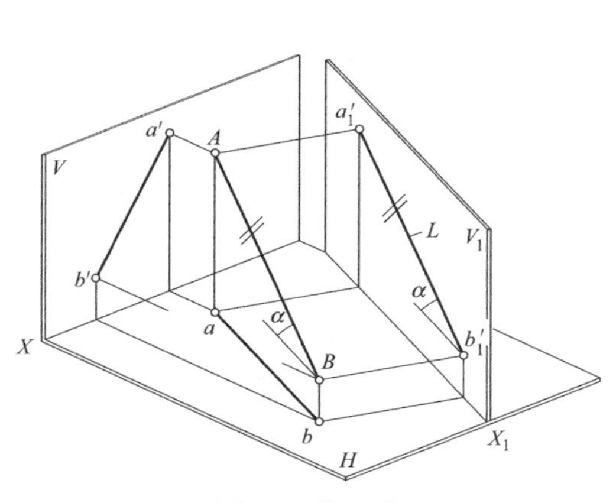

图3-1　换面法

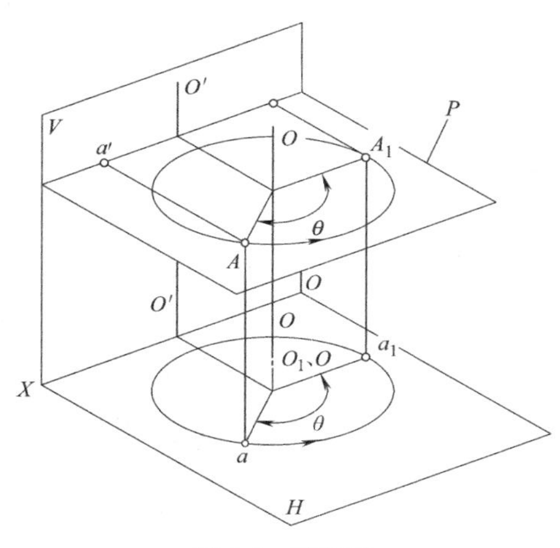

图3-2　旋转法

这里主要介绍换面法，换面法中新的投影面必须满足两个条件：新投影面对空间几何元素处在有利于解题的位置；新投影面必须垂直于任一原投影面。

3.1.2　点的投影变换

点的投影变换是直线和平面投影变换的基础。如图 3-3（a）所示，用 V_1 面替换 V 面，使 $V_1 \perp H$，建立 H/V_1 投影体系，称为新体系。原体系 H/V 称为旧体系。过点 A 向三个投影面上作垂线，得到的垂足 a'、a、a'_1 分别称为旧投影、不变投影、新投影。X 和 X_1 分别称为旧轴和新轴。将各投影面展开摊平到一个平面上，即可得到投影图，如图 3-3（b）所示。

1. 点的换面投影规律

（1）新投影和不变投影的连线垂直于新轴，即 $aa'_1 \perp X_1$；

（2）新投影到新轴的距离等于旧投影到旧轴的距离，即 $a'_1 a_{X1} = a' a_X$。

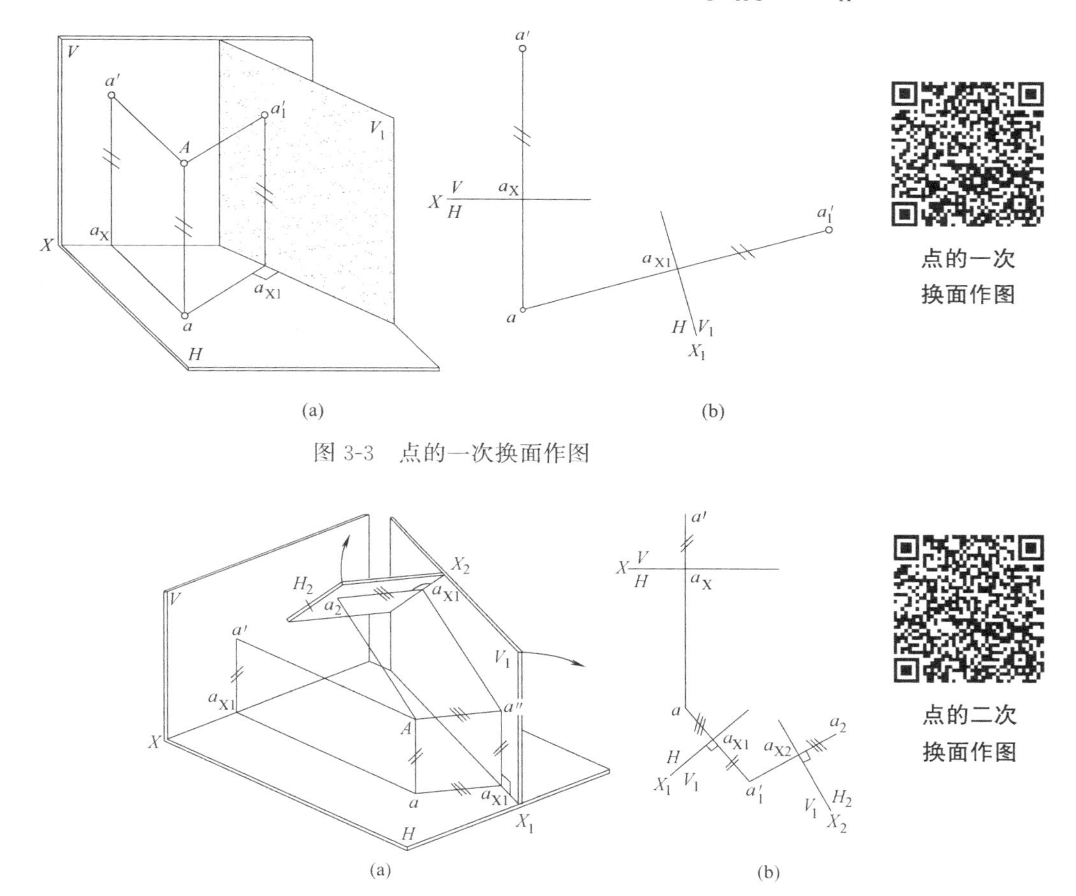

2. 点的换面作图步骤

（1）在适当位置作新轴 X_1。

（2）过不变投影 a 作新轴 X_1 的垂线 aa_{X1}，并延长。

(3) 在 aa_{X1} 延长线上得到新投影 a'_1，使 $a'_1a_{X1}=a'a_X$。

上述作图是用 V_1 面替换 V 面，当然也可以根据解题需要，用 H_1 替换 H，建立 H_1/V 体系，其作图规律和步骤相同。

在实际应用中，有时根据需要还要进行两次或两次以上换面，其实质就是进行两次或两次以上的“一次换面”，如图 3-4 所示，其换面规律和作图步骤相同。注意“新”与“旧”是相对的，要按照顺序进行作图。

3.2 换面法的基本作图

3.2.1 将一般位置直线变换为新投影面的平行线

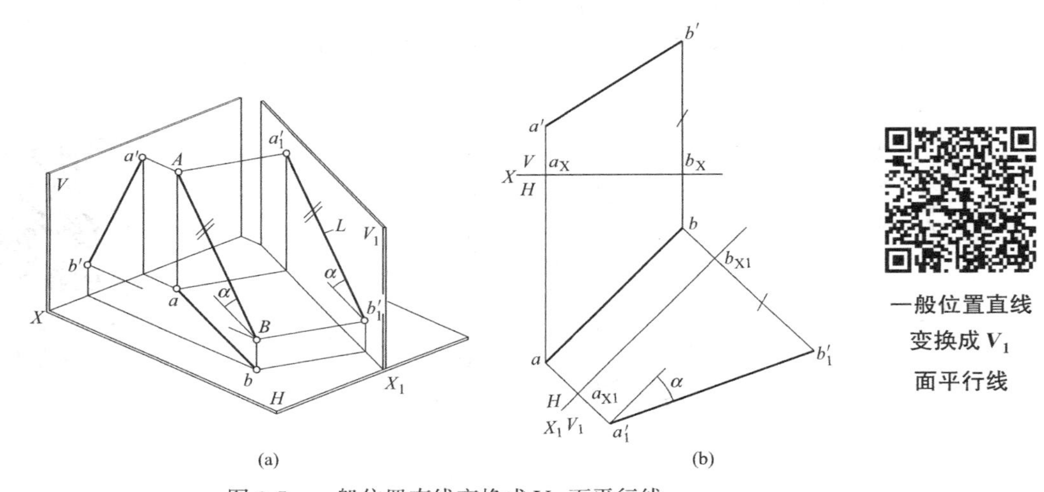

图 3-5 一般位置直线变换成 V_1 面平行线

将一般位置直线变为新投影面的平行线，可以求解直线的实长和对投影面的倾角。如图 3-5 (a) 所示，将一般位置直线 AB 变换为新投影面 V_1 的平行线，AB 在 V_1 面上的新投影 $a_1b'_1$ 反映直线 AB 的实长，$a'_1b'_1$ 与 X_1 轴的夹角反映 AB 对 H 面的倾角 α。

如图 3-5 (b) 所示，作图步骤为：

(1) 作新轴 $X_1 /\!/ ab$；

(2) 分别由 a、b 两点作 X_1 轴的垂线，与 X_1 轴交于 a_{X1}、b_{X1}，然后在垂线上量取 $a'_1a_{X1}=a'a_X$，$b'_1b_{X1}=b'b_X$，得到新投影 a'_1、b'_1；

(3) 用粗实线连接 a'_1、b'_1，得到直线 AB 的新投影 $a'_1b'_1$，长度反映 AB 的实长，它与新轴 X_1 的夹角反映倾角 α。

如果想求解倾角 β 和实长，需要变换 H 面，作新轴 $X_1 /\!/ a'b'$，作图步骤如图 3-6 所示。

3.2.2 将投影面的平行线变换为新投影面垂直线

把投影面的平行线变为新投影面垂直线，这时直线的新投影积聚为一个点，如图 3-7

所示，直线 AB 为水平线。如果将 AB 变换成新投影面的垂直线，需要用 V_1 面替换 V 面，此时新轴 $X_1 \perp ab$，AB 在 V_1 面上的投影积聚为一点 b_1'（a_1'）。

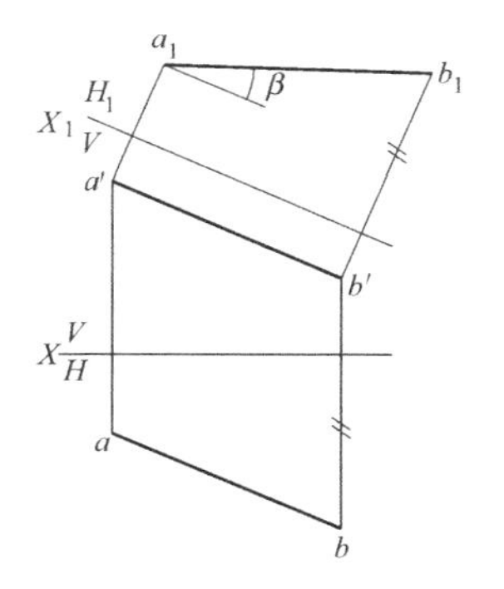

图 3-6　直线变换成 H_1 面平行线

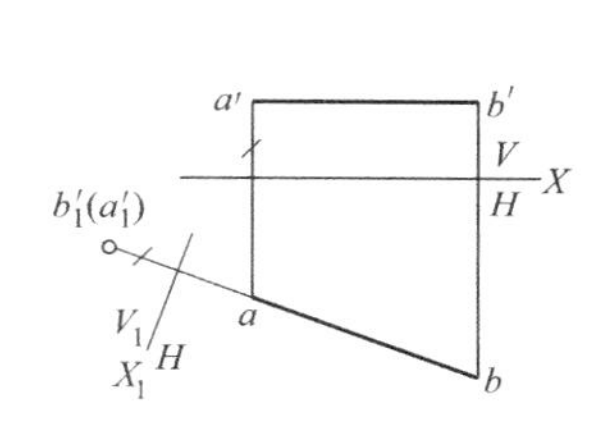

图 3-7　直线变换成 V_1 面垂直线

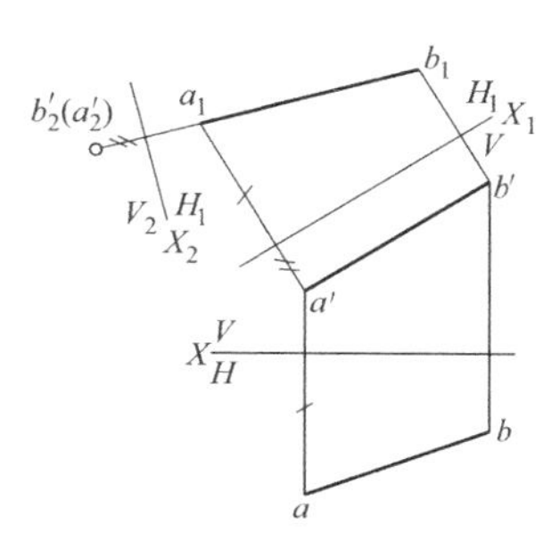

图 3-8　一般位置线变为垂直线

3.2.3　将一般位置直线变换为新投影面垂直线

由上述两个基本作图可知，将一般位置直线变换成新投影面垂直线，需经过二次换面。首先变成投影面平行线，然后变成新投影面垂直线。如图 3-8 所示为将一般位置直线 AB 变换为投影面垂直线的作图过程。

作图步骤为：

（1）作新轴 $X_1 /\!/ a'b'$，求得 AB 在 H_1 面上的新投影 a_1b_1；

（2）作新轴 $X_2 \perp a_1b_1$，得到直线 AB 在 V_2 面上的新投影 $b_2'(a_2')$。

3.2.4　将一般位置平面变换为新投影面垂直面

把一般位置平面变换成新投影面垂直面，平面的新投影积聚为一条直线。如图 3-9（a）所示，$\triangle ABC$ 为一般位置平面，如果将其变为新投影面的垂直面，新投影面需垂直于 $\triangle ABC$，又要垂直于原投影体系中的某一个投影面，这里建立 V_1/H 投影体系，因此，在 $\triangle ABC$ 上先作水平线 CD，然后作 V_1 面与该水平线垂直，则 V_1 垂直于 H 面。

作图步骤为：

（1）在 $\triangle ABC$ 上作水平线 CD，其投影为 $c'd'$ 和 cd，如图 3-9（b）所示；

（2）作新轴 $X_1 \perp cd$；

（3）作 $\triangle ABC$ 在 V_1 面上的新投影 $a_1'b_1'c_1'$，它积聚为一直线段，它与新轴 X_1 夹角反映 $\triangle ABC$ 对 H 面的倾角 α。

如果想求解倾角 β，需变换 H 面，作图步骤如图 3-9（c）所示。

3.2.5　将投影面垂直面变换为新投影面平行面

把投影面垂直面变为新投影面平行面，平面的新投影能够反映平面的实形，其积聚性的投影平行于相应的投影轴。如图 3-10 所示，将正垂面 $\triangle ABC$ 变换成新投影面的平行面，只能用 H_1 替换 H，使其平行于 $\triangle ABC$。作新轴 $X_1 /\!/ a'b'c'$，则 $\triangle ABC$ 在 H_1 面上的新投影 $\triangle a_1b_1c_1$ 反映平面的实形。

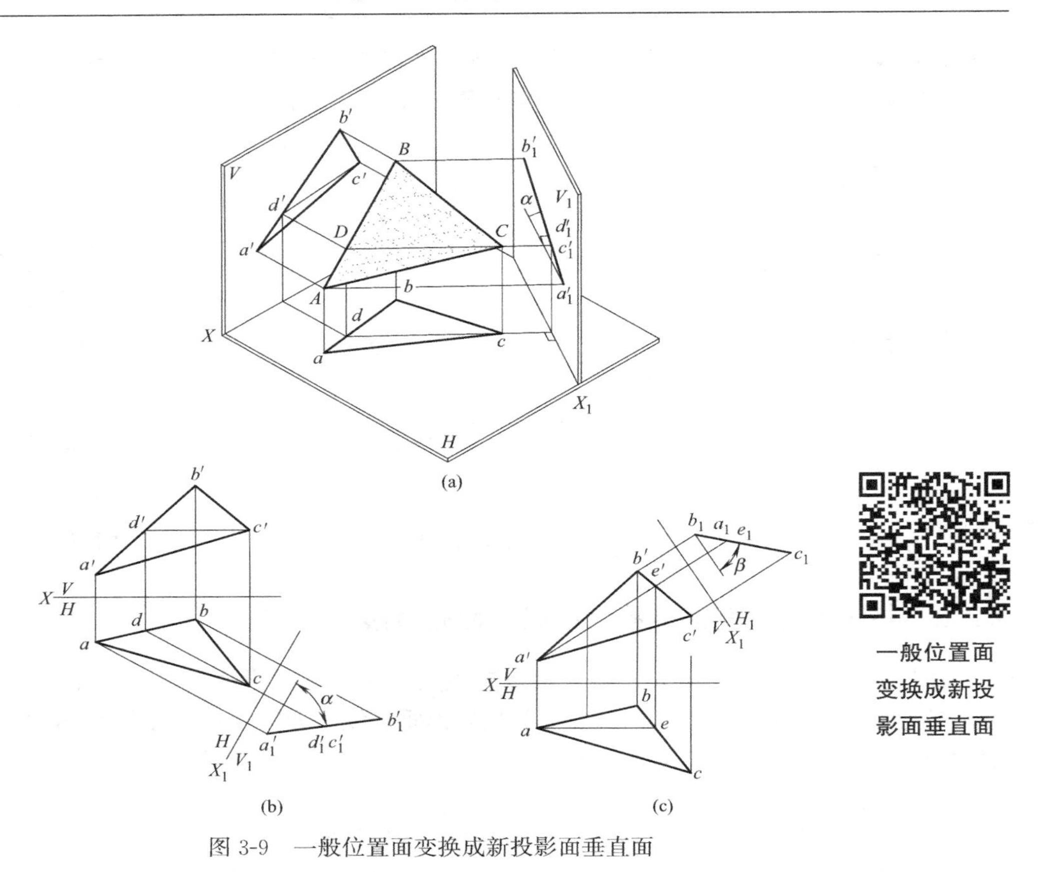

一般位置面变换成新投影面垂直面

图 3-9 一般位置面变换成新投影面垂直面

3.2.6 将一般位置平面变换为新投影面平行面

由上述两个基本作图可知，将一般位置平面变换成新投影面平行面必须经过二次变换，先将一般位置平面变换成投影面垂直面，再将投影面垂直面变换成投影面平行面。如图 3-11 所示，先将△ABC 变换成 H_1 面的垂直面，再将其变换成 V_2 面的平行面。

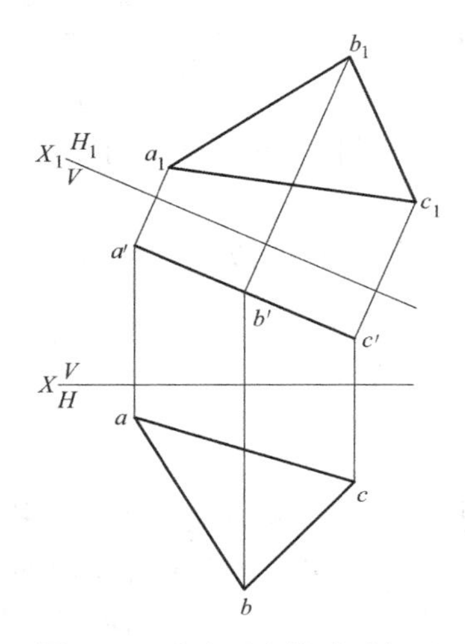

图 3-10 垂直面变换成平行面

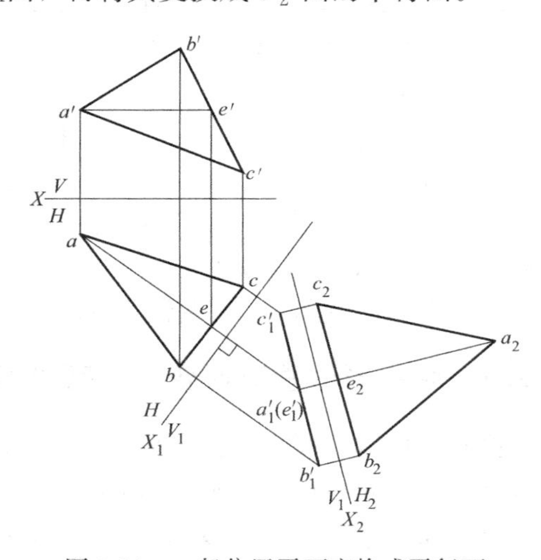

图 3-11 一般位置平面变换成平行面

具体作图步骤为：

(1) 在△ABC上取水平线AE，作新轴$X_1 \perp ae$，使得新投影面$H_1 \perp AE$，然后作出△ABC在V_1面上的新投影$a_1'b_1'c_1'$，积聚为一直线。

(2) 作新轴$X_2 // a_1'b_1'c_1'$，使得新投影面H_2平行于△ABC，然后作出△ABC在H_2面上的新投影△$a_2'b_2'c_2'$，它反映△ABC的实形。

3.2.7　换面法的应用举例

利用上述换面法的六个基本作图，可直接求得直线的实长和平面的实形以及倾角α、β等。除此之外，还可求解较多的空间定位和度量问题。经常遇到的应用换面法求解的问题有：实长和实形、距离、夹角、交点和交线等。

【例3-1】 求点K到平面△ABC的距离，如图3-12所示。

分析：

求解点到平面的距离，需过点向平面作垂线，点到垂足的直线段长度就是点到平面的距离，当该直线段与投影面平行时反映距离的实长，此时需要平面与投影面垂直。因此求解此题，需要将平面变换成新投影面的垂直面即可。

作图：

(1) 在平面上作正平线AD，使$ad // X$轴；

(2) 作新轴$X_1 \perp ad$；

(3) 画出△ABC和点K的新投影$a_1b_1c_1$和k_1；

(4) 作$k_1e_1 \perp a_1b_1c_1$，交于e_1，其中，k_1e_1为所求距离的实长；

(5) 画出ke和$k'e'$，其中$k'e' // X_1$轴。

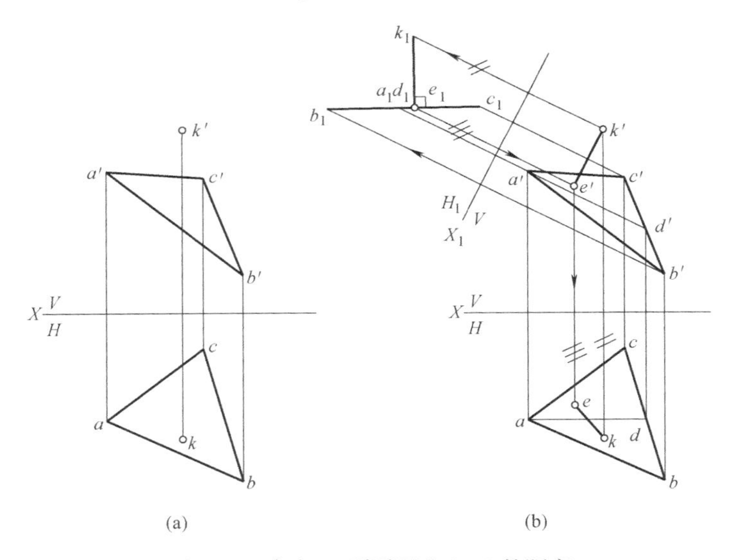

图3-12　求点K到平面△ABC的距离

【例3-2】 求直线MN与△ABC平面的交点K，如图3-13所示。

分析：

求直线与平面的交点，需要将平面变为投影面的垂直面，平面的新投影积聚为一条直线，交点可利用积聚性求出，然后再求得交点在原体系中的投影，最后判别可见性。

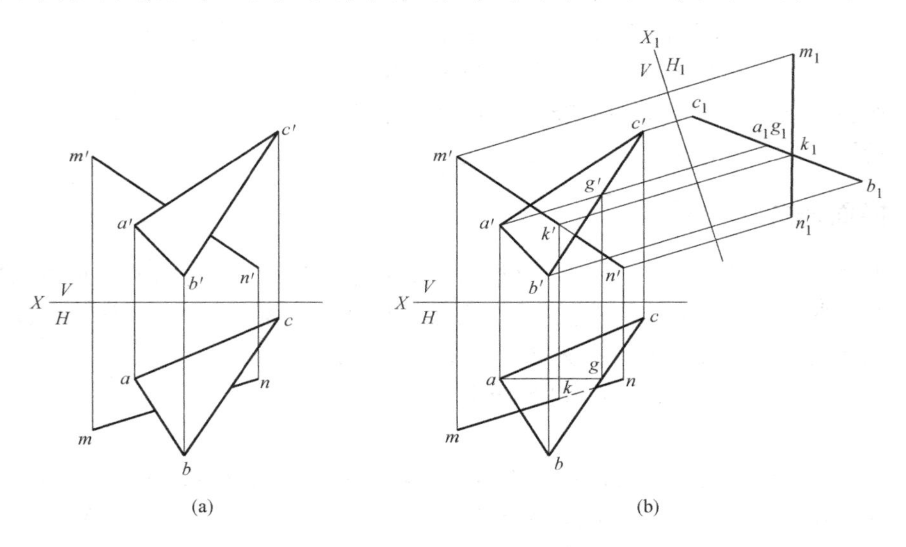

图 3-13 求直线与平面的交点

作图：

(1) 在△ABC 平面上作正平线 AG，使 $ag//OX$ 轴；

(2) 作新轴 $X_1 \perp a'g'$；

(3) 作△ABC 和直线 MN 的新投影，新投影图中两直线的交点即为交点的新投影 k_1。

(4) 依次画出 k 和 k'，即为所求交点 K 的两投影；

(5) 判别直线 MN 投影的可见性。

【例 3-3】 求两平行直线 AB、CD 的距离，如图 3-14 所示。

分析：

当两平行线同时垂直于一个投影面时，它们在该投影面上的积聚投影为两点，两点之间的距离即为两平行线间的距离。两直线为一般位置直线，需经二次换面，变换成新投影面的垂直线。

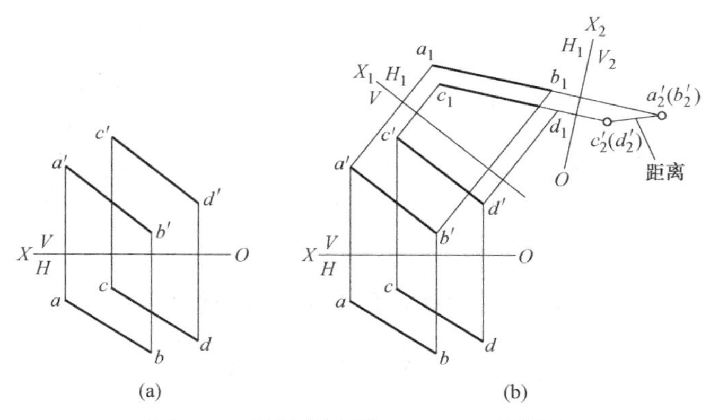

图 3-14 两平行直线 AB、CD 的距离

作图：

（1）作新轴 $X_1 /\!/ a'b'$；

（2）画出直线 AB 和 CD 一次换面的新投影 a_1b_1 和 c_1d_1；

（3）作新轴 $X_2 \perp a_1b_1$；

（4）画出 AB、CD 二次换面的新投影 $a_2'(b_2')$，$c_2'(d_2')$，积聚为两个点，此两点的距离即为所求平行两直线 AB、CD 的距离。

【例 3-4】 求交叉两直线 AB、CD 的距离，如图 3-15 所示。

分析：

两交叉直线的距离为两交叉直线公垂线的实长。作图中需要求公垂线的投影和实长。当两交叉直线之一垂直于新投影面时，它们的公垂线 MN 平行于新投影面，因此公垂线的新投影反映实长，且与另一直线在新投影面上的投影垂直。

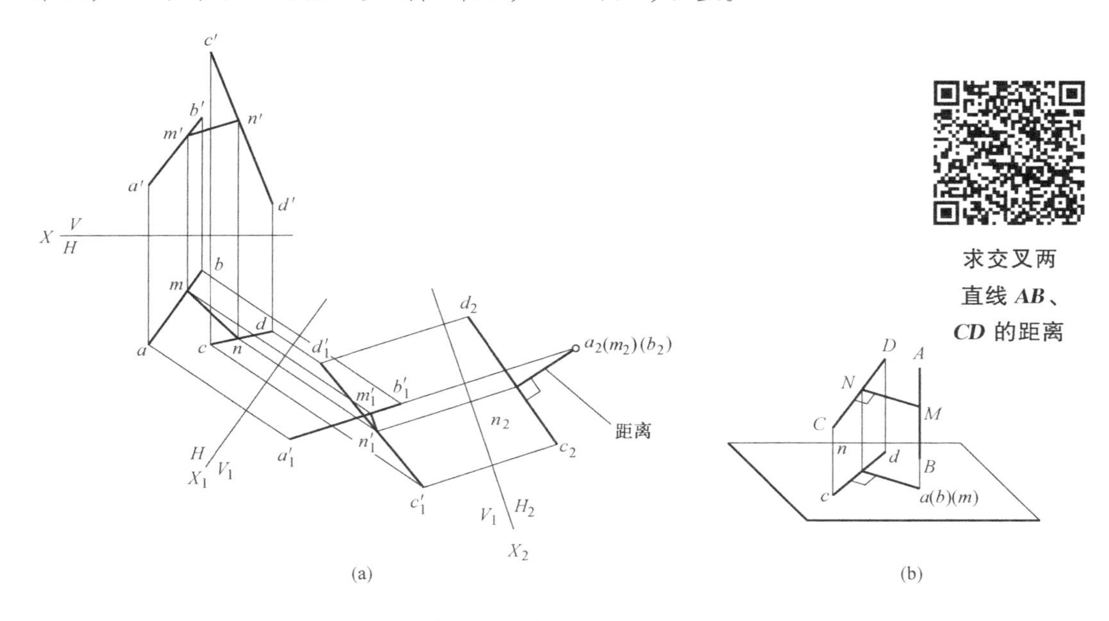

图 3-15　求交叉两直线 AB、CD 的距离

作图：

（1）将直线 AB 变换为投影面的垂直线，需经过二次变换，先变为平行线，再变为垂直线，此时直线 AB 的投影积聚为一点；AB 变换时，直线 CD 也随之做相应的变换；

（2）过点 a_2（b_2）作 c_2d_2 的垂线，为公垂线 MN 的新投影，反映距离的实长；

（3）作 $m_1'n_1' /\!/$ 新轴 X_2；

（4）画出公垂线 MN 的原投影 mn，$m'n'$。

【例 3-5】 求两平面的夹角，如图 3-16 所示。

分析：

当两平面同时垂直于一个投影面时，它们的投影积聚为两相交直线，它们的夹角反映两平面的夹角。要使得两平面同时垂直于一个新投影面，需将它们的交线变换成新投影面的垂直线，如图 3-16（b）所示，因为两平面的交线 AB 为一般位置直线，所以需要二次换面，才能变成新投影面的垂直线，从而求得两平面的夹角。

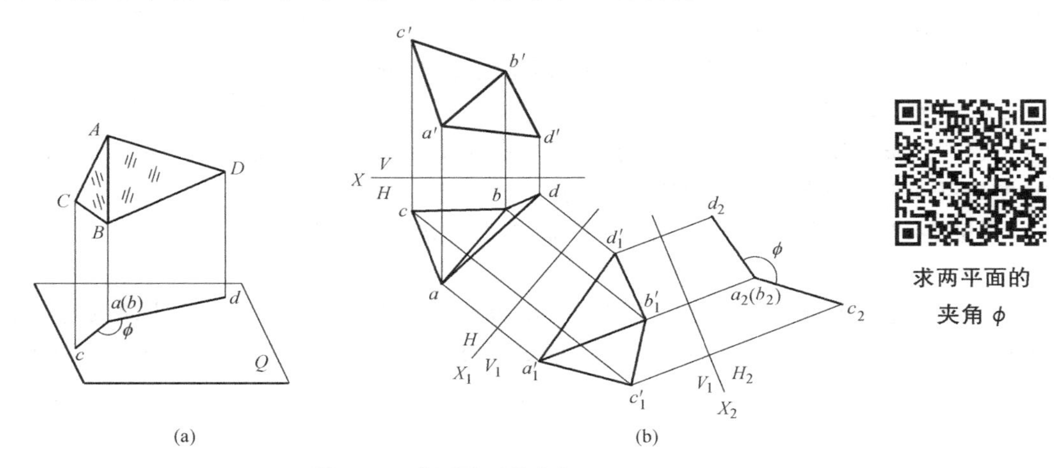

图 3-16　求两平面的夹角 ϕ

作图：

（1）一次换面将交线 AB 变换成新投影面的平行线，作新轴 $X_1 /\!/ ab$，并画出两平面的新投影 $a_1'b_1'c_1'$ 和 $a_1'b_1'd_1'$；

（2）二次换面将交线 AB 变换成新投影面的垂直线，作新轴 $X_2 \perp a_1'b_1'$，并画出两平面的新投影 $a_2b_2c_2$ 和 $a_2b_2d_2$，积聚为两直线，它们的夹角 ϕ 为所求两平面的夹角。

3.3　旋　转　法

投影面不动，一般位置几何元素绕某一轴线旋转到特殊位置，从而达到解题简化的目的，这种方法称为旋转法，如图 3-17 所示。这里主要介绍绕垂直轴的旋转法。

3.3.1　点绕垂直轴旋转的基本规律

如图 3-17（a）所示，点 A 绕轴线 O-O 旋转，其轨迹为一个圆，圆心为 O_1，半径等

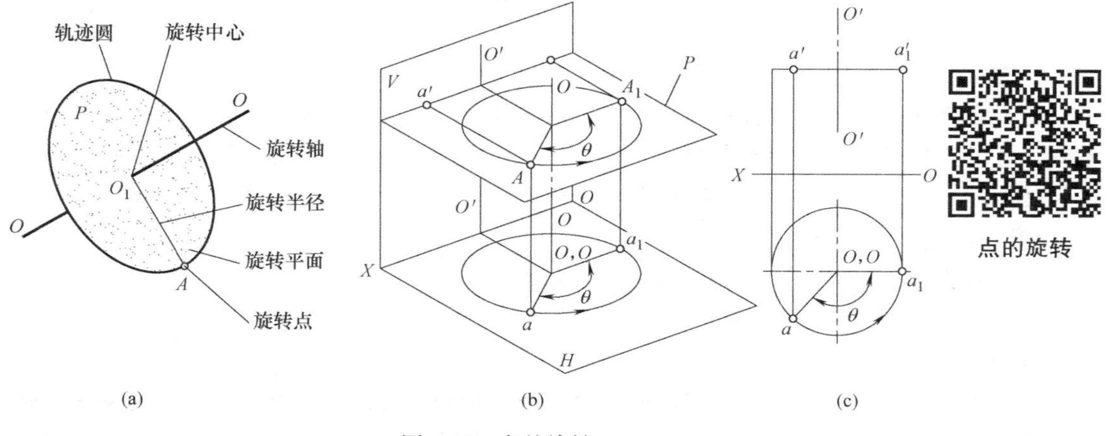

图 3-17　点的旋转

于点 A 到轴线的距离，此圆平面垂直于轴线 O-O，与轴线垂直的投影面平行，如图 3-17（b）（c）所示为绕铅垂轴线旋转的直观图和投影图，其中点 A 的运动轨迹为一个水平圆或圆弧，水平投影反映圆或圆弧的实形，正面投影是水平直线段。图中给出点 A 旋转 θ 角后到达 A_1 时的投影。点绕正垂轴线旋转的规律与此类似。

两点确定一条直线，三点确定一个平面。选定旋转轴后，将这些点绕同一转轴、同一方向、同一角度旋转到预定位置即可。

3.3.2　点绕垂直轴一次旋转

1. 将一般位置直线旋转成投影面的平行线

如图 3-18（a）所示，AB 为一般位置直线，将其旋转成正平线时，其水平投影平行于 X 轴，因此选择铅垂线作为旋转轴。为作图简便，使 O-O 轴通过端点 A，这时只需旋转另一端点 B 即可。

作图步骤为：

（1）以点 a 为圆心，ab 为半径画圆弧；

（2）由点 a 作 X 轴的平行线与圆弧相交于点 b_1，得 ab_1；

（3）由点 b'作 X 轴的平行线，此线与过点 b_1 且与 X 轴垂直的直线交于 b_1'，连接点 a'、点 b_1'得到直线旋转后的正面投影。投影 $a'b_1'$反映直线 AB 的实长，它与 X 轴的夹角反映 AB 对 H 面的倾角 α。

当 AB 绕正垂轴线旋转到水平位置时，可求得直线 AB 的实长和对 V 面的倾角 β，如图 3-18（b）所示。

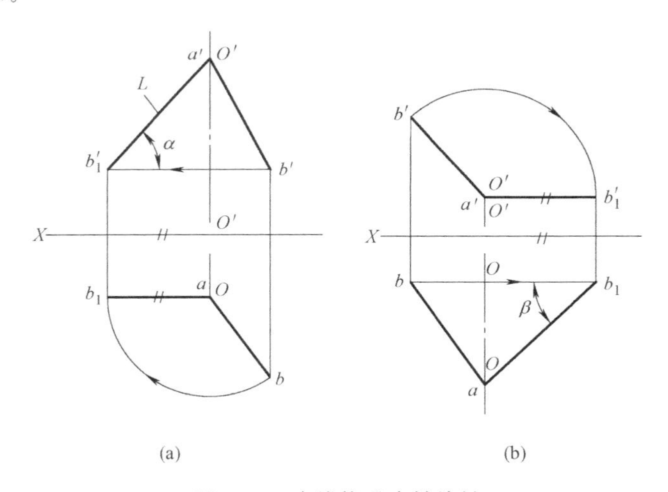

图 3-18　直线绕垂直轴旋转

（a）旋转成正平线；（b）旋转成水平线

2. 将投影面垂直面旋转成投影面平行面

如图 3-19 所示，$\triangle ABC$ 为铅垂面。要将其旋转成正平面，考虑作图方便，可取过 $\triangle ABC$ 任一顶点的铅垂线作为旋转轴，图中以过 B 点的铅垂线为旋转轴，旋转$\triangle ABC$，在水平投影图中，使积聚的直线平行于 X 轴，这时该平面为正平面，其正面投影$\triangle a_1'b'c_1'$反映$\triangle ABC$ 的实形。

作图步骤为：按点的旋转规律作出三点 A、B、C 的新投影，再连线。因旋转轴通过点 B，故点 B 旋转前后其位置不变。

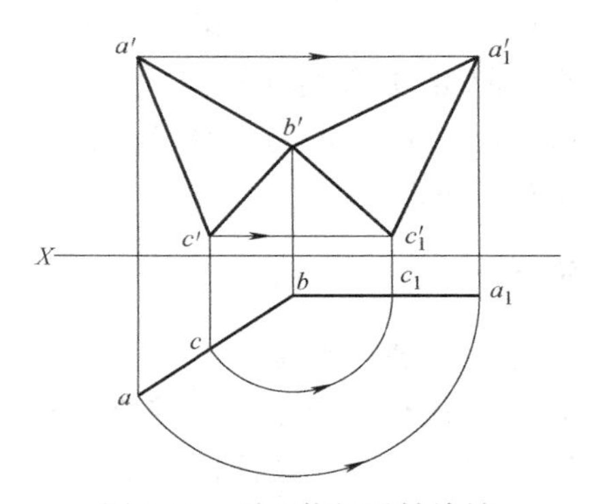

图 3-19　平面绕铅垂轴旋转

【本章小结】

本章主要介绍了换面法的基本概念，点的换面作图规则和换面法的六个基本作图。通过本章的学习，掌握换面法求解问题的基本方法和作图步骤。

【思考与习题】

（1）什么是换面法？
（2）点的换面投影规律是什么？
（3）一般位置直线变换为投影面的平行线作图要点是什么？能解决什么问题？
（4）投影面的平行线变换为投影面的垂直线作图要点是什么？能解决什么问题？
（5）一般位置直线变换为投影面的垂直线作图要点是什么？能解决什么问题？
（6）一般位置平面变换为投影面的垂直面作图要点是什么？能解决什么问题？
（7）投影面的垂直面变换为投影面的平行面作图要点是什么？能解决什么问题？
（8）一般位置平面变换为投影面的平行面作图要点是什么？能解决什么问题？

第 4 章　立体的投影

（1）棱柱、棱锥的形成及投影特性。

（2）棱柱、棱锥表面取点的方法。

（3）圆柱、圆锥、圆球、圆环的形成及投影特性。

（4）圆柱、圆锥、圆球、圆环表面取点的方法。

一般建筑物及其构配件，如果对它们的形体进行分析，都可以抽象成简单的基本形体经过叠加或切割的方式而构成。立体的形状千变万化，按其表面形状可分为平面立体和曲面立体两大类。立体的表面全是平面的立体称为平面立体；立体的表面全是曲面或由曲面和平面围成的立体，称为曲面立体。形状最简单的立体称为基本立体，建筑物和构配件称为建筑形体。

4.1　平面立体的投影

最基本的平面立体分为棱柱和棱锥两类。用投影图表示平面立体，就是把构成平面立体的各基本几何元素的投影绘制出来，实际上是作出平面立体上所有棱线和顶点的投影。

4.1.1　棱柱的投影

任一平面多边形沿直线路径拉伸可形成棱柱。直线路径与多边形垂直形成直棱柱，倾斜形成斜棱柱，拉伸前后该平面多边形构成棱柱的底面和顶面，常简称为底面，平面多边形的边拉伸形成棱柱的各个侧棱面。棱柱通常按照底面多边形的边数命名，如三棱柱，四棱柱等。

1. 棱柱的三面投影

图 4-1 为正六棱柱，它由两个正六边形的底面和六个矩形侧面围成。作棱柱投影时，需要作出构成棱柱的两个底面和六个侧面共八个平面的投影。为作图简便，通常将棱柱的底面与某一投影面平行，侧面尽可能较多的与另两个投影面平行或垂直，如图 4-1 中所示位置，正六棱柱的底面与 H 面平行，前后两侧棱面为正平面，其余四个侧棱面为铅垂面，正六棱柱的水平投影为正六边形，上下两个底面的投影重合，反映实形，六个侧棱面的水平投影积聚在六边形的六条边线上，正面投影中上下两条线是两个底面的积聚性投影，中间矩形框是前后侧棱面的实形性投影，两边的两个矩形框是其余四个侧棱面的类似性投影。侧面投影中上下两条线是两个底面的积聚性投影，左右两条竖直线是前后侧棱面的积聚性投影，两个矩形框是其余四个侧棱面的类似性投影。

作棱柱投影时，一般先作反映棱柱底面多边形的投影，再按投影关系作出其余投影。

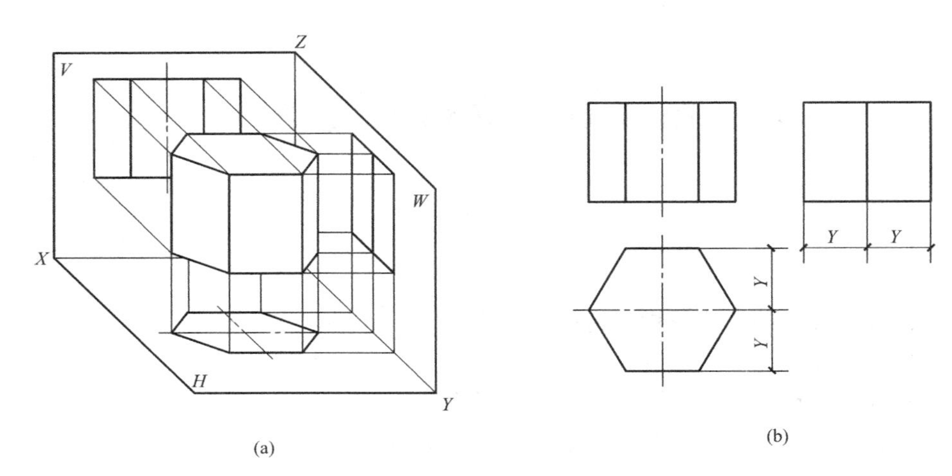

图 4-1　正六棱柱的三面投影

投影对称时，先用点画线画出对称中心线，以便确定投影的位置。

作图步骤为：

（1）画出反映棱柱顶面和底面实形的水平投影——正六边形，如图 4-1（b）所示；

（2）根据棱柱的高、水平投影及“三等”关系画出棱柱的正面投影和侧面投影。

2. 棱柱表面上的点和线

由于棱柱的表面都是平面，所以在棱柱体表面上取点、线的方法与前面介绍的平面上取点的原理和方法相同。由于棱柱表面有多个平面，所以作图时需确定点或线所在的平面，然后利用平面取点、线的方法求出点的各个投影，最后判别可见性，如果点所在的面投影可见，则点的投影也可见，否则不可见，不可见的点投影要加括号。

【例 4-1】 如图 4-2（a）所示，已知棱柱表面上 A、B 两点和折线 $DEFG$ 的正面投影，求另外两投影，并判别可见性。

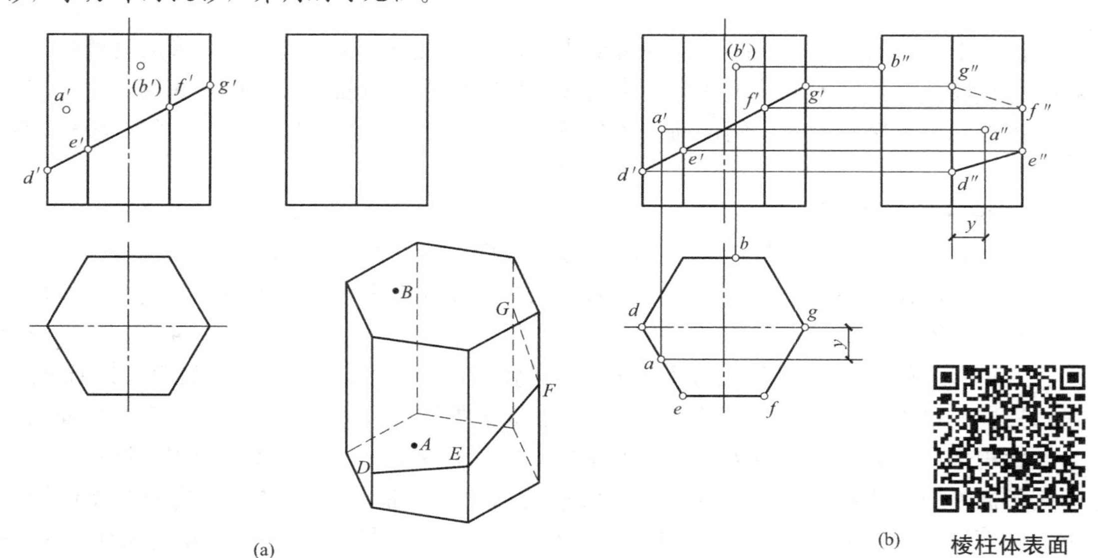

棱柱体表面上的点和线

图 4-2　棱柱体表面上的点和线

分析：

由图 4-2（a）可知，点 A 位于左前方棱面上，该棱面的水平投影积聚成一条直线，点 A 的水平投影 a 应位于该直线上，先求 a，再按“三等”关系求出 a''。根据点 B 的正面投影（b'）可知点 B 位于六棱柱后方的棱面上，其水平投影和侧面投影均在后方棱面的相应投影上。$DEFG$ 各段线在不同的棱面上，先作出折线上各折点的投影，判别可见性，再连线。

作图：

（1）如图 4-2（b）所示，先求点 A 的水平投影，由 a' 作竖直线，与 de 相交于 a，由 a、a' 求得 a''。由于点 A 位于左前方可见的棱面上，故 a'、a'' 均可见。

（2）同理，根据点 B 的正面投影（b'）可求出 b、b''，两投影积聚不用判别可见性。

（3）作出折线 $DEFG$ 的水平投影，然后求出侧面投影。最后根据各段折线所在棱面投影的可见性，确定折线 $DEFG$ 投影的可见性。

4.1.2　棱锥的投影

棱锥是由一平面多边形和平面外一点构成，这个点称为棱锥的锥顶，锥顶到平面多边形各顶点的连线形成棱锥的各条侧棱，各棱线围成的面为棱面，棱锥的棱面均为三角形。棱锥通常由底面多边形的边数命名，如三棱锥、四棱锥等。

1. 棱锥的三面投影

作棱锥的投影需画出构成棱锥上所有平面的三面投影，先画出底面的投影，然后画出锥顶的投影，再进行连线完成侧棱的投影。如图 4-3（a）所示，正三棱锥的底面 ABC 为水平面，其水平投影反映三角形实形，正面投影和侧面投影积聚为水平直线段。后棱面 SAC 是侧垂面，其侧面投影积聚为直线段，正面投影和水平投影均为三角形。左、右两侧面 SAB、SBC 为一般位置平面，三面投影反映类似性，均为三角形。

作图步骤为：

（1）画出底面 ABC 的三面投影；

（2）画出锥顶 S 的三面投影；

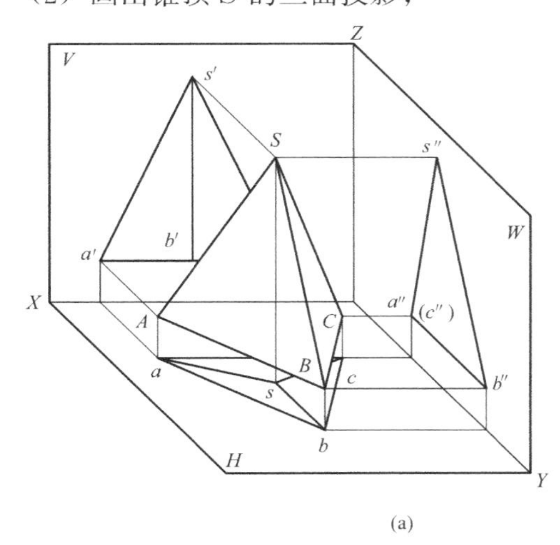

(a)

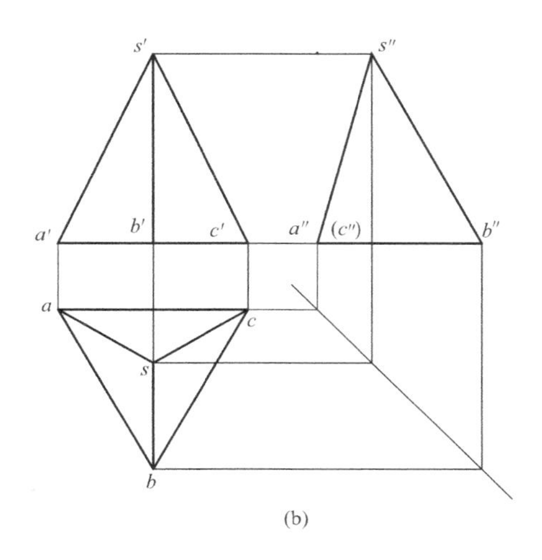

(b)

图 4-3　棱锥的三面投影

（3）分别连接锥顶 S 与底面各顶点的同面投影，得到各侧棱的投影，从而形成三棱锥的三面投影，如图 4-3（b）所示。

2. 棱锥表面上的点和线

在棱锥表面上取点、线的方法也用到前面介绍的平面上取点的原理和方法。作图时需确定点或线所在的平面，然后利用平面取点、线的方法求出各个投影，最后判别可见性。

【例 4-2】 如图 4-4（a）所示，已知三棱锥的三面投影，三棱锥表面上点 M 的正面投影和点 N 的水平投影，求它们的其余两投影。

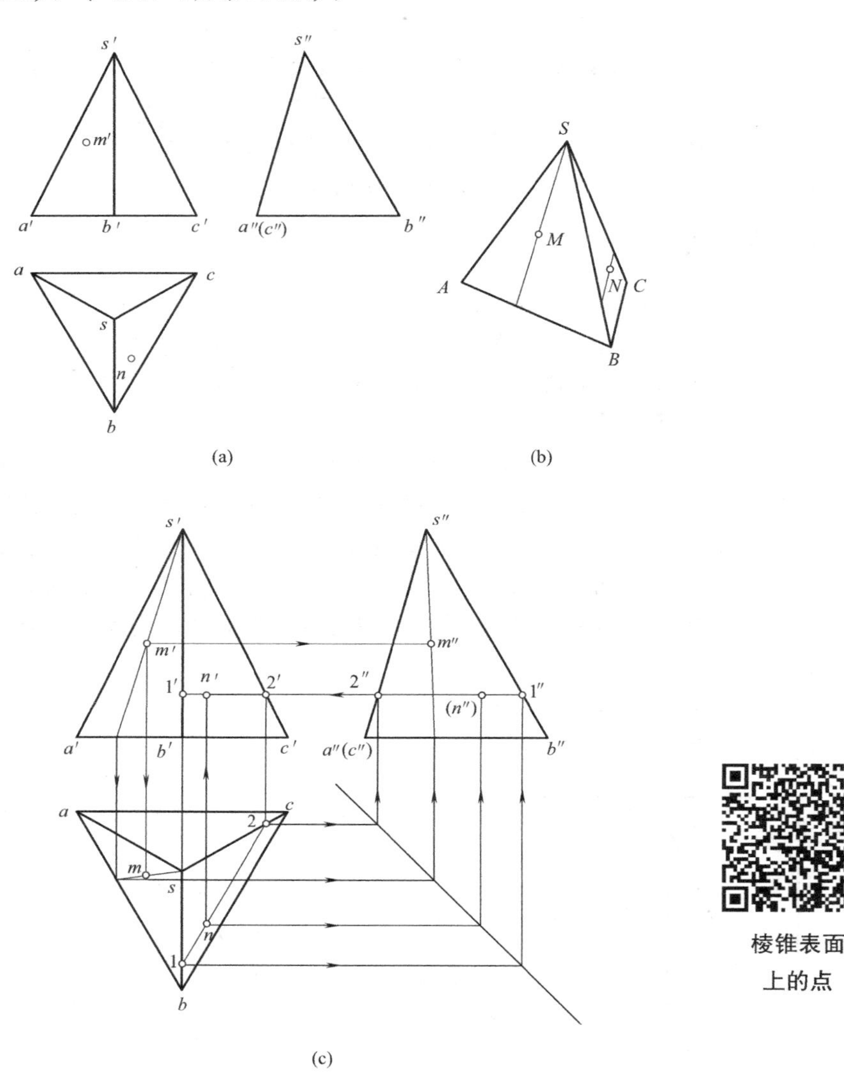

图 4-4　棱锥表面上的点

分析：

由图 4-4（b）可知，点 M 与点 N 分别位于棱面 SAB 和 SBC 上，需要在两平面内分别过已知点作辅助线，然后画出辅助线的投影，再确定点的投影。

作图：

（1）如图 4-4（c）所示，过锥顶 S 连接 M 作辅助线 SM，在正面投影中连接 $s'm'$ 并延长与 $a'b'$ 相交，画出辅助直线的正面和侧面投影，根据点在直线上的作图原理，画出点 M 的水平投影 m 和侧面投影 m''，由于点 M 位于左前方的侧面上，所以点 M 的水平和侧面投影均可见。

（2）过点 N 作直线 BC 的平行线Ⅰ、Ⅱ为辅助线，其三面投影应平行于 BC 的三面投影，画出辅助线Ⅰ、Ⅱ的三面投影，在 $1''2''$ 和 $1'2'$ 上画出点 N 的另外两个投影 n''、n'。因 N 位于侧棱面 SBC 上，所以其正面投影可见，侧面投影不可见。

4.2　曲面立体的投影

曲面立体的表面是由曲面或平面和曲面构成。常见的曲面立体有圆柱、圆锥、圆球和圆环。它们的曲表面可以看作是由一条动线绕某固定轴线旋转而形成，称为回转体。用投影表示曲面立体，就是把组成立体的各表面的投影绘制出来。

4.2.1　圆柱体

1. 圆柱体的形成

圆柱体可看作一矩形绕着它的一条边旋转一周而形成。矩形中与轴线平行的边旋转形成圆柱面，与轴线相交的两条边旋转形成圆平面。因此，圆柱体是由一个圆柱面和上下两个圆平面底面围成，如图 4-5 所示。

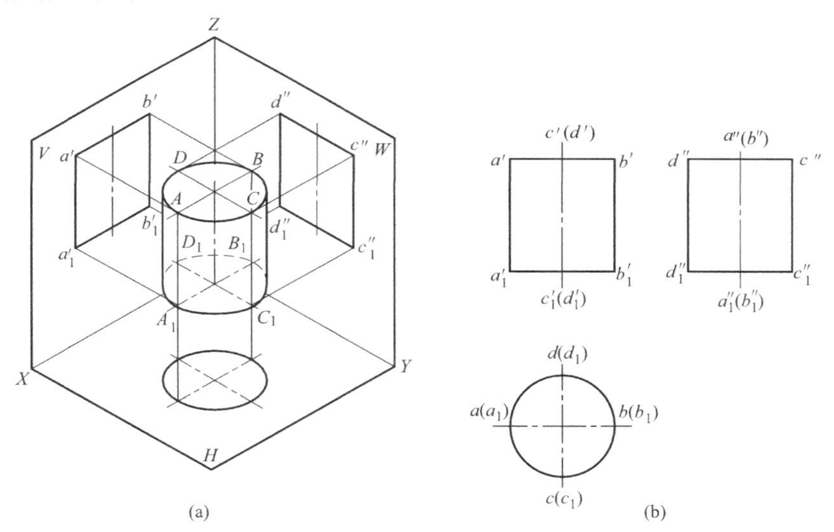

图 4-5　圆柱体的形成及三面投影

2. 圆柱体的三面投影

画出圆柱体的三面投影，通常作图前将圆柱体的轴线与某一个投影面垂直，如图 4-5 所示，圆柱体的轴线垂直于 H 面，圆柱体的三面投影为一个圆和两个全等的矩形。正面和侧面投影中矩形的水平线是底面圆的积聚性投影，竖直线是圆柱面针对该投影面轮廓线的投影，水平投影圆是上下两个底面圆的实形性投影，上下底面水平投影重合，圆柱面的水平投影积聚在圆周上。

正面投影中左右竖直线$a'a_1'$和$b'b_1'$是圆柱面上最左、最右轮廓素线AA_1和BB_1的正面投影，它们的侧面投影与轴线的侧面投影重合，不需要画出，水平投影积聚为两个点。圆柱面上的最左和最右轮廓线将圆柱面分成前后两半部分，前半个圆柱面正面投影可见，后半圆柱面不可见。同理，侧面投影中$c''c_1''$、$d''d_1''$是圆柱面上最前、最后两条轮廓素线CC_1、DD_1的侧面投影，其正面投影与轴线的正面投影重合，也不需要画出。前后轮廓线CC_1和DD_1将圆柱面分成左、右两半部分，左半个圆柱面侧面投影可见，右半个圆柱面侧面投影不可见。

作图步骤为：

（1）先画出轴线的三面投影，水平投影用十字相交的点画线表示；

（2）再画出投影为圆的水平投影；

（3）最后根据水平投影及圆柱的高，画出正面投影和侧面投影。

圆柱面上的点和线

3. 圆柱面上的点和线

【例 4-3】 如图 4-6（a）所示，已知圆柱面上点M的正面投影m'和点N的侧面投影n''，曲线EFG的正面投影。求点M、N及曲线EFG的其余两投影。

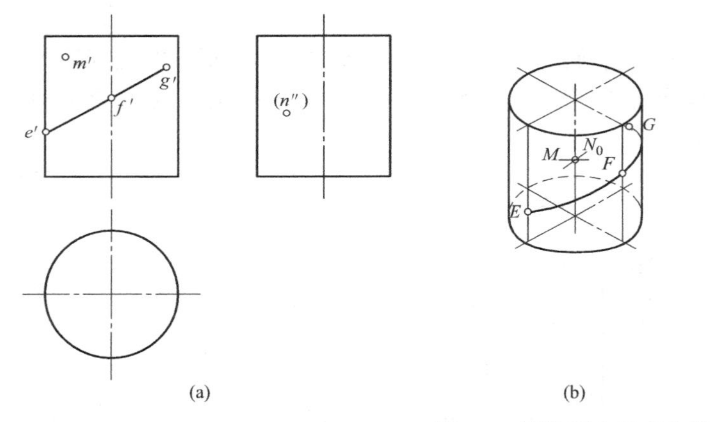

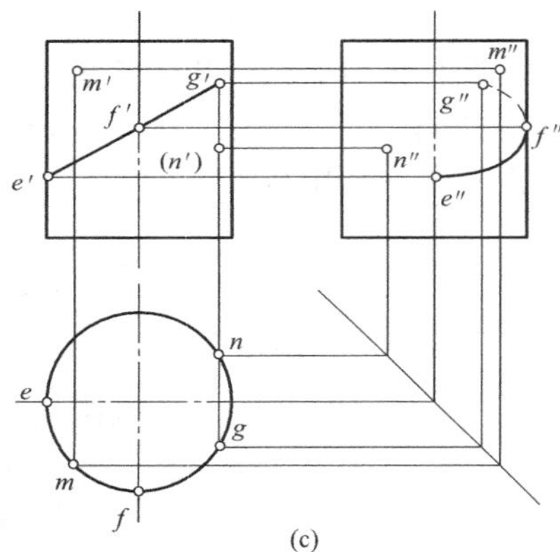

图 4-6　圆柱面上的点和线

分析：

由已知投影可知，点M位于左前方的圆柱面上，点N位于右后方的圆柱面上，曲线EFG位于前半个圆柱面上，为椭圆弧。由于圆柱面的水平投影具有积聚性，所以圆柱面上所有点、线的水平投影均落在该圆周上，作图时先求此投影。

作图：

（1）根据点M的正面投影，先求其水平投影m，再根据m和m'求得m''。点M的水平投影不需判别可见性，因为圆柱面积聚，点M位于左半个圆柱面上，因此侧面投影可见。

（2）根据点N的侧面投影，先求水平投影n，再由n和n''求得n'，点N位于后半个圆柱面上，正面投影n'不可见，标记加括号。

（3）根据曲线EFG的正面投影，利用积聚性先画出三点EFG的水平投影e、f、g，

然后作出侧面投影 e''、f''、g''，连成椭圆弧并判别可见性。曲线 EFG 的水平投影是圆周上的一段圆弧，侧面投影为一段椭圆弧，其中 EF 位于左半圆柱面上，其侧面投影 $e''f''$ 可见，画成粗实线，FG 位于右半圆柱面上，其侧面投影 $f''g''$ 不可见，连成虚线。

4.2.2　圆锥体

1. 圆锥体的形成

圆锥体可看作一个直角三角形绕其一条直角边旋转一周而形成。斜边旋转形成圆锥面，另一直角边旋转形成底面圆。所以圆锥体是由一个圆锥面和一个底面圆围成，如图 4-7（a）所示。

2. 圆锥体的三面投影

画出圆锥体的三面投影，通常作图前将轴线与某一个投影面垂直，如图 4-7 所示，圆锥体的轴线垂直于 H 面，其水平投影为圆，正面和侧面投影为两个全等的等腰三角形。水平投影圆为圆锥面和底面圆的投影。正面投影中等腰三角形的底边是底面圆的积聚性投影，两个腰 $s'a'$、$s'b'$ 分别为圆锥面最左、最右轮廓素线 SA、SB 的正面投影，其侧面投影与轴线的侧面投影重合，不需要画出，最左和最右轮廓素线将圆锥面分成前后两半部分，前半个圆锥面正面投影可见，后半个圆锥面正面投影不可见，侧面投影中等腰三角形的底边也是底面圆的积聚性投影，两个腰 $s''c''$、$s''d''$ 是圆锥面最前、最后两条轮廓素线 SC、SD 的侧面投影，它们的正面投影重合也不需要画出，前后轮廓素线将圆锥面分成左、右两半部分，左半圆锥面的侧面投影可见，右半圆锥面侧面投影不可见。圆锥面的三面投影都没有积聚性。

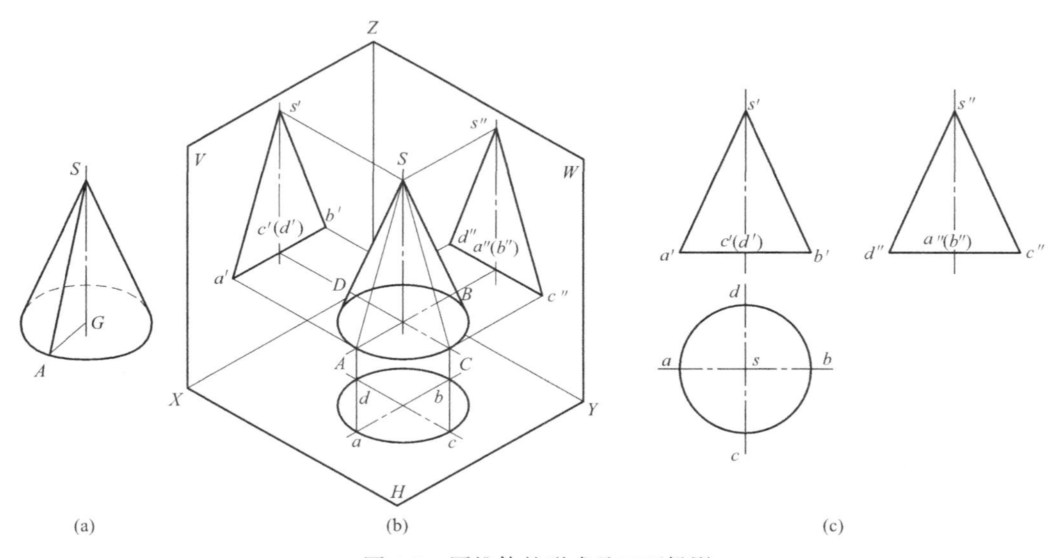

图 4-7　圆锥体的形成及三面投影

作图步骤为：

（1）先画出圆锥轴线的三面投影，水平投影用十字相交的点画线表示；

（2）画出水平投影圆；

（3）确定锥顶 S 及底面圆的正面投影和侧面投影，完成圆锥的正面投影和侧面投影。

3. 圆锥面上的点和线

圆锥面上过锥顶和底面圆周上一点的连线是直线，称为素线，同时存在垂直于轴线的一系列圆，称为纬圆，如图 4-8（a）所示。因此在圆锥面上取点和线，可利用纬圆法和素线法完成。

【例 4-4】 已知圆锥体的三面投影和圆锥面上点 M 的正面投影 m'，求点 M 的水平投影和侧面投影，如图 4-8 所示。

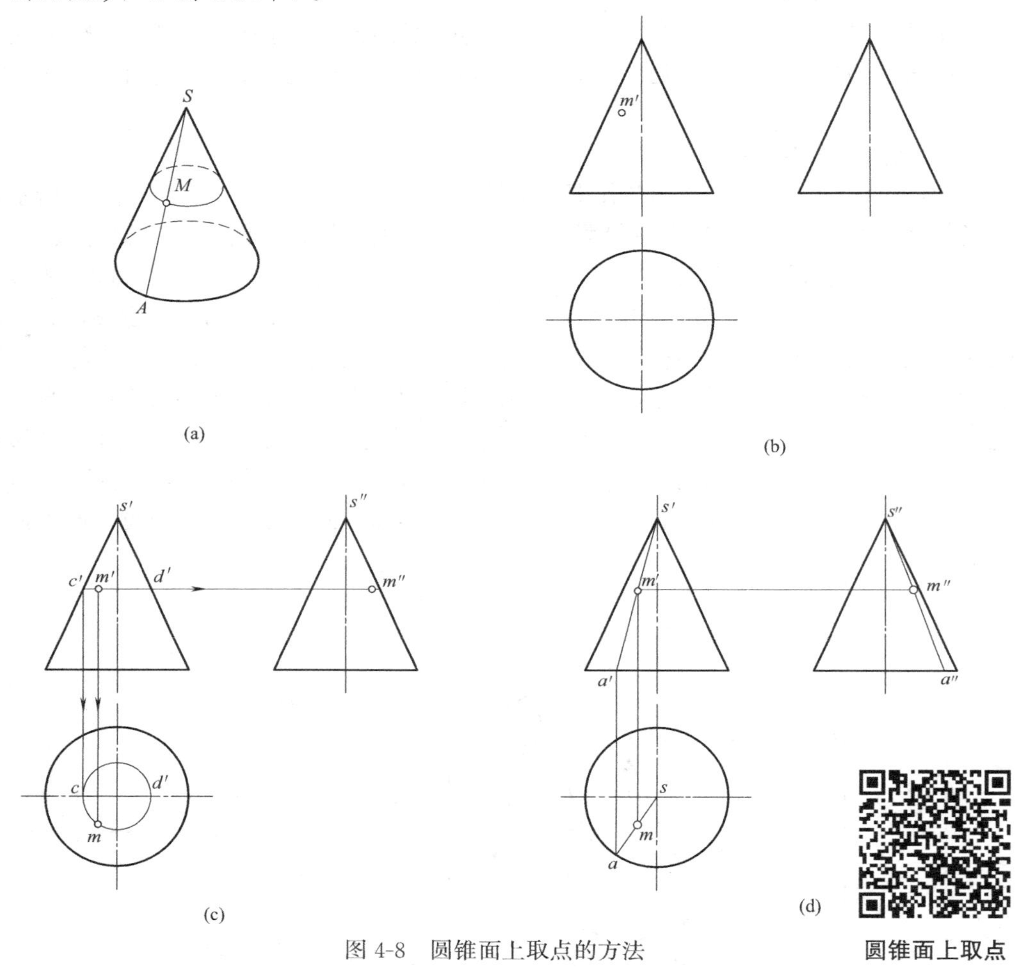

图 4-8 圆锥面上取点的方法

圆锥面上取点的方法

（1）纬圆法。

分析：

如图 4-8（a）（c）所示，过点 M 在圆锥面上作一水平纬圆，则点 M 的各投影必在纬圆的同面投影上。该纬圆的正面和侧面投影积聚为水平直线，水平投影为圆。

作图：

① 过 m' 作直线 $c'd'$；

② 画出纬圆的水平投影和 M 点的水平投影 m；

③ 根据 m 和 m' 画出 m''；

④ 判别可见性：三面投影均可见。

（2）素线法。

分析：

如图 4-8（d）所示，过锥顶 S 和点 M 在圆锥面上作一条直素线 SA，点 M 的各投影必在素线 SA 的同面投影上。

作图：

① 在正面投影上，连接 $s'm'$ 与底边交于 a'；

② 画出 SA 的水平投影 sa，求出点 M 的水平投影 m；

③ 画出 SA 的侧面投影 $s''a''$，求出点 M 的侧面投影 m''，也可根据两面投影 m 和 m' 直接画出 m''；

④ 判别可见性：由于点 M 位于左前方的圆锥面上，故 m、m'' 均可见。

4.2.3 圆球体

1. 圆球体的形成

圆球体可看作一个半圆面绕其一条直径旋转一周而形成，圆球体是由圆球面围成的，如图 4-9（a）所示。

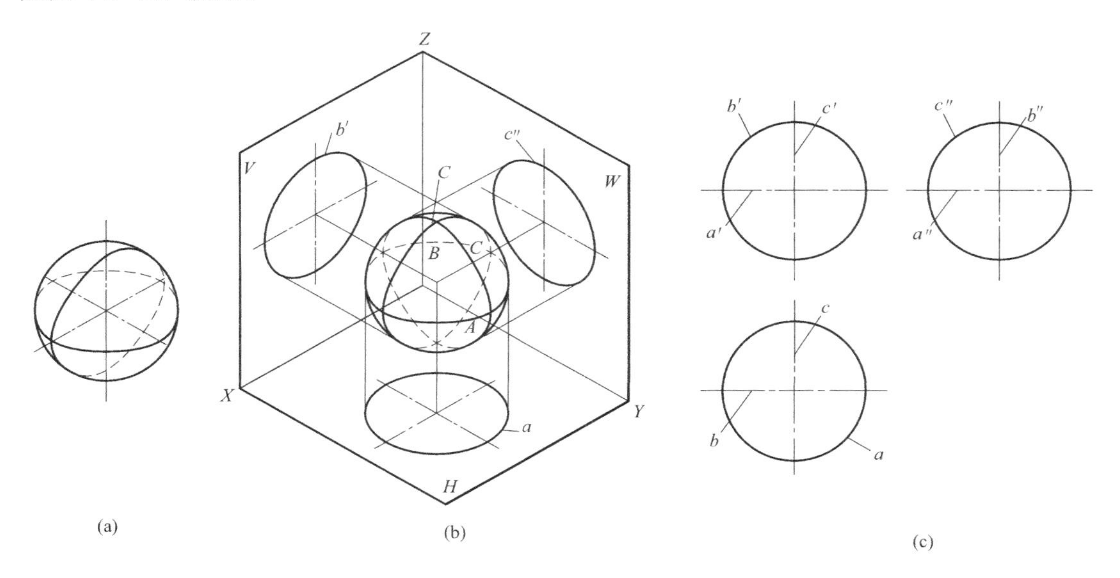

图 4-9　圆球体的形成及三面投影

2. 圆球体的三面投影

如图 4-9（b）（c）所示，圆球体的三面投影均为直径大小完全相等的圆，它们分别是圆球面针对三个投影面形成的轮廓圆的投影。这三个轮廓圆在该投影面上的投影反映圆的实形，另外两投影均与相应中心线重合，不需要画出。

这三个轮廓圆分别将圆球面分成上下、左右、前后三部分。水平轮廓圆将圆球面分成上、下两半部分，上半球面水平投影可见，下半球面不可见。同理，正面轮廓圆将圆球面分成前、后两半部分，前半球面的正面投影可见，后半球面不可见。侧面轮廓圆将圆球面分成左、右两半部分，左半球面的侧面投影可见，右半球面不可见。

3. 圆球面上的点和线

圆球面上不存在直线，在圆球表面上取点、线采用的方法是纬圆法。

【例 4-5】 如图 4-10（b）所示，已知球面上点 D 正面投影 d'，求点 D 的其余两投影。

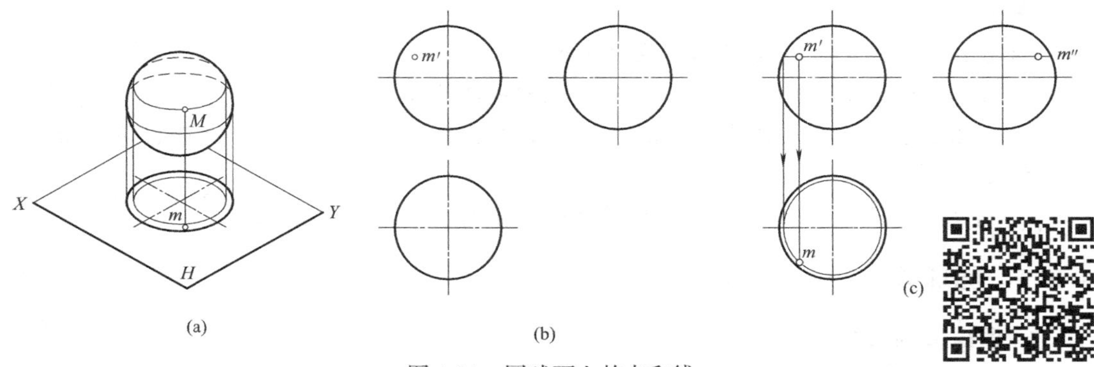

图 4-10　圆球面上的点和线

圆球面上的点和线

分析：

过点 M 在球面上作水平纬圆，它的水平投影为圆，其余两面投影积聚成直线段。先求点 M 的水平投影 m，然后再求 m''，最后判别可见性。

作图：

如图 4-10（c）所示，

（1）过投影 m' 作水平直线；

（2）作纬圆的水平投影，反映圆的实形，它是轮廓圆的同心圆，直径是正面投影图中直线在圆内的长度；

（3）先画出点 M 水平投影 m，然后画出 m''；

（4）判别可见性：点 M 位于球面的左前上方，所以 m 和 m'' 均可见。

4.2.4　圆环

1. 圆环的形成

圆环面由母线圆或圆弧绕圆平面上不通过圆心的直线旋转而形成。圆环是由环面围成。离轴线远的半圆环面称为外环面，离轴线近的半圆环面称为内环面。

2. 圆环的投影

如图 4-11 所示为圆环的两面投影。圆环的轴线垂直于 H 面，它的水平投影为三个同心圆。其中粗实线的大、小圆为圆环面对 H 面的最大和最小轮廓圆的水平投影。它将圆环面分成上半环面和下半环面；上半环面水平投影可见，下半环面不可见；中间的点画线圆为母线圆圆心轨迹的水平投影。圆环的另外两面投影形状相同，分别由平行于投影面的两个素线圆的投影及其公切线组成。正面投影中的左、右两圆分别是圆环面上最左、最右素线圆的投影，上、下两公切线分别是圆环面上最高、最低纬圆的正面投影。

3. 圆环面上的点和线

圆环面上没有直线，上面有一系列垂直于轴线的纬圆。因此，在圆环面上取点、线的方法采用纬圆法。

【例 4-6】 如图 4-11（a）所示，已知圆环面上三点 A、B、C 的投影，求出它们的另一个投影。

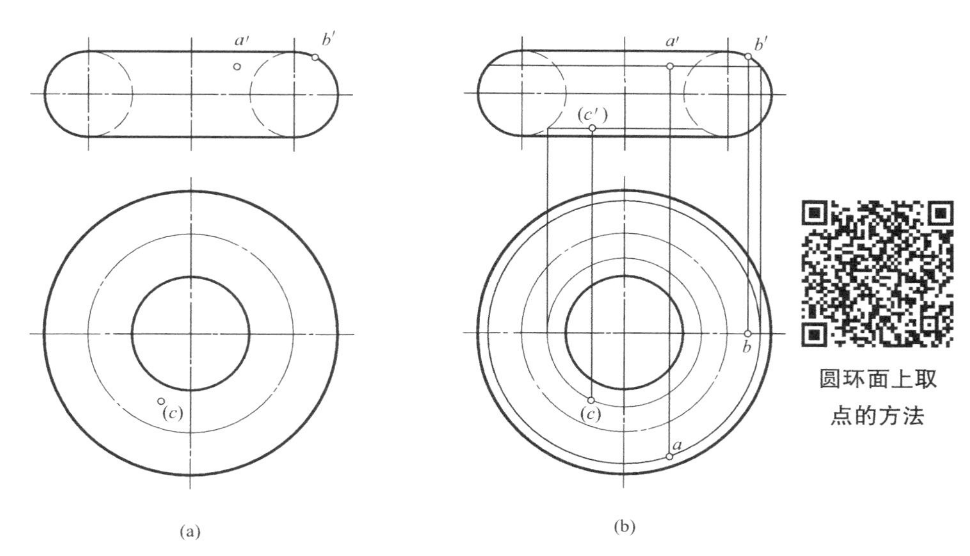

图 4-11　圆环面上取点的方法

分析：

点 A 位于上半个外环面上，点 C 位于下方的内环面上，过 A、C 两点作水平纬圆，水平投影反映圆的实形，正面投影积聚为直线段。点 B 位于最右素线圆上，水平投影直接可画出。

作图：

求点 A 的投影：

（1）过 a' 作水平直线段，其水平投影为一个圆；

（2）画出 A 点的水平投影 a；

（3）判别可见性：点 A 位于上半个圆环面上，因此水平投影 a 可见。

同理，求出点 C 的正面投影 c' 并判别可见性。点 B 的水平投影落在水平的点画线上，可直接求得并可见。

【本章小结】

本章主要介绍了棱柱、棱锥、圆柱、圆锥圆球和圆环的形成、投影特性以及表面取点的方法。通过本章的学习，掌握基本平面立体和回转体三视图的作图规律，以及这些立体表面取点的方法。

【思考与习题】

（1）基本的平面立体和回转体都有哪些？

（2）棱柱三面投影的投影特性是什么？

（3）已知棱柱表面上点的一面投影，采用什么方法求该点的其他两面投影？

(4) 棱锥三面投影的投影特性是什么?

(5) 已知棱锥表面上点的一面投影，采用什么方法求该点的其他两面投影?

(6) 圆柱三面投影的投影特性是什么?

(7) 已知圆柱表面上点的一面投影，采用什么方法求该点的其他两面投影?

(8) 圆锥三面投影的投影特性是什么?

(9) 已知圆锥表面上点的一面投影，采用什么方法求该点的其他两面投影?

(10) 圆环三面投影的投影特性是什么?

(11) 已知圆环表面上点的一面投影，采用什么方法求该点的其他两面投影?

第 5 章　截交与相贯

（1）求截交线的方法。

（2）求相贯线的方法。

5.1　截　交　线

在建筑形体的表面上，经常会出现一些由平面和形体相交而产生的交线，这种交线称为截交线。这些建筑形体可以看成用一个或几个平面切割基本形体而形成。

5.1.1　平面立体截切

平面与立体相交，在立体表面上产生的交线称为截交线。平面立体的截交线是平面立体上的棱面与截平面的共有钱。截切立体的平面称为截平面。平面立体被单一截平面截切所产生的截交线为一封闭的平面折线。截交线围成的平面图形称为截断面或断面。平面立体被平面截切后得到的立体仍为平面立体。平面立体的截交线实质上为平面立体上的"一组特殊棱线"。为便于分析平面立体表面这"一组特殊棱线"，同时为便于作图，采用另一种思考方法，将这类棱线看作是由平面截切平面立体而产生的，并将其称为截交线。而截断面就是平面立体上的棱面。从理论上讲，求平面立体截交线的问题，就是求截平面与平面立体表面的共有线的问题。作图中采用立体表面取点线的方法。

1. 求平面立体截交线的方法

（1）求各棱线与截平面的交点，再连线。

（2）求各棱面与截平面的交线。

2. 求平面立体截交线的一般步骤

（1）分析截交线的形状。

平面立体被平面截切，其截交线的形状取决于平面立体的形状，以及截平面与平面立体的相对位置。截交线为封闭的平面折线。

（2）分析截交线的投影。

分析截平面与投影面的相对位置，明确截交线在投影面上的投影特性，例如积聚性、实形性、类似性等。

（3）画出截交线的投影。

分别求出截平面与平面立体上棱面的交线，即得到截交线。作图中一般先求出平面立体上棱线与截平面的交点，再依次将这些交点连接成多边形。多个平面截切立体时，还需画出截平面与截平面的交线。

（4）画出立体上棱线的投影。

3. 例题

1）棱柱截交线

【例 5-1】 正六棱柱被正垂面 P 截切，求作侧面投影，如图 5-1（a）所示。

分析：

正垂面 P 与六棱柱的 6 个侧棱面均相交，截交线为六边形，它的 6 个顶点为 6 条铅垂棱线与截平面的交点。

因为截平面 P 垂直于正立投影面，倾斜于水平投影面和侧立投影面，所以截交线的正面投影积聚在 P'上，其侧面投影和水平投影与原平面图形成类似形（均为六边形）。因截交线位于六棱柱的 6 个侧棱面上，故截交线的水平投影与六棱柱侧棱面的水平投影重合。

作图：

先用细实线画出完整的六棱柱的侧面投影，如图 5-1（b）所示。

因截交线的正面投影和水平投影为已知，为求其侧面投影，可先标出六个顶点的正面投影 1′、2′、3′、4′、5′、6′和水平投影 1、2、3、4、5、6，据此可求出其侧面投影 1″、2″、3″、4″、5″、6″。将各点依次连接起来即得到截交线的侧面投影。最后将截交线和存在的棱线的投影加深，不可见的线画成虚线，擦去被 P 平面截去部分的投影和多余图线，完成截切后立体的投影，如图 5-1（c）所示。

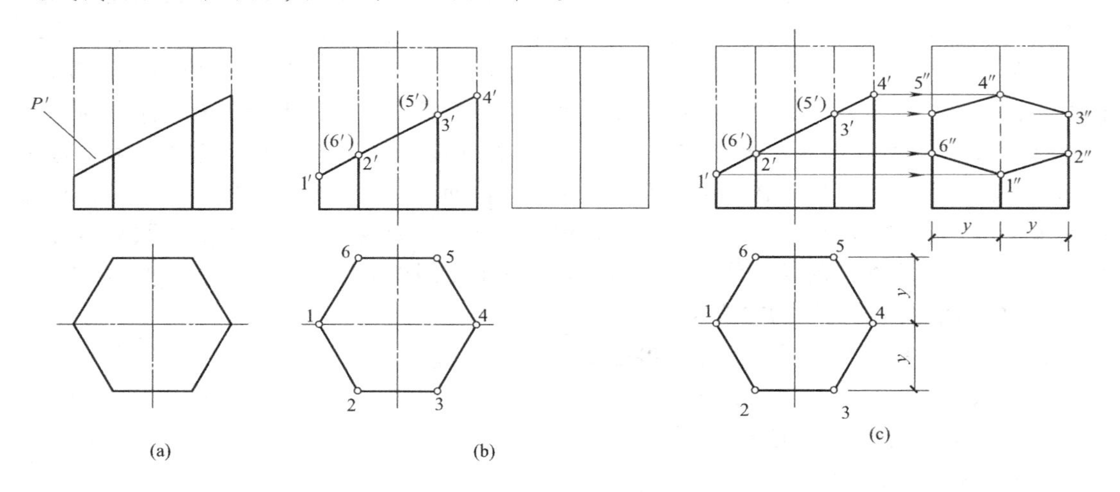

图 5-1　正六棱柱被正垂面截切

2）棱锥截交线

【例 5-2】 完成正三棱锥被正垂面 P 截切后的水平投影和侧面投影（图 5-2）。

分析：

正三棱锥被正垂面 P 截切，截平面 P 与正三棱锥 3 个侧棱面都相交，所以截交线为三角形，它的 3 个顶点 E、F、G 即为三棱锥的 3 条侧棱线 SA、SB、SC 与截平面 P 的交点。

因截平面 P 为正垂面，截交线的正面投影积聚在 p'上，而其水平投影和侧面投影与原平面图形成类似形。即水平投影和侧面投影均为三角形。

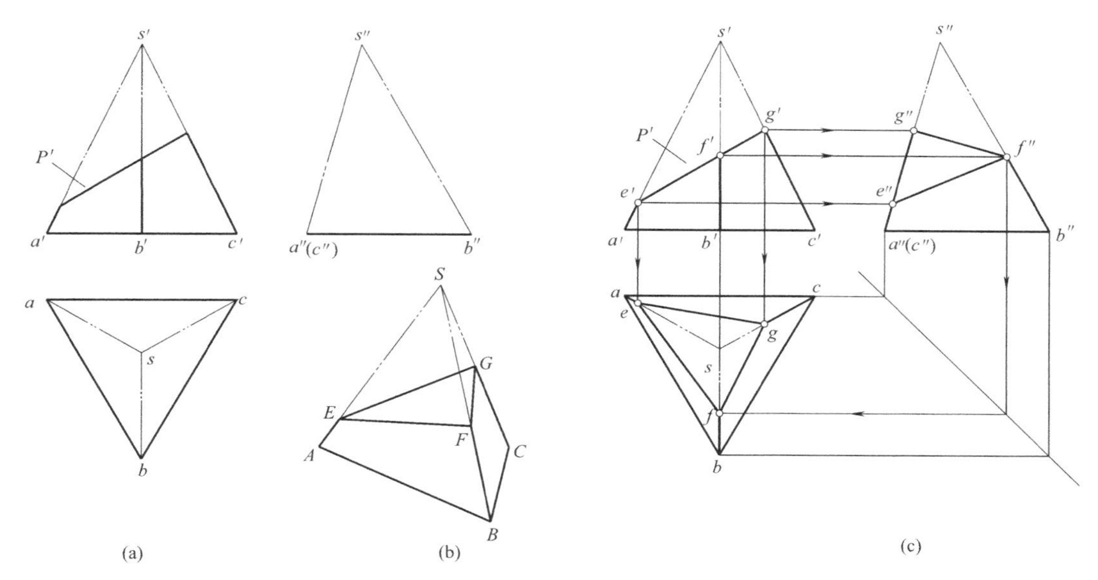

图 5-2　正三棱锥被正垂面 P 截切

作图：

先用细实线画出完整正三棱锥的水平投影和侧面投影。

因截平面 P 的正面投影具有积聚性，所以截交线的正面投影为已知。首先标出截交线三角形的 3 个顶点 E、F、G 的正面投影 e'、f'、g'，其次求出 e、f、g 和 e''、f''、g''，再次将顶点的同名投影依次连接起来，即得截交线的投影。最后擦去被截平面 P 截去部分的投影，画全并加深存在的棱线的投影即完成作图，见图 5-2（c）。

【例 5-3】　完成切口四棱锥的水平投影和侧面投影，见图 5-3（b）。

分析：

如图 5-3（a）所示，由正面投影可知：切口可看作正垂面 P 和水平面 Q 截切四棱锥而形成的，左棱线 SL 有一段被截去。正垂面 P 与四棱锥的四个侧棱面均相交，水平面 Q 与四棱锥底面平行且与四个侧棱面均相交，再考虑到 P、Q 两截平面的交线，所以切口处由上、下两个形状和大小都不相等的五边形构成，且它们有一公共边。下方五边形有四条边与对应的底边平行，可利用平行线的投影特性作图。

P 平面为正垂面，故上方截交线的正面投影积聚为直线段（已知），水平投影和侧面投影均为立体上相应五边形的类似形；Q 平面为水平面，截交线的正面投影（已知）和侧面投影（待求）均积聚为水平直线段，水平投影则反映截交线的实形。

作图：

因投影中已给用粗实线和双点画线画出的完整正四棱锥的水平投影和侧面投影轮廓和位置，故作图中可利用其找点的投影。

① 标出 a'、b'、c'、d'、e'。

② 由 a' 画出 a、a''。

③ 根据 $AB/\!/LM$，$AE/\!/LK$，由 a 作两直线 $ab/\!/lm$、$ae/\!/lk$，同时得点 b、e，并画出 $b''e''$。

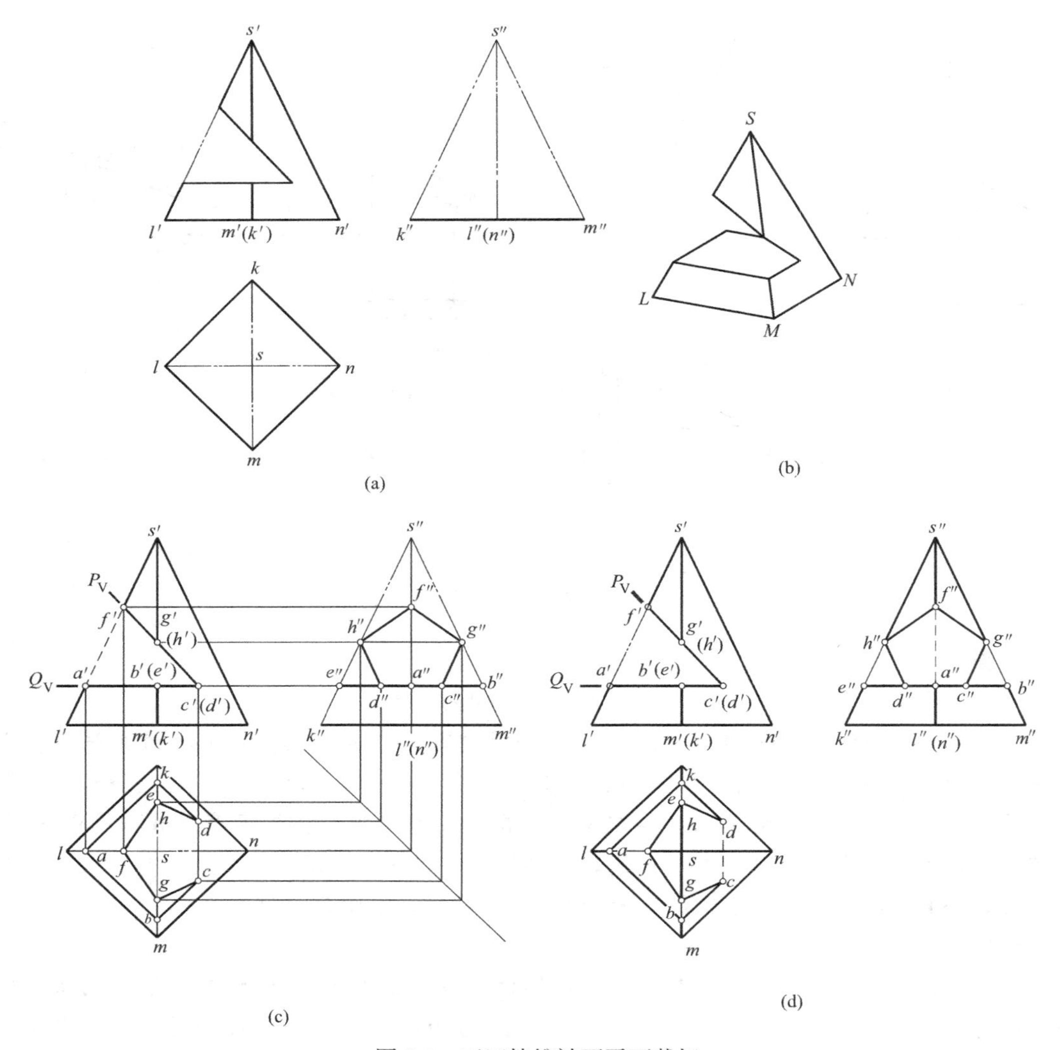

图 5-3　正四棱锥被两平面截切

④ 根据 $BC//MN$、$ED//KN$ 以及 $c'(d')$ 作 $bc//mn$、$ed//kn$。

⑤ 由 c、d 和 c'，d' 画出 c''，d''。

⑥ 标出 f'、g'、h'，并画出 f、f''。

⑦ 画出 g''、h''，再由 g'、h' 和 g''、h'' 画出 g、h。

⑧ 将各点同面投影依次连线（注意可见性），即得截交线的三面投影，最后将存在的棱线的投影加深，完成立体的投影，见图 5-3（d）。

注意 dc 不可见，画成虚线。

【例 5-4】 完成穿孔四棱台的水平投影（图 5-4）。

分析：

四棱台的前后棱面与孔的内表面相交，而孔的内表面又可看作四个截平面，其交线为前后棱面上的四边形。四个截平面之间产生四条交线，均为正垂线。形体左右对称，前后对称。

由于孔的内表面（截平面）均垂直于正立投影面，所以截交线的正面投影（中间的四边形）为已知，其侧面投影为前后两段直线，水平投影待求。截交线分别为前后棱面（侧垂面）上的四边形，它的水平投影为原四边形的类似形。

作图：

先画出完整的四棱台的水平投影。因前方截交线的四个顶点的正面投影1′、2′、3′、4′和侧面投影1″、2″、3″、4″为已知，据此可求出其水平投影1、2、3、4（求水平投影时注意利用直线的平行关系）。根据对称性可画出后方四个对称点的水平投影。将水平投影各点依次连接起来即为截交线的水平投影。

最后画出截平面之间交线的投影。因截平面之间交线的水平投影均不可见，故画成虚线，从而完成立体的水平投影。

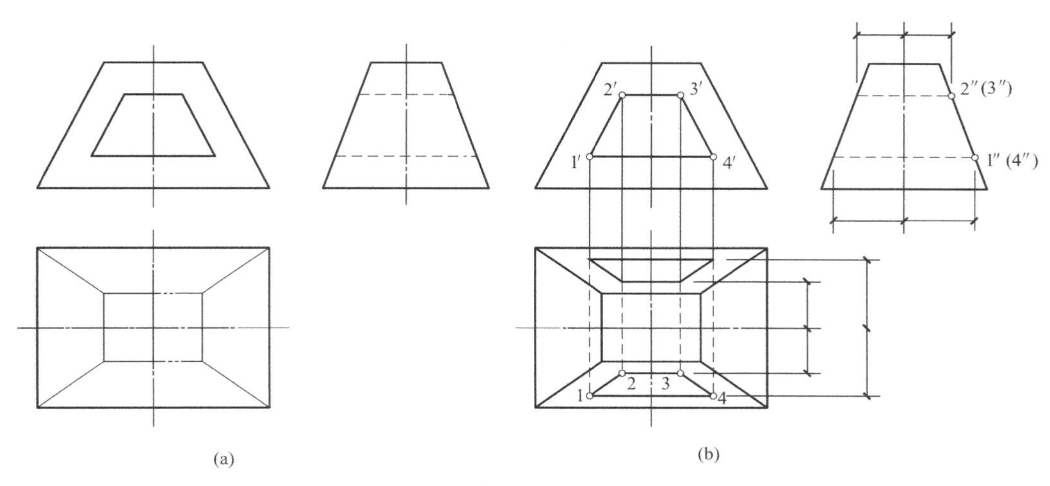

图5-4　穿孔四棱台的投影

5.1.2　回转体截切

平面与曲面立体相交所得到的截交线是截平面与曲面立体表面的共有线，它既在该立体表面上，又在截平面上。曲面立体的截交线一般为封闭的平面曲线，它由截平面与曲面立体表面一系列共有点组成。因此求截交线归结为求截平面与立体表面的共有点，然后再连线的问题。另一方面求截交线问题亦可看作求曲面立体表面上的特殊边线问题。回转体是广泛应用的一种曲面立体，本节主要研究几种常见回转体截交线问题。

截交线形状、大小及其投影情况：

回转体表面与截平面相交，其截交线形状、大小取决于回转体的形状和大小，以及回转体与截平面的相对位置。回转体截交线多为封闭的平面曲线。

截交线的投影取决于立体的形状和大小，截平面与立体的相对位置以及截平面和立体对投影面的相对位置。截交线的投影特性有积聚性、实形性、类似性等。除了截交线的投影特性以外，尚有曲线的弯曲方向、不同部分曲线的连接点等均需在投影中予以明确表达。

求平面与回转体的截交线的一般步骤是：

（1）分析截切立体及其截交线的空间与投影情况。

根据已知条件（投影和文字表述）想象截切前立体的空间形状及其对投影面的相对位置，想出截平面的空间位置和截平面与立体的相对位置，想出截交线的空间形状及截切立体的空间情况。

根据前述分析，弄清截交线的投影情况（实形性、积聚性、类似性），明确截交线的已知投影，初步想象待求截交线的投影形状等。

（2）投影作图。

① 求出截交线上的特殊点；

② 求出截交线上适当数量的一般点；

③ 依次光滑连线，并注意判别可见性；

④ 完成截切立体的投影。

截交线的投影形状为多边形或圆等，则容易画出；其投影为非圆曲线（椭圆，双曲线，抛物线等），一般要先求出特殊点，再求出一般点，最后连线。特殊点一般为截交线上的极限位置点（最左点、最右点、最前点、最后点、最高点、最低点），椭圆长、短轴的端点以及切点、轮廓素线上的点、曲线上可见与不可见的分界点等；除了特殊点之外，其余均为一般点。特殊点只有少数几个，它可以确定截交线的投影形状、大小、范围、曲线走向、连线虚实等，因此它对截交线投影的准确性很重要，作图中凡是可求的特殊点要全部求出；一般点（亦称中间点）有无穷多个，作图时，在特殊点间隔较大的地方适当作一些一般点，但不宜多，以使曲线连接更准确、光滑。解题中经常遇到特殊点由投影直接作出的情况，不需在立体表面上另取辅助线。而一般点的作图经常需要在立体表面取辅助线，这样能体现求点的作图方法，因此不可忽略。

下面说明圆柱体、圆锥体、圆球等回转体的截交线画法。

1. 圆柱的截交线

平面与圆柱面相交，根据截平面与圆柱体轴线的相对位置不同，其截交线有三种情况，即圆（圆弧）、椭圆（椭圆弧）及两平行直线，见表5-1。

圆柱体的截交线 **表5-1**

截平面位置	垂直于轴线	倾斜于轴线	平行于轴线
截交线	圆	椭圆	平行于二直线（连同与底面的交线为矩形）
轴测图	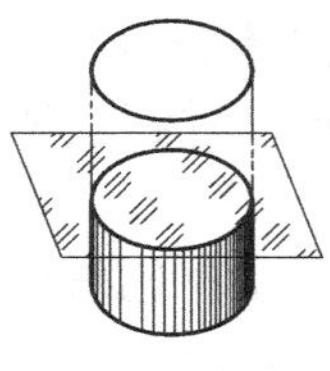	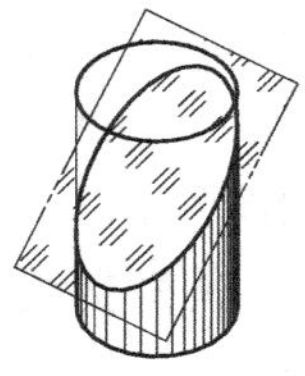	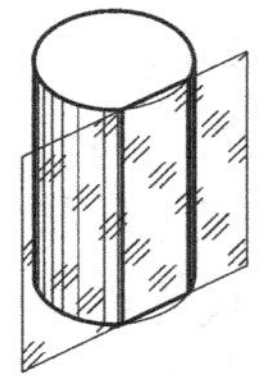
投影图	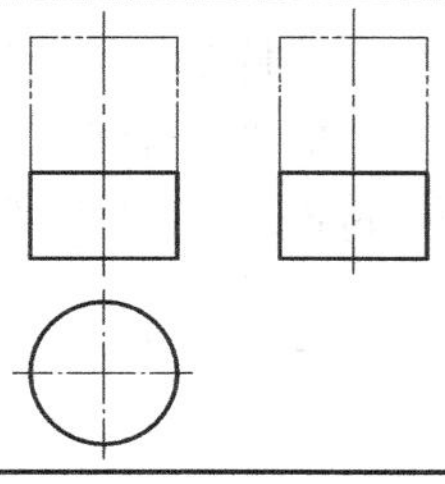	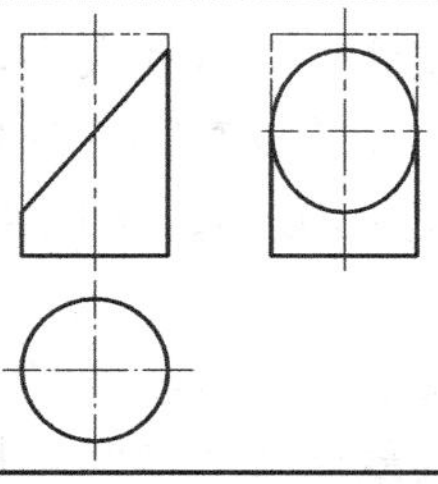	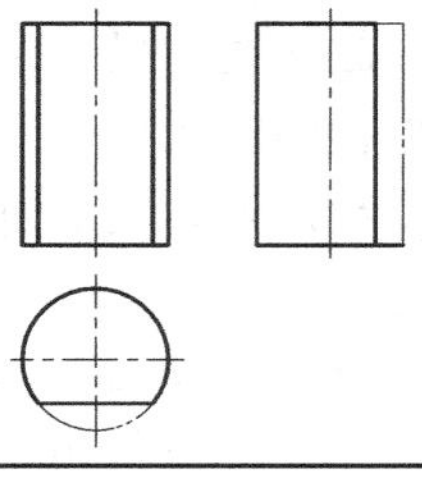

【例 5-5】 圆柱体被两平面所截，已知其正面投影和水平投影，求作侧面投影（图 5-5）。

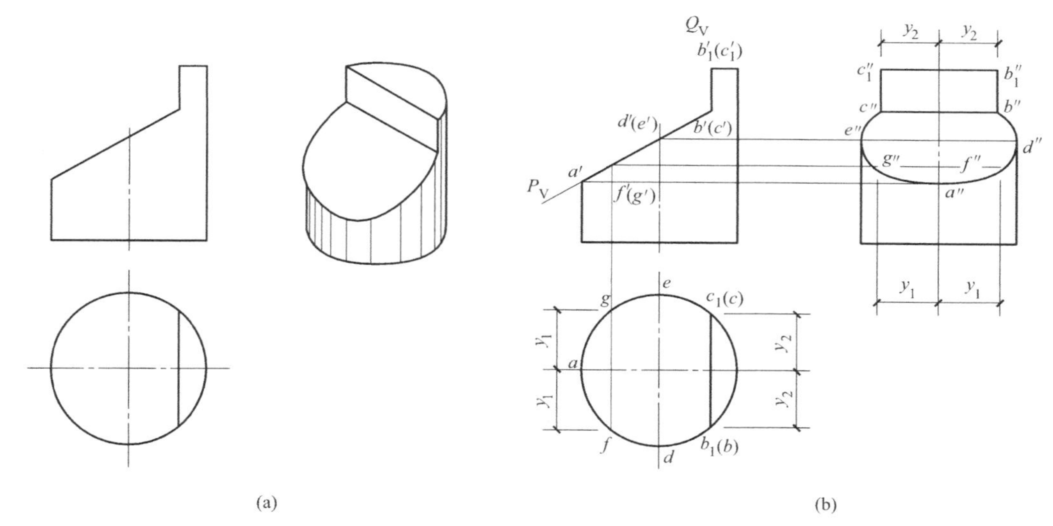

图 5-5　补画圆柱被两平面截切后的侧面投影

分析：

在图 5-5（a）中，圆柱体被正垂面 P 和侧平面 Q 所截，正垂面 P 倾斜于轴线，与圆柱面的截交线为一段椭圆弧，其正面投影积聚为一直线段，与 P_V 重合，水平投影为一段圆弧，且在圆柱面的水平投影上。经分析可知，该椭圆弧的侧面投影仍为椭圆弧（待求）。侧平面 Q 平行于轴线，与圆柱面的截交线为两条铅垂线。此两条铅垂线的正面投影积聚在 Q_V 上，水平投影积聚为两点，且在水平投影圆上。侧面投影为竖直方向两直线段（待求）。正垂面 P 和侧平面 Q 产生的交线为正垂线，其正面投影积聚为一点，水平投影和侧面投影均为直线段（待求）。此外，还需注意侧平面 Q 与圆柱顶面的交线，整体考虑后，在 Q 面所截处应有一矩形的侧平面，其侧面投影反映矩形的实形。

作图：

先用细实线画出完整的圆柱体的侧面投影。

（1）先在正面投影和水平投影上标出空间椭圆弧上的一些特殊点（A、B、C、D、E）的投影，如正面投影 a'、b'、c'、d'、e' 及水平投影 a、b、c、d、e，并依次求出它们的侧面投影。其中点 A 为截交线上的最左点，同时又是最低点、空间椭圆弧的长轴的一个端点；点 D、E 分别为截交线上的最前点和最后点，同时又是空间椭圆弧的短轴的两端点；点 B、C 为椭圆弧的右端点，同时为截交线椭圆弧与直线的连接点。

（2）求椭圆弧上的一般点（F、G、…）。

（3）根据铅垂线 BB_1、CC_1 的正面投影和水平投影，并画出铅垂线的侧面投影。

（4）画出截平面之间的交线和截平面与顶面的交线的侧面投影。

（5）将所求曲线上点的同面投影依次光滑连线，并判别可见性。

（6）完成被截立体的侧面投影。注意截交线只是立体表面上的一部分特殊线，因其投影较其他部分的投影难求，故专门研究和讲解其求法。最后要补全截交线以外形体的投影

(存在的可见线画成粗实线，不可见线画成虚线，擦去不存在的线。作业中保留作图线，工程应用中擦去作图线，只保留作图结果)。

其作图见图5-5。

【例5-6】 已知圆柱体被截切后的正面投影和侧面投影，求作水平投影（图5-6）。

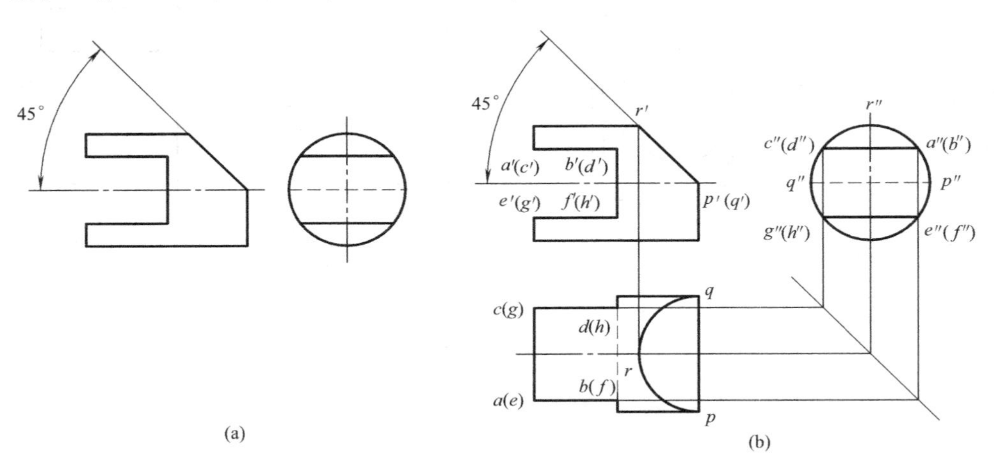

图5-6　补画圆柱被平面截切后的水平投影

分析：

由图5-6中可以看出：轴线为侧垂线的圆柱体左方被上、下对称水平面和一侧平面截去一块（此为切槽），右上方被与圆柱轴线成45°的正垂面切去一块。其中圆柱左端两水平面与圆柱的轴线平行，其与圆柱面的交线为四条侧垂线 AB、CD、EF、GH，它们的正面投影 $a'b'$ 与 $c'd'$、$e'f'$ 与 $g'h'$ 分别重合为上、下两直线段（已知），侧面投影积聚成4个点，位于圆柱面有积聚性的侧面投影上（已知），水平投影为前后两直线 $ab(ef)$ 和 $cd(gh)$（待求）。侧平面与圆柱面的交线为前后两段侧平圆弧 BF 和 DH，其正面投影 $b'f'$、$d'h'$ 为直线段（已知），侧面投影 $b''f''$、$d''h''$ 为前后两段圆弧（已知），水平投影为前后两直线段（待求）。两水平面与侧平面的交线为上、下两条正垂线 BD、FH，两水平面与圆柱左端面的交线为上下两条正垂线 AC、EG，其投影分析略。圆柱右上方的正垂面与圆柱面的交线为半个椭圆 PRQ，该截平面与圆柱右端面的交线为正垂线 PQ。因截平面与圆柱轴线成45°，以及立体和截平面对投影面的特殊位置，此截交线的正面投影 $p'r'q'$ 为直线段，侧面投影为半圆 $p''r''q''$ 和直线 $p''q''$（已知），水平投影为半圆和直线（待求）。

作图：

(1) 先用细实线画出完整的圆柱体的水平投影。

(2) 根据 $a'b'$、$a''b''$ 和 $c'd'$、$c''d''$ 画出 ab、cd（因上下对称，投影 ab、cd 亦分别为 ef、gh）。

(3) 画出前后侧平圆弧 BF、DH 的水平投影 bf、dh（此为两直线段）。

(4) 画出半个椭圆 PRQ 和直线 PQ 的水平投影 prq（此为半圆）和 pq。

(5) 完成截切立体的水平投影。

从【例5-6】可以看到，圆柱被平面倾斜轴线截切时，截交线在空间中是椭圆，在平行圆柱轴线但不垂直于截平面的投影面上的投影一般也仍是椭圆，椭圆长、短轴在该投影面上的投影，与截平面和圆柱轴线的夹角有关；当夹角等于 45°时，椭圆的投影成为一个与圆柱底圆相等的圆。

2. 圆锥的截交线

平面与圆锥面相交，根据平面与圆锥轴线的相对位置不同，其截交线有五种情况，即圆、椭圆、抛物线、双曲线及两相交直线，见表 5-2。

圆锥的截交线　　**表 5-2**

截平面位置	垂直于轴线 $\theta=0^{\circ}$	与所有素线相交 $\theta<\alpha$	平行于一条素线 $\theta=\alpha$	平行于轴线(或平行于两条素线) $\theta=90^{\circ}$(或 $\theta>\alpha$)	通过锥顶
截交线	圆	椭圆	抛物线	双曲线	相交二直线(连同与锥底面的交线为一个三角形)
轴测图	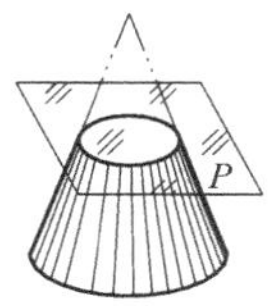	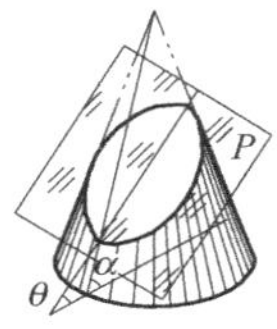	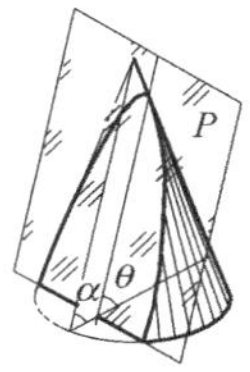	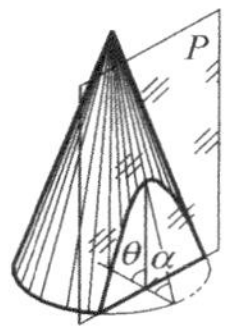	
投影图	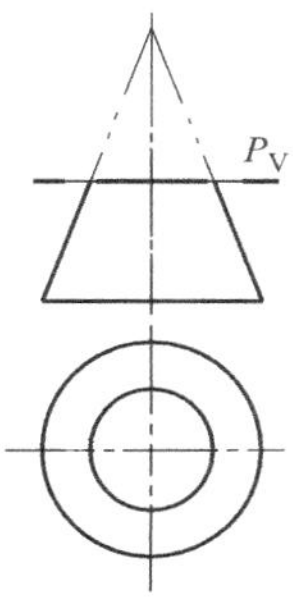	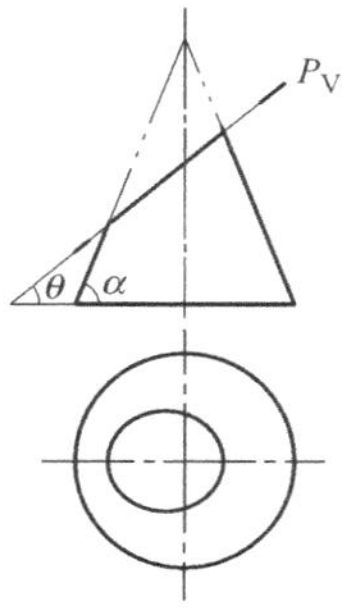	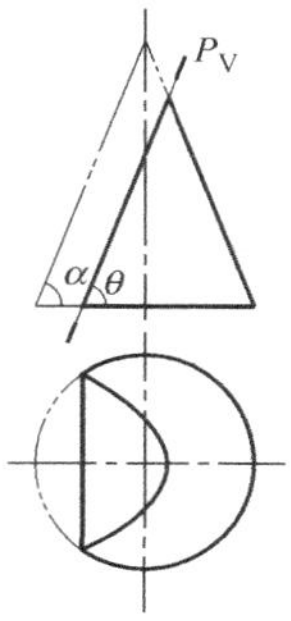	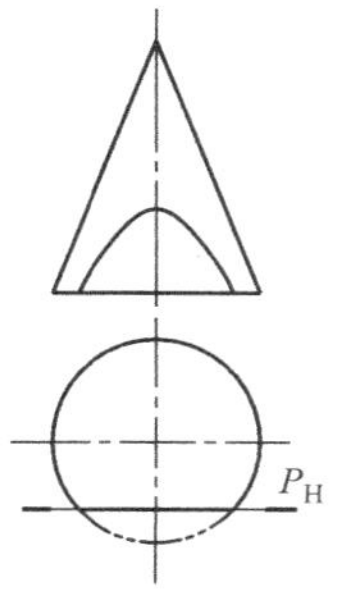	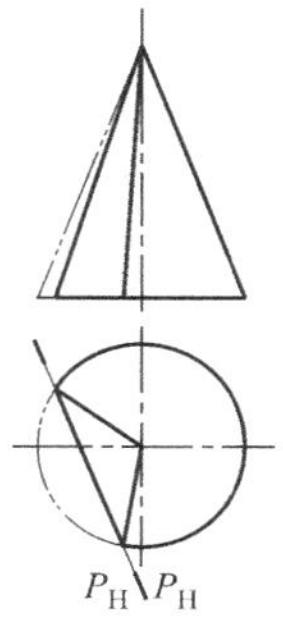

现举例说明圆锥截交线的画法。

【例 5-7】 轴线为铅垂线的圆锥被一正垂面截切，试完成水平投影，并补画侧面投影（图 5-7）。

分析：

正垂面与圆锥体轴线斜交，其与轴线夹角大于锥顶角之半，所以截交线是一个椭圆，该椭圆的正面投影积聚为直线段（已知），而其水平投影为椭圆（待求），侧面投影一般情况下为椭圆（待求）。

作图：

（1）先用细实线画出完整圆锥体的侧面投影。

（2）找出椭圆的长轴 AB 和短轴 CD，并在正面投影中标出 a'、b'、c'、d'（c'和 d'在 $a'b'$的中点处）。

（3）画出 A、B 的水平投影 a、b 及侧面投影 a''、b''。

（4）用辅助圆法画出 C、D 的水平投影 c、d 和侧面投影 c''、d''。即过点 C、D 作一

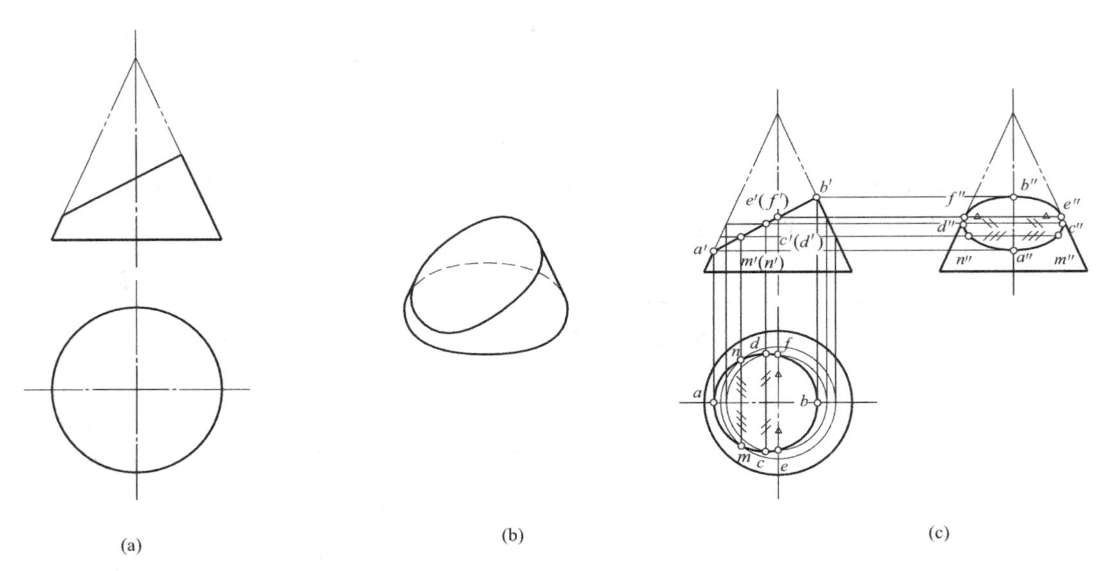

图5-7　完成圆锥体被正垂面截切后的水平投影，并补画侧面投影

水平圆，正面投影中过点 $c'(d')$ 作一水平直线（水平圆的正面投影），画出水平圆的水平投影，则 c、d 位于水平圆的水平投影上，由 c'、d' 及 c、d 求出 c''、d''。

（5）画出圆锥面前、后素线上的点 E、F 的三面投影。因点 E 和点 F 的正面投影 e'、f' 在正面投影的中心线上，所以图中 e''、f'' 也是椭圆的侧面投影与圆锥面的侧面投影轮廓线的切点。点 E、F 亦为一对特殊点。具体作图见图5-7。

（6）画出椭圆上一般点 M、N 的各投影。

（7）依次光滑连线，并判别可见性。

（8）完成立体的投影。

【例5-8】 试完成圆锥被四个平面截切后的水平投影和侧面投影（图5-8）。

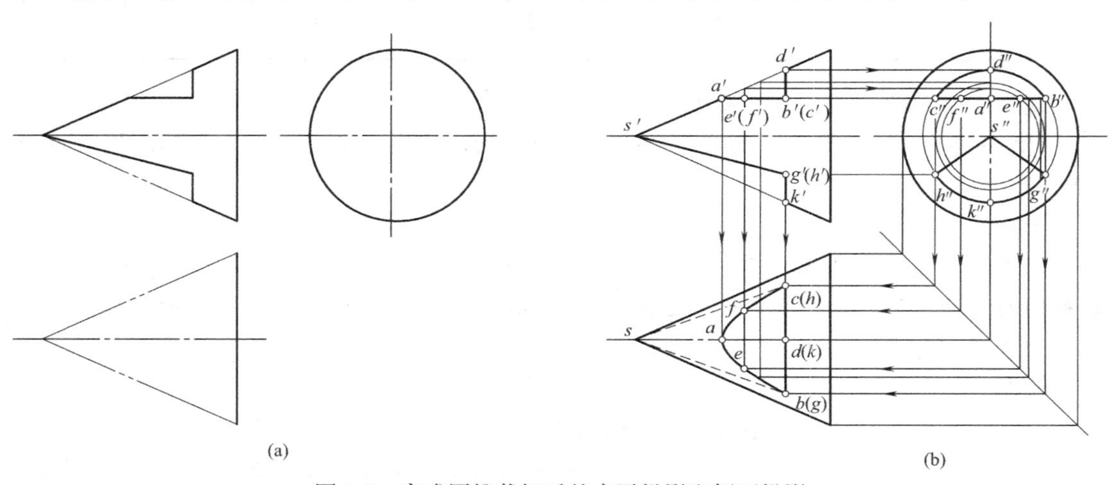

图5-8　完成圆锥截切后的水平投影和侧面投影

分析：

由投影可知：圆锥轴线为侧垂线。圆锥上方被水平面和侧平面截去一块，其中水平面

与圆锥轴线平行，其截交线为双曲线，其正面投影为直线段（已知），该双曲线的水平投影反映双曲线的实形（待求），侧面投影为直线段（待求）；侧平面与圆锥轴线垂直，其截交线为侧平圆弧 BDC，其正面投影为竖直的直线段（已知），该侧平圆弧的侧面投影反映侧平圆弧的实形（待求），水平投影为竖直方向的直线段（待求）。圆锥上方两截平面的交线为正垂线 BC，其正面投影积聚为一点。圆锥下方被正垂面和侧平面截去一块，其中正垂面过锥顶，其截交线为过锥顶的相交两直线，侧平面与圆锥面的交线为侧平圆弧 GKH。下方两截平面的交线为正垂线 GH。下方截交线的投影，读者可自行分析。

作图：

（1）用细实线画出完整圆锥的水平投影轮廓。

（2）作侧平圆弧 BDC 的侧面投影（反映圆弧实形）。

（3）作侧平圆弧 BDC 的水平投影（直线段）。

（4）作双曲线 $BEAFC$ 的侧面投影（直线段）。

（5）作双曲线 $BEAFC$ 的水平投影（反映双曲线的实形）。

（6）画出下方侧平圆弧 GKH 的侧面投影和水平投影，其中水平投影与侧平圆弧 BDC 的水平投影重合。

（7）画出下方过锥顶的直线 SG、SH 的水平投影（虚线）和侧面投影（粗实线）。

（8）画出截平面的交线 BC、GH 的水平投影和侧面投影。其中 BC、GH 的水平投影与两侧平圆弧 BDC 和 GKH 的水平投影重合，BC 的侧面投影与双曲线 $BEAFC$ 的侧面投影重合。

（9）加深水平投影轮廓线，完成立体的投影。

本例题圆锥截切前后，圆锥面上最前、最后素线没有被截去，故水平投影的轮廓与完整圆锥的水平投影轮廓相同。

3. 圆球的截交线

平面与圆球相交，其截交线均为圆或圆弧，但根据截平面与投影面的相对位置不同，其截交线的投影可能为圆（圆弧）、椭圆（椭圆弧）或积聚成一直线段。如图 5-9 所示，圆球被一水平面所截，截交线 A 的水平投影 a 为圆，正面投影 a' 和侧面投影 a'' 均积聚成直线段。

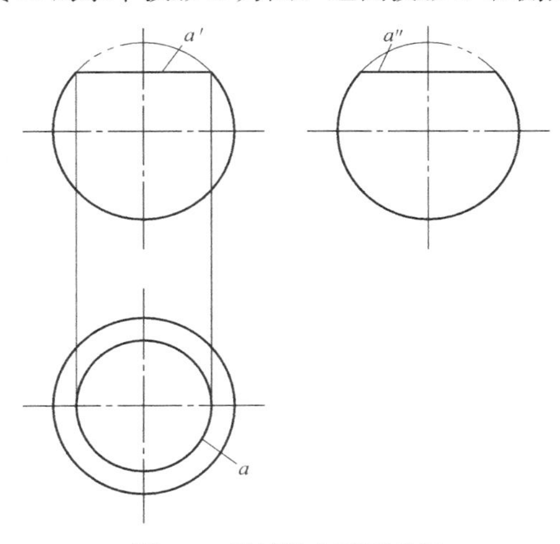

图 5-9　圆球被水平面截切

【例 5-9】 半圆球上方有一方形凹槽，补全该立体的水平投影和侧面投影，如图 5-10 所示。

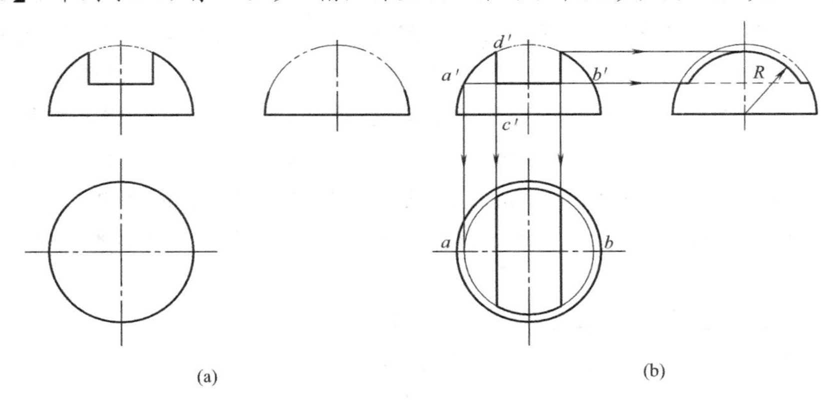

图 5-10 半球上方开方槽

分析：

凹槽由一个水平面和两个侧平面截切半圆球而形成。该半圆球的截交线均为圆弧，它们的正面投影为三条直线段。截平面之间的交线为两条正垂线。

水平面与圆球面的交线为前后两段水平圆弧，其正面投影为直线段（已知），水平投影反映圆弧实形（待求），侧面投影为前后两直线段（待求）；两侧平面左右对称截切，截交线为左右相同的两侧平圆弧，其正面投影为竖直两直线段（已知），水平投影亦为两直线段（待求），侧面投影为圆弧实形（待求）。

作图：

将凹槽底部的水平面扩展，与球面交得水平圆（辅助圆），槽底上的前后两段水平圆弧就在该水平圆上，因此根据正面投影可确定辅助圆的直径 $a'b'$，从而画出辅助圆的水平投影（用细实线画出），加深槽底部分圆弧的水平投影，即为该部分截交线的水平投影；画出左右侧平圆弧的水平投影直线，将侧平面的正面投影延长至水平大圆的正面投影，得到侧平圆弧的半径 $c'd'$，作出侧平圆弧的侧面投影。画出前后水平圆弧的侧面投影，用虚线画出截平面之间的交线的侧面投影。最后完成立体的侧面投影。具体做法见图 5-10。

【例 5-10】 完成圆球截切后的水平投影和侧面投影，见图 5-11（a）。

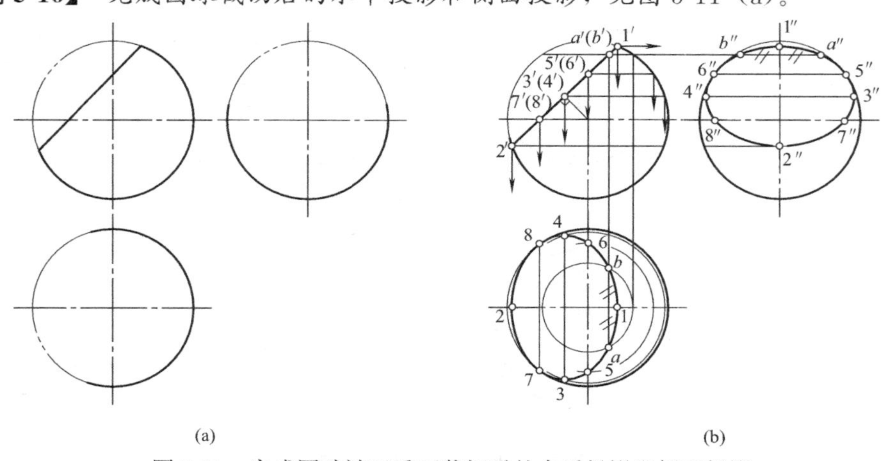

图 5-11 完成圆球被正垂面截切后的水平投影和侧面投影

分析：

圆球被正垂面截切，截交线为正垂圆。截交线的正面投影积聚为直线段，水平投影和侧面投影均为椭圆。椭圆的长轴分别为圆上垂直于 V 面的直径的水平投影和侧面投影，其长度为截交线圆的直径。椭圆的短轴分别为截交线圆上平行于 V 面的直径的水平投影和侧面投影。

作图：

(1) 求特殊点Ⅰ、Ⅱ、Ⅲ、Ⅳ、Ⅴ、Ⅵ、Ⅶ、Ⅷ。由正面投影的标定 [图 5-11 (b)] 可知，点Ⅰ和点Ⅱ位于球面的正平大圆上，点Ⅲ和点Ⅳ为截交线圆上正垂直径的端点 ($3'$、$4'$在 $1'2'$的中点处，过球心的正面投影作 $1'2'$的垂线，垂足为 $3'$、$4'$)，点Ⅴ和点Ⅵ位于球面的侧平大圆上，点Ⅶ和点Ⅷ位于球面的水平大圆上。由点 $1'$、$2'$求出点 1、2 和点 $1''$、$2''$，即为截交线水平投影和侧面投影椭圆短轴端点的投影；用纬圆法求出点 3、4 和点 $3''$、$4''$；由点 $5'$、$6'$先求出点 $5''$、$6''$，再求出点 5、6；由点 $7'$、$8'$先求出点 7、8，再求出点 $7''$、$8''$。

(2) 求一般点 A、B。

(3) 依次光滑连接各点的同面投影 1、a、5、3、7、2、8、4、6、b、1 和 $1''$、a''、$5''$、$3''$、$7''$、$2''$、$8''$、$4''$、$6''$、b''、$1''$，即得截交线的水平投影和侧面投影，且均可见。

(4) 补全轮廓线的投影，即为所求。

注意：在圆球的各投影中，轮廓素线被切去的部分不应画出。

5.2 相　贯　线

在组合形体和建筑形体的表面上，也常会出现一些由形体和形体相交而产生的交线，这种交线称为相贯线。这些建筑形体可以看成由两个或者两个以上基本形体相交组成。

5.2.1 两平面立体的相贯线

两平面立体的相贯线一般是一根封闭（或不封闭）的空间折线，是两立体表面的共有线，相贯线上的点是两立体表面的共有点。求两平面体的相贯线，实质就是求两个平面体的侧棱面的交线以及求棱线与平面的交点（每两条截交线的交点都是平面立体上相应棱线与另一立体棱面的交点，亦称贯穿点）。

因此求两平面立体相贯线，就是求出立体所有棱面的截交线和贯穿点。

如图 5-12 所示，烟囱与坡屋面相交，其形体可看成是四棱柱与五棱柱的相贯。两平面体的相贯线是一条折线。折线的每一段都是甲形体的一个侧面与乙形体的一个侧面的交线，如图 5-12 中的 AB、BC、CD、DE、EF、FA。折线的转折点就是一个形体的侧棱与另一形体的侧面的交点。

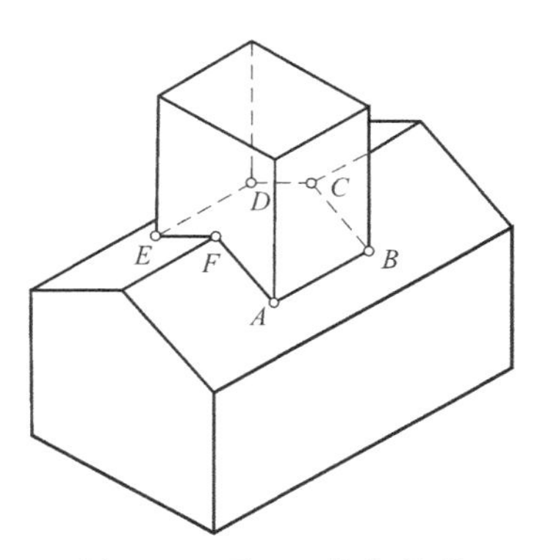

图 5-12　平面立体相贯线

求两平面立体相贯线的方法通常有两种：一种是求各侧棱对另一形体表面的交点，即求直线与平面的交点，然后把位于甲形体同一侧面又位于乙形体同一侧面上的两点，依次连接起来；另一种是求一形体各侧面与另一形体各侧面的交线，即求平面与平面的交线。

求出相贯线后，还要判别可见性。判别原则是：只有位于两形体都可见的侧面上的交线，才是可见的。只要有一个侧面不可见，面上的交线就不可见。

【例 5-11】 已知六棱台烟囱与屋面的投影，求作它们的交线，如图 5-13 所示。

分析：

烟囱的六条侧棱均与屋面相交，且相贯线前后对称，见图 5-13。可利用屋面的 W 面投影的积聚性，直接求得相贯线的 V 面投影和 H 面投影。而烟囱侧棱与屋脊线的交点 C、F 可根据点在直线上的特点直接求出。

作图：

由于坡屋面的侧面投影有积聚性，利用积聚性，根据 W 面投影可直接求得烟囱前后侧面与坡屋面的交线 AB、ED 的 V 面投影和 H 面投影。再求烟囱侧棱与屋脊线的交点 C、F，连成相贯线 $ABCDEFA$。它的 H 投影全部可见，V 面投影前后重合，如图 5-13（a）所示。图 5-13（b）为立体图，方便分析。如果没有给出 W 面投影，可利用求直线与平面交点的方法求 A、B 两点的投影。其他同上，请试做。

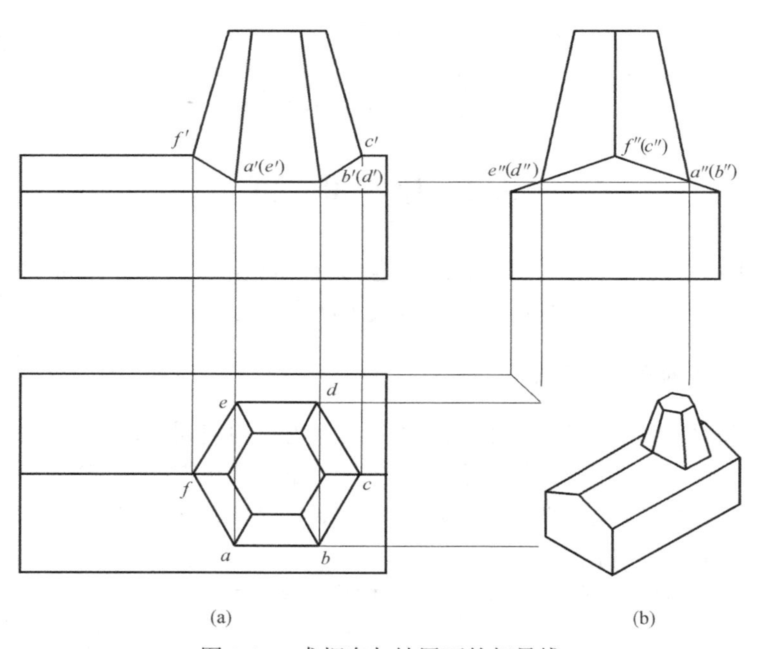

图 5-13　求烟囱与坡屋面的相贯线

【例 5-12】 求四棱柱与三棱锥相交的交线，如图 5-14 所示。

分析：

根据正面投影可以看出，四棱柱的四条棱线都穿过棱锥，所以两立体为全贯，其交线为两条封闭的折线。前面一条为空间折线，是四棱柱与三棱锥棱面 SAB 及 SBC 相交所产生；后面一条是平面折线，是四棱柱与三棱锥棱面 SAC 相交所产生，且各折线的端点在棱线上。由于四棱柱的四个棱面在正面有积聚性，所以交线的正面投影就积聚在这些线上。四棱柱的四个棱面都平行水平面或侧平面，所以交线的各线段均为水平线或侧平线，可用平面与平面相交求交线的办法求出。

作图：

（1）求四棱柱上下两水平棱面与三棱锥各棱面的交线。由于水平棱面与三棱锥的底面平行，所以它们与三棱锥各棱面的交线也分别与各底边平行，用在棱面上作平行于底边的辅助线方法求各棱面的交线。如求 SAB 面与四棱柱上水平棱面的交线Ⅰ-Ⅱ，先在 SAB 的正面投影 $s'a'b'$ 中过点 $1'$ 作辅助线平行于 $a'b'$，求出辅助线的水平投影，从而得交线的水平投影 12，根据投影规律得交线的侧面投影 $1''2''$。其他棱面的交线的水平投影 23、45、67、78、910 及侧面投影 $2''3''$、$4''5''$、$6''7''$、$7''8''$、$9''10''$类似求出。

（2）求四棱柱左右两侧平棱面与三棱锥各棱面的交线。由于各交线的端点已在上面求出，所以连接各端点就得交线的水平投影 16、38、49、510 及侧面投影 $1''6''$、$3''8''$、$4''9''$、$5''10''$。

（3）判别交线的可见性。在水平投影中，由于三棱锥各侧棱面及棱柱上棱面都可见，所以交线 12、23、45 都可见，画成粗实线。但棱柱下棱面不可见，所以交线 67、78、910 不可见，画成虚线。侧面投影的不可见交线与可见交线重合，虚线不用画出。

（4）检查棱线的投影，并判别其可见性。因为两立体相交后成为一个整体，所以棱线 SB 在交点Ⅱ、Ⅶ之间应该没线。同理，四棱柱的四条棱线也一样，在各自的交点间也没线。棱线 ab、bc、ca 被四棱柱挡住的部分应该画虚线，如图 5-14 所示。

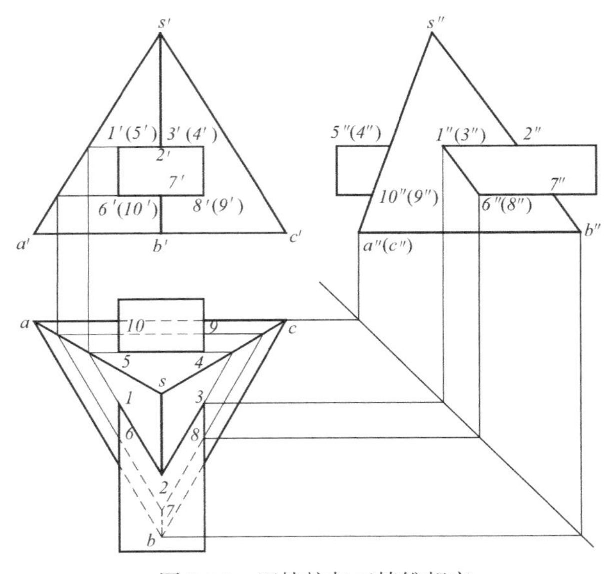

图 5-14　四棱柱与三棱锥相交

5.2.2　平面立体与回转体的相贯线

平面立体与回转体的相贯线，实质上是求出平面立体的各棱面与回转体表面的截交线，这些截交线的全体即为相贯线。相贯线一般为封闭的空间曲线（由空间中多段平面曲线或封闭空间折线或空间直线和曲线组合而成）。特殊情况下相贯线不封闭。

下面以平面体与圆柱体相交为例说明相贯线的画法。

【例 5-13】 四棱柱与圆柱体相交，完成它们的正面投影，如图 5-15（a）所示。

分析：

圆柱轴线为侧垂线，四棱柱竖直放置，四棱柱的四个侧棱面均与圆柱面相交，前后两个棱面与圆柱轴线平行，截交线为两段侧垂线；左右两个棱面与圆柱轴线垂直，截交线为两段侧平圆弧。相贯线的水平投影为矩形，它与四棱柱的四个侧棱面的水平投影重合；相贯线的侧面投影为一段圆弧；相贯线的正面投影待求。

作图：

求作相贯线的投影：

（1）将相贯线上一些点的水平投影加标记 1、2、3、4、5、6，侧面投影加标记 1″(2″)、6″(3″)、5″(4″)；

（2）根据相贯线上点的水平投影及侧面投影，求出正面投影 1′、2′、3′、4′、5′、6′，再依次连线，即得相贯线的正面投影，见图 5-15（b）。

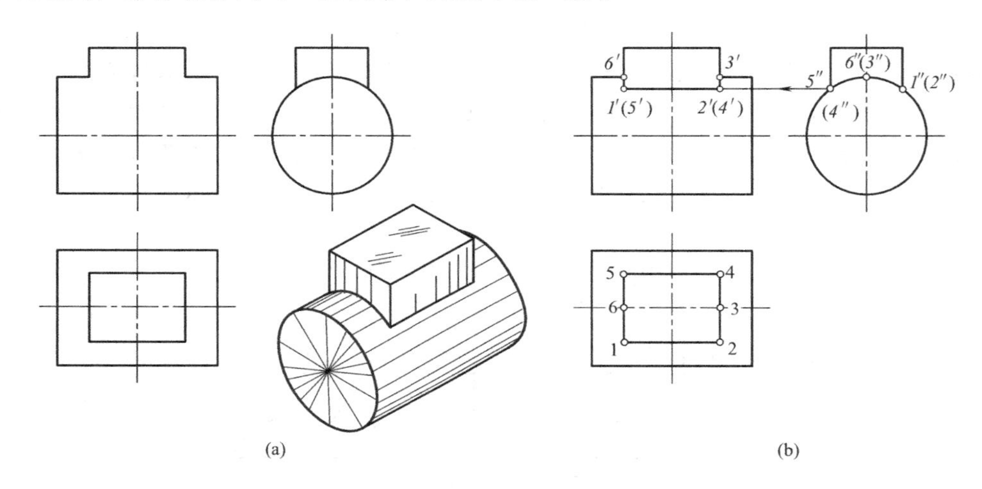

图 5-15　四棱柱与圆柱体相交

【例 5-14】 圆柱体中间穿方孔，试完成其正面投影，如图 5-16（a）所示。

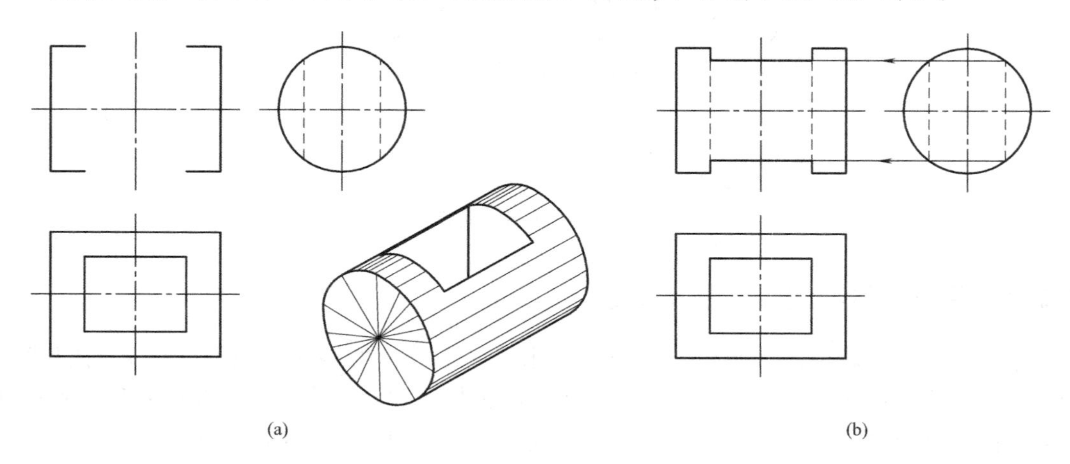

图 5-16　圆柱穿方孔

分析：

方孔内表面由四个棱面组成。四个棱面与圆柱面的截交线，即四棱柱孔与圆柱面的相贯线。因立体左右、前后、上下分别对称，故相贯线亦左右、前后、上下分别对称。相贯线的空间形状和投影与图 5-15 类似，不同之处为：本例题相贯线有上、下两条封闭空间曲线，而【例 5-13】为一条。此外，相贯线以外的立体部分不同。

作图：

求作相贯线的投影：相贯线正面投影的求法与图 5-15（b）相同。注意在正面投影中有两条虚线表示矩形孔的投影。作图过程见图 5-16（b）。

5.2.3　两回转体的相贯线

两回转体相交，常见的有两圆柱相交、圆柱与圆锥相交、圆柱与圆球相反、圆球与圆锥相交等。

相贯线的性质：

（1）相贯线是两立体表面的共有线，相贯线上的点是两立体表面的共有点。

（2）相贯线一般为封闭、光滑的空间曲线，特殊情况下可能不封闭，也可能由平面曲线或直线所构成。

（3）相贯线形状取决于两回转体各自的形状、大小和它们的相对位置。

由于两回转体的相贯线是两回转体表面的共有线，所以求相贯线的实质仍然是求两立体表面共有点，然后再连线的问题。

求作相贯线常用的方法：①利用积聚性直接在立体表面取点；②利用辅助平面在立体表面取点。这两种方法分别简称为表面取点法和辅助平面法。

（1）表面取点法。

当立体表面垂直于投影面时，投影具有积聚性，相贯线在该投影面上的投影为已知。因此求相贯线投影的问题成为：已知曲面立体及其表面上曲线的部分投影，求出其他未知投影。此种情况需要在立体表面取辅助线或根据相贯线的两已知投影画出第三投影。这种画出相贯线投影的方法即为表面取点法。

（2）辅助平面法。

如图 5-17 所示，根据三面相交必共点的原理，在甲乙两立体相交的范围内，作一辅助平面截切两立体，设截平面与甲乙两立体表面的交线分别为 A 与 B，线 A 与线 B 的交点 M、N 即为相贯线上的点。

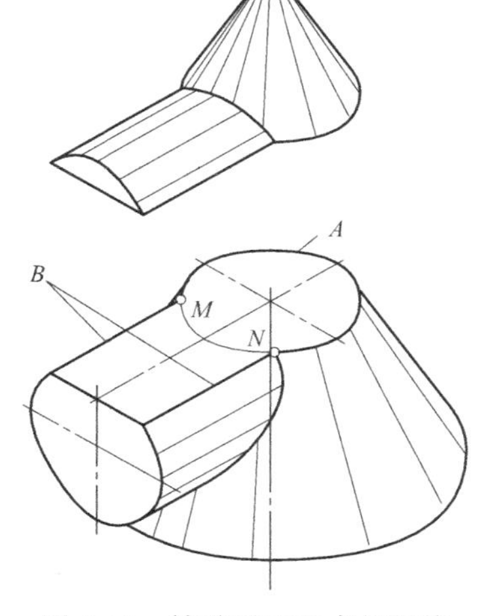

图 5-17　辅助平面法求相贯线

辅助平面法的适用条件：①辅助平面取在两立体相交的范围内；②辅助平面截切两立体，获得的截交线的投影为直线或圆。

说明：解一道题中有单独采用表面取点法的情况，有表面取点法和辅助平面法都用到的情况，而只用辅助平面法的情况很少见。即使用辅助平面法解的题，特殊点往往由投影（表面取点）直接确定。特别是当立体无垂直于投影面的表面，相贯线的任何投影均未知的情况下，表面取点法失效，这时只要满足辅助平面截切两立体，获得的截交线的投影为直线或圆，则可用辅助平面法求解。此外，相交立体对投影面处于一般位置时，可用换面法换成特殊位置，再求解。

另有一种观点，可将辅助平面与两立体的截交线看作是从立体表面直接取的辅助线。这样，求相贯线时采用的辅助平面法完全可用表面取点法替代。读者不妨试试看。

（1）看投影，想形状，定方法。

① 根据投影想象相交两立体的空间情况，并初步想象相贯线的空间形状。

② 分析相贯线的投影情况，找出相贯线的已知投影和待求投影。

③ 确定作图方法。由题中已给条件选定表面取点法或辅助平面法。

（2）作图。

① 求作特殊点。特殊点确定相贯线的范围和变化趋势，它对于相贯线投影的正确表达不可缺少。相贯线上的特殊点有：最高、最低点，最左、最右点，最前、最后点，立体对投影面的轮廓线上的点以及可见与不可见的分界点等。

② 求作一般点。相贯线上的点，除特殊点以外，其余均为一般点。求作一般点有两方面的作图意义：其一，使相贯线的投影作图更准确；其二，一般更能体现作图方法。一般在特殊点与特殊点间隔较大，或曲线弯曲程度变化较大的地方，适当画出一些一般点。

③ 依次光滑连线，并判别可见性。

④ 完成相交立体的投影。

1. 两圆柱体相交

1）作图举例

【例 5-15】 两个直径不同的圆柱体轴线垂直相交，完成立体的正面投影，如图 5-18 所示。

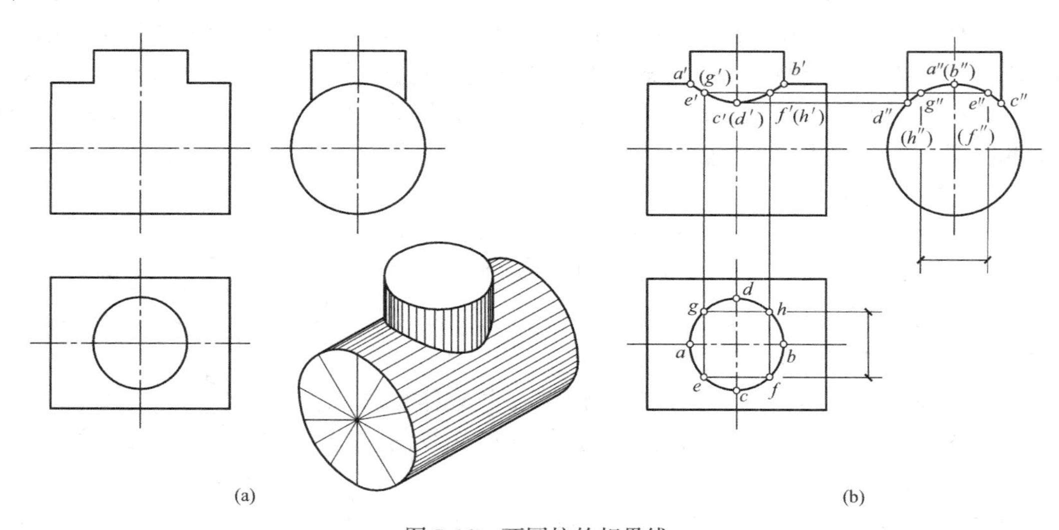

图 5-18　两圆柱的相贯线

分析：

竖直位置的小圆柱与水平位置的大圆柱的轴线正交。小圆柱表面垂直于 H 面，它的水平投影具有积聚性，根据相贯线为两立体表面共有线的性质，相贯线的水平投影必积聚在小圆柱的水平投影圆上（已知）。同理，大圆柱表面垂直于 W 面，它的侧面投影具有积聚性，相贯线的侧面投影也一定积聚在大圆柱侧面投影圆的一段圆弧上（已知）。因此，只需求出相贯线的正面投影。

作图：

求作相贯线的投影：因相贯线的两投影已知，故用表面取点法作图。

（1）求相贯线上特殊点。根据相贯线的水平投影及侧面投影，易确定相贯线上的最左、最右、最前、最后点 A、B、C、D。且点 A、B 同为最高点，点 C、D 同为最低点，如图 5-18 所示，由 a、b、c、d 及 a''、b''、c''、d'' 画出 a'、b'、c'、d'。

（2）求相贯线上一般点。如在相贯线的水平投影上定出左右、前后对称的四个点 E、F、G、H 的投影 e、f、g、h、由此画出侧面投影 e''、f''、g''、h''。再由各点的水平投影和侧面投影画出正面投影 e'、f'、g'、h'。

（3）按相贯线的水平投影所表达的各点的连线顺序，将正面投影上的相应点依次光滑地连接起来，即得所求相贯线的正面投影。相交的两圆柱整体上前后对称、左右对称，故相贯线亦前后对称、左右对称。相贯线有一半位于两圆柱的前半，另一半位于两圆柱的后半，其中前半正面投影可见，后半正面投影不可见，前后正面投影重合，见图 5-18。

需注意：相贯线的趋势、投影弯曲方向等问题。当两圆柱体轴线正交时，在非圆投影中，相贯线投影的弯曲趋势总是凸向大圆柱轴线一方，且在相交区域内不应有轮廓线投影。

当两圆柱轴线交叉时，相贯线有全贯和互贯两种情况。此时的投影较复杂些。

2）两圆柱面直径的大小和相对位置的变化对相贯线的影响

如图 5-19（a）所示，两圆柱轴线正交，相贯线呈上下分布，设大圆柱直径不变，小圆柱直径逐渐变大时，则相贯线弯曲程度越来越大，见图 5-19（b）；当两圆柱直径相等时，则相贯线从两条空间曲线变为两条平面曲线（椭圆），其正面投影成为两相交直线，见图 5-19（c）；轴线是铅垂线的圆柱的直径继续增大后，相贯线呈左右分布，见图 5-19（d）。

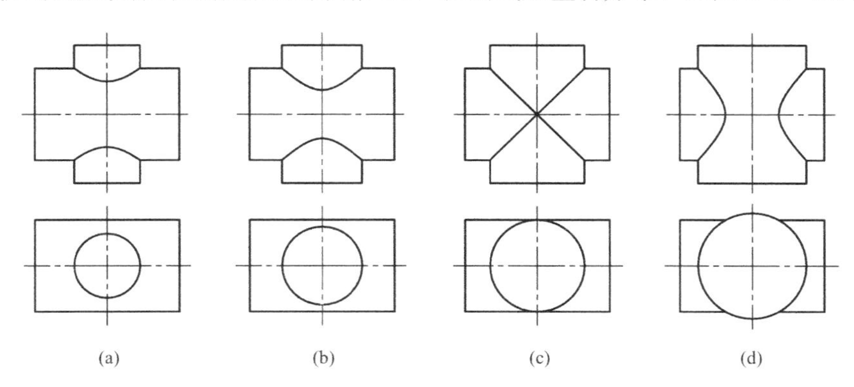

图 5-19　轴线正交的两圆柱直径变化对相贯线的影响

2. 圆柱体与圆锥体相交

【例 5-16】 圆柱体与圆锥体相交，完成它们的正面投影和水平投影，如图 5-20 所示。

分析：

由图 5-20 可以看出，圆柱与圆锥轴线正交，进一步分析可知，其相贯线为一封闭的

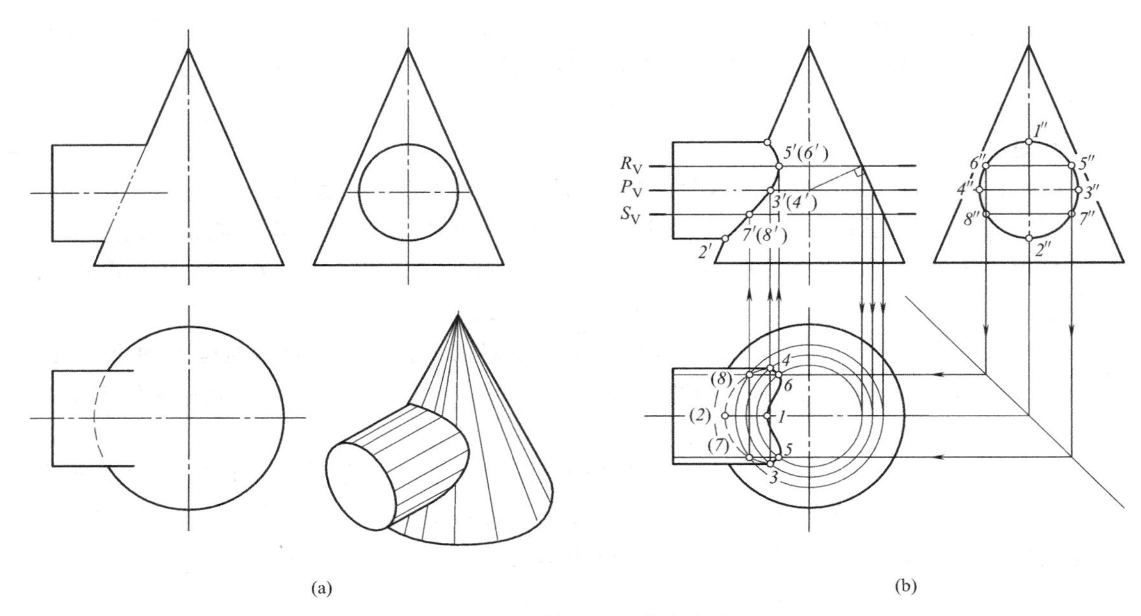

图 5-20　圆柱体与圆锥体相交之一

空间曲线，因形体前后对称，故相贯线前后对称。圆柱面垂直于 W 面，它的侧面投影积聚为圆，相贯线的侧面投影重合在此圆上（已知）。相贯线的正面投影和水平投影待求。

作图：

求作相贯线的投影：用表面取点法和辅助平面法均可完成本例题作图。下面采用辅助平面法求解。

根据圆柱与圆锥对投影面的相对位置，可选用的辅助平面有水平面和过锥顶的侧垂面，此两种位置截平面与两立体表面的交线的投影为直线或圆，见图 5-20。

求作相贯线的具体步骤：

（1）求特殊点。标出最高点Ⅰ和最低点Ⅱ的正面投影 $1'$、$2'$和侧面投影 $1''$、$2''$，并求出水平投影 1、2；标出最前点Ⅲ和最后点Ⅳ的侧面投影 $3''$、$4''$，为求 3、4 和 $3'$、$4'$过圆柱轴线（相当于过点Ⅲ、Ⅳ）作辅助水平面 P，平面 P 与圆锥面的交线为水平圆，与圆柱面的交线为两侧垂线（此时为圆柱面对 H 面的轮廓素线），两截交线水平投影的交点为 3、4，由 3、4 和 $3''$、$4''$可求出 $3'$、$4'$；相贯线上的最右点Ⅴ、Ⅵ两点的投影可以这样确定：由圆柱与圆锥轴线的交点作圆锥素线的垂线，得到一交点，过此交点作辅助水平面即可求出Ⅴ、Ⅵ两点的三面投影。作图中，可由两立体轴线正面投影的交点向圆锥最右素线的正面投影作垂线，再过垂足作水平面 R，并依次求出最右点Ⅴ、Ⅵ两点侧面投影、水平投影和正面投影。

（2）求一般点。在点Ⅰ、Ⅱ与点Ⅲ、Ⅳ之间作辅助水平面 S，求出一般位置点Ⅶ（7、$7'$、$7''$）、Ⅷ（8、$8'$、$8''$）等。

（3）依次光滑连线，并判别可见性。相贯线的正面投影可见与不可见部分的投影重合，画成粗实线。水平投影中，上半圆柱面与圆锥面交线的水平投影 3 5 1 6 4 可见，画成粗实线；下半圆柱面与圆锥面交线的水平投影 3 7 2 8 4 不可见，画成虚线。

(4) 完成相交立体的投影。3、4 两点不仅为水平投影中相贯线可见与不可见的分界点，而且为圆柱面对 H 面轮廓素线的水平投影（直线）与相贯线水平投影的切点和直线的端点。

【例 5-17】 半圆柱与圆台相交，完成它们的正面投影和水平投影，如图 5-21 所示。

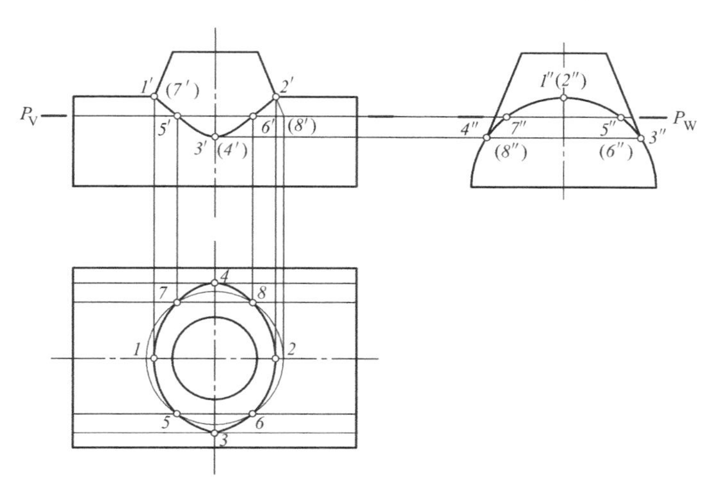

图 5-21　圆柱体与圆锥体相交之二

分析：

圆台（圆锥的一部分）与半圆柱轴线垂直相交，形体前后对称，故其相贯线为一前后对称的封闭的空间曲线。由于半圆柱面垂直于侧立投影面，它的侧面投影积聚成半圆，相贯线的侧面投影为该半圆上的一段圆弧（已知）。相贯线的正面投影和水平投影待求。

作图：

求作相贯线的投影：用表面取点法可完成本例题作图，下面采用辅助平面法求解。

(1) 求特殊点。由正面投影和侧面投影可知，Ⅰ点和Ⅱ点为最高点，也是最左点和最右点。根据 1′、2′和 1″、2″可求出 1、2。Ⅲ点和Ⅳ点为最低点，也是最前点和最后点，根据 3″、4″可求出 3′、4′和 3、4。

(2) 求一般点。用辅助平面法求出适当数量的一般点，如作水平位置辅助平面 P，它与圆锥面的截交线为圆，与圆柱面的截交线为两平行的侧垂线，水平投影中两平行直线与圆交于四点，即求得相贯线上点的水平投影 5、6、7、8，再在 P_V 上画出其正面投影 5′、6′、7′、8′，它们的侧面投影 5″、6″、7″、8″在圆柱面的侧面投影上。然后依次光滑连接各点的同面投影，即得相贯线的正面投影和水平投影，见图 5-21。

(3) 完成形体投影。此例题投影轮廓完整，无须补线。

3. 圆球体与圆锥体相交*

【例 5-18】 补全圆台与球体一部分相交后的投影，如图 5-22 (b) 所示。

分析：

本例题相交的两立体为：形体一为圆台；形体二为圆球被通过球心的水平面、侧平面截切后，取其左上方四分之一，再用前后对称的两正平面截切并取中间一块得到的圆球截切体，见图 5-22 (a)。

形体一与形体二相交情况：圆台在圆球截切体的左上方，其轴线为不通过球心的铅垂线，整个形体前后对称，故相贯线为一条前后对称的封闭的空间曲线。

投影情况：因球面和圆锥面的投影均无积聚性，故相贯线的三投影均待求。

作图：

求作相贯线的投影：本例题除最高点、最低点以外，所有点均需用辅助平面法求出。可取的辅助平面有最高、最低点之间一系列水平面，通过圆锥轴线的侧平面。

(1) 求特殊点。从图 5-22 (b) 可以看出，圆锥面与球面对 V 面的轮廓素线的交点为相贯线上的最低点Ⅰ和最高点Ⅱ，同时，点Ⅰ亦为最左点，点Ⅱ亦为最右点。正面投影中可直接得到最低点Ⅰ、最高点Ⅱ的正面投影 $1'$、$2'$。由此再画出 1、2 和 $1''$、$2''$。为画出圆锥面对 W 面的两条轮廓素线上的相贯线上的点，可取包含圆锥轴线的侧平面 P 为辅助平面。平面 P 与圆球面的截交线为侧平圆弧，其与圆锥面的截交线为圆锥面上前、后两素线，它们的交点Ⅲ、Ⅳ就是相贯线上的点。先求侧面投影 $3''$、$4''$，再求出 $3'$、$4'$ 和 3、4。

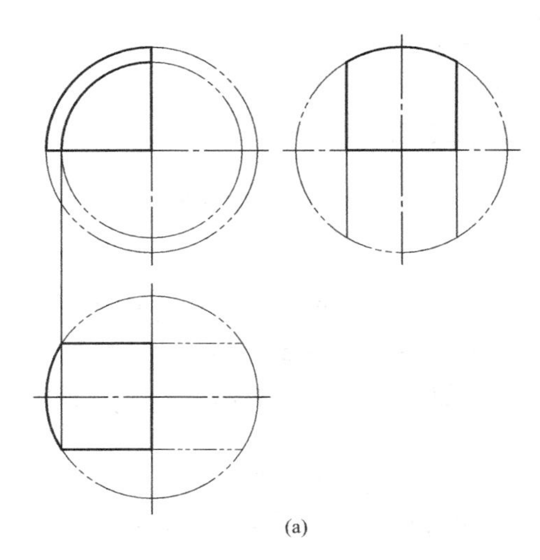

(a)

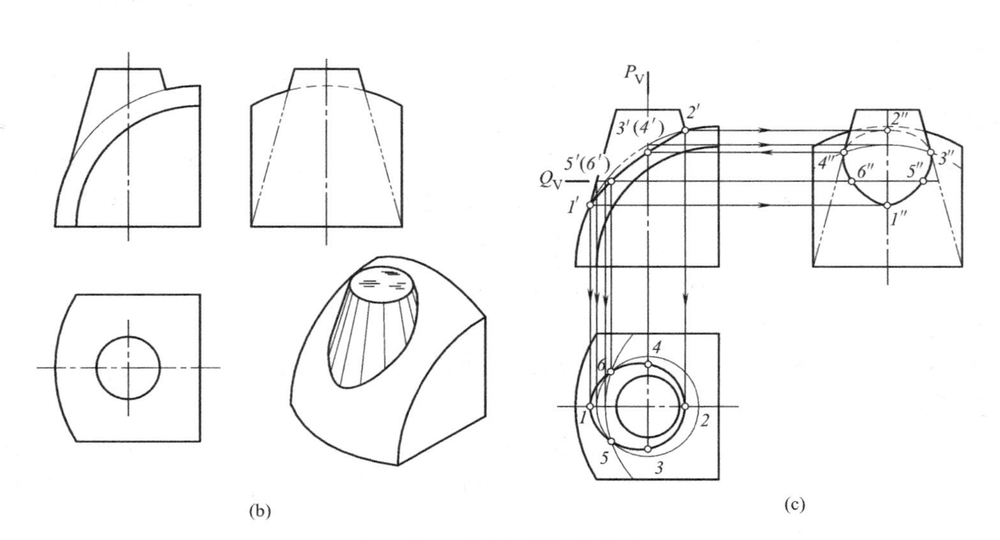

(b) (c)

图 5-22 球面与圆锥面相交

（2）求一般点。在点Ⅰ、Ⅱ之间取一些水平面作为辅助平面，求得适当数量的一般点。图 5-22 中选取了水平面 Q 为辅助平面，求出一般点Ⅴ、Ⅵ的投影。平面 Q 与圆锥面和球面的交线均为水平圆弧，它们的交点即为一般点Ⅴ、Ⅵ。作图中，先求 5、6，再求 $5'$、$6'$和 $5''$、$6''$。

（3）依次光滑连接各共有点的同面投影。相贯线的水平投影可见，画成粗实线。因ⅢⅤⅠⅥⅣ部分位于左半圆锥面，ⅣⅡⅢ部分位于右半圆锥面，故侧面投影中 $3''5''1''6''4''$一段可见，画成粗实线，$4''2''3''$一段不可见，画成虚线，见图 5-22（c）。

（4）完成相贯立体的投影。将圆锥侧面投影的轮廓线画到 $3''$、$4''$。

侧面投影中的点 $3''$、$4''$不仅为相贯线侧面投影可见与不可见的分界点，而且为圆锥前后素线的侧面投影（直线）与相贯线侧面投影的切点和该直线的下端点。

4. 相贯线的特殊情况

在一般情况下，两回转体的相贯线为空间曲线，但在某些特殊情况下，可能是平面曲线或直线。下面简单介绍几种常见的特殊情况。

图 5-23 给出了两圆柱、圆柱与圆锥、两圆锥，它们的轴线相交且平行 V 面，同时存在以轴线交点为球心的球面与两回转体都相切（正面投影中的双点画线圆与曲面对该投影面轮廓素线的投影相切），它们的相贯线均为垂直于 V 面的两个椭圆，其正面投影为两条相交直线段。

同轴回转体的相贯线是垂直于轴线的圆，见图 5-24。

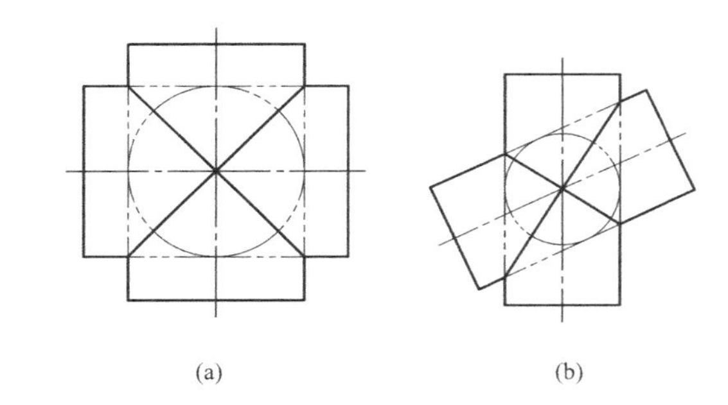
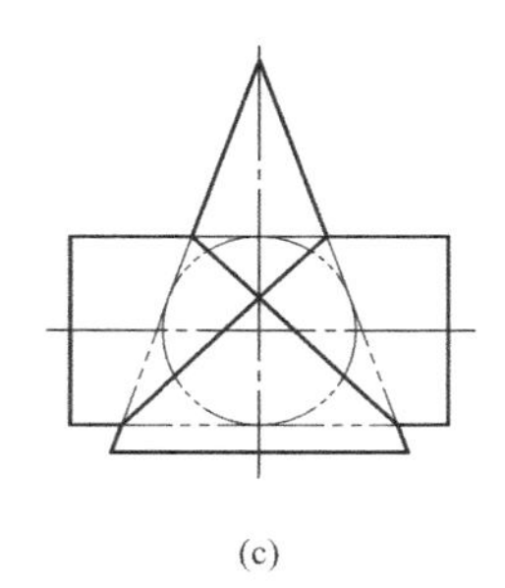
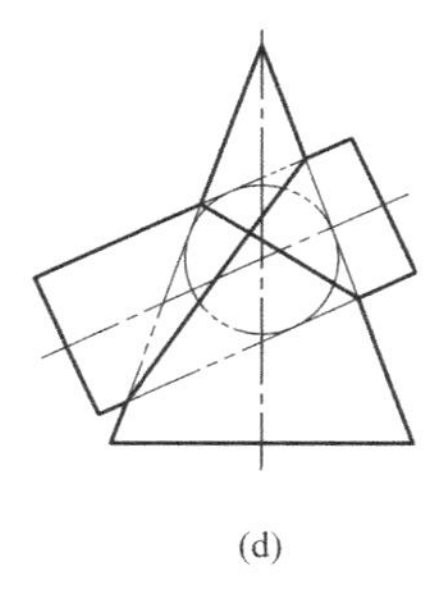

(a)　(b)　(c)　(d)

图 5-23　相贯线的特殊情况之一——切于同一球面的圆柱、圆锥的相贯线
（a）两圆柱正交；（b）两圆柱斜交；（c）圆柱与圆锥正交；（d）圆柱与圆锥斜交

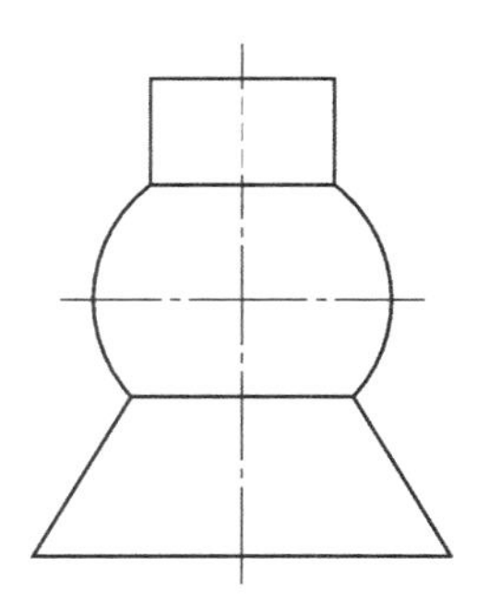

图 5-24　相贯线的特殊情况之二——同轴回转体的相贯线

【知识拓展】

组合形体和建筑形体经常出现截交线和相贯线，必须了解它们的形成、投影特性，以及掌握它们的作图方法和步骤。

本章介绍的截割，截平面一般为特殊位置；圆柱参与的相贯，至少有一个圆柱具有积聚投影。要充分利用积聚性来求解。

【本章小结】

求作截割形体的截交线时，要先分析形体未截割前的形状，被哪几个平面截切，然后逐一截切面分析，清楚截交线的形状是什么样的，最后才进行作图求解。

要了解两曲面体相贯的特殊情况。

【思考与习题】

(1) 什么是截交线？什么是相贯线？

(2) 求截交线时，为什么要先分析形体未被截割前的形状？

(3) 圆柱、圆锥、球的截交线各有几种形状？

第 6 章　轴 测 投 影

（1）轴测投影的基本知识。

（2）正等轴测图的绘制。

（3）斜二等轴测图的绘制。

6.1　轴测投影图基本知识

在前边章节所学习的正投影图，可以清晰地表达物体在不同投影面投射所得的形状和尺寸，由此可以得知一个形体的形状和尺寸。但是这种正投影图的立体感不强，缺乏读图能力的人很难看懂。因此，在工程中除了广泛使用的正投影图以外，还可以使用轴测图图样表达形体。轴测图是使用平行投影法，在一个投影面绘制出的轴测图。它能同时反映出形体的长、宽、高三个方向的尺度，直观性好且立体感强。但是轴测图度量性差，不能确切表达出物体的原形。所以，它在工程上只作为辅助图样使用。

6.1.1　轴测投影术语及参数

将物体放在三个坐标面和投影线都不平行的位置，使它的三个坐标面在一个投影上都能看到，从而具有立体感，称为轴测投影。这样绘出的图形，称为轴测图。用于画投影的面称为轴测投影面，如图 6-1 所示。

1. 轴测轴

建立在物体上的坐标轴在投影面上的投影称为轴测轴，如图 6-2 所示。

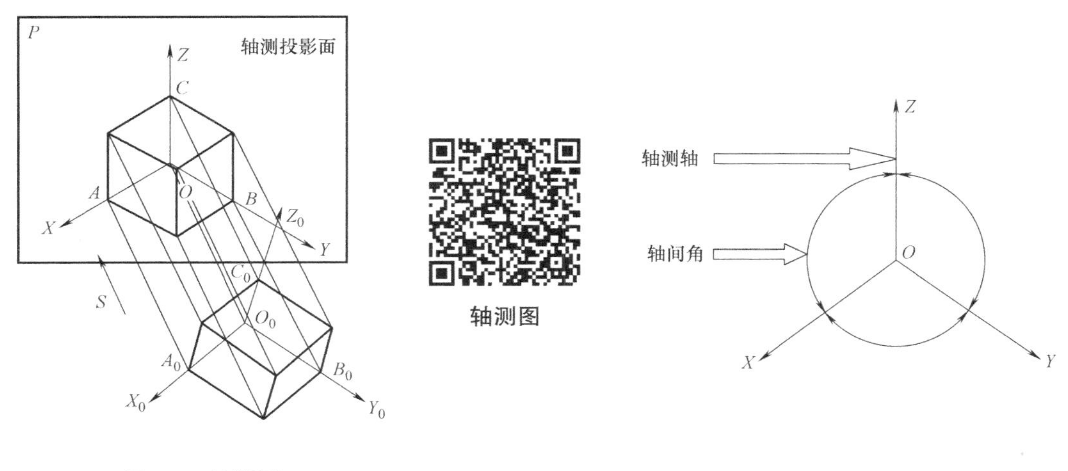

图 6-1　轴测图

图 6-2　轴测轴和轴间角

2. 轴间角

轴测轴间的夹角称为轴间角，如图6-2所示。

3. 轴向伸缩系数

轴测投影长度与对应直角坐标轴上单位长度的比值称为轴向伸缩系数。图6-3中，$O_1A_1/OA=p$，p 即为 X 轴轴向伸缩系数；$O_1B_1/OB=q$，q 即为 Y 轴轴向伸缩系数；$O_1C_1/OC=r$，r 即为 Z 轴轴向伸缩系数。

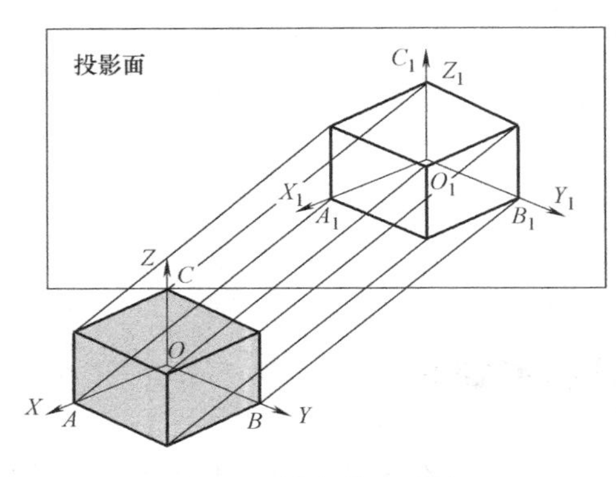

图6-3　轴向伸缩系数

6.1.2　轴测投影分类

轴测投影的分类方法有两种，按照投影方向与轴测投影面夹角的不同和轴向伸缩系数的不同进行分类。

按照投影方向与轴测投影面夹角的不同，可以将轴测图分为：

(1) 正轴测图——轴测投影方向（投影线）与轴测投影面垂直时投影所得到的轴测图；

(2) 斜轴测图——轴测投影方向（投影线）与轴测投影面倾斜时投影所得到的轴测图。

按照轴向伸缩系数的不同，可以将轴测图分为：

(1) 正（或斜）等测轴测图——$p_1=q_1=r_1$，简称正（斜）等测图；

(2) 正（或斜）二等测轴测图——$p_1=r_1\neq q_1$，简称正（斜）二测图；

(3) 正（或斜）三等测轴测图——$p_1\neq q_1\neq r_1$，简称正（斜）三测图。

1. 正轴测图

正轴测图的形成过程，即改变物体和投影面的相对位置，使物体的正面、顶面和侧面与投影面都处于倾斜位置，用正投影法画出物体的投影，如图6-4所示。

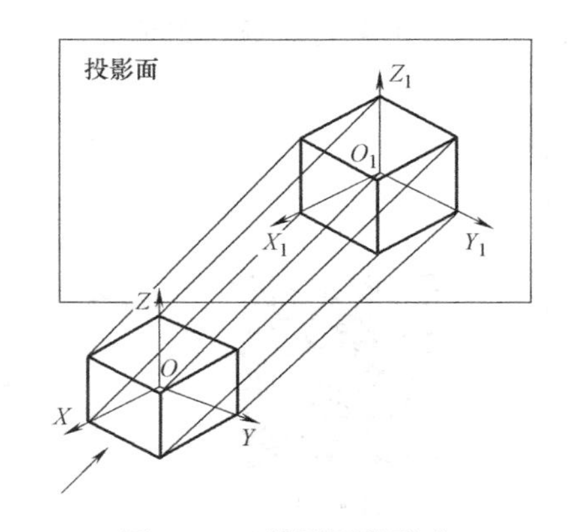

图6-4　正轴测图的形成

正轴测图的形成

在实际工程中，正轴测图中的正等轴测图作为辅助图样较为常见。正等轴测图，它的三个轴向伸缩系数 $p=q=r=1$，轴间角 $\angle X_1O_1Y_1=\angle X_1O_1Z_1=\angle Y_1O_1Z_1=120°$，轴测轴 OZ 轴为铅垂方向，OX 和 OY 两轴分别与水平线成30°，如图6-5所示。

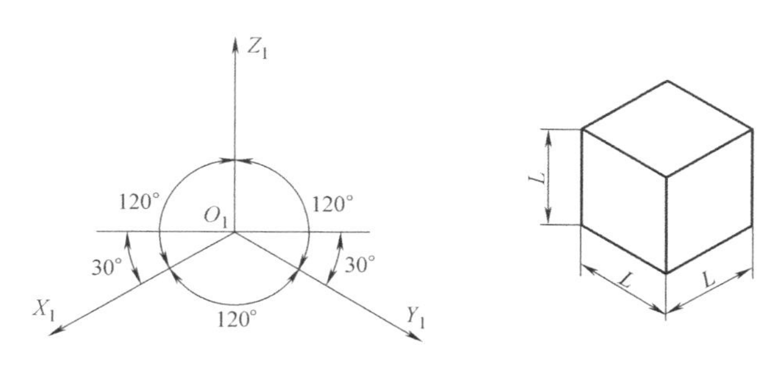

图 6-5　正等轴测图

2. 斜轴测图

斜轴测图的形成过程，即不改变物体与投影面的相对位置（物体正放），改变投射线的方向，使投射线与投影面倾斜（斜投影法），如图 6-6 所示。

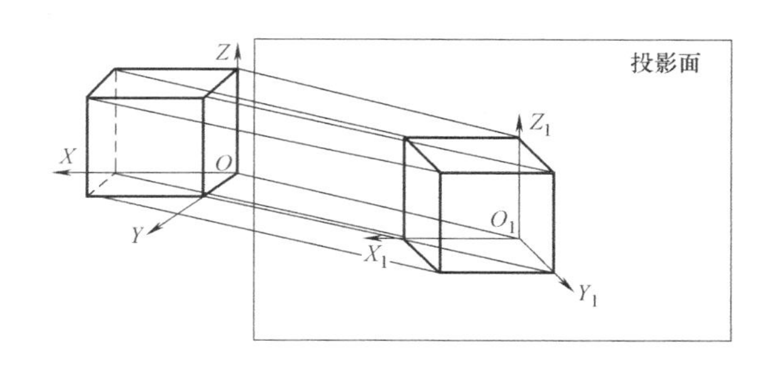

斜轴测图的形成

图 6-6　斜轴测图的形成

在实际工程中，除了正等轴测图之外，斜轴测图中的斜二等轴测图使用较多。斜二等轴测图是使空间坐标面 OXZ 平行轴测投影面，再向其做斜投射，它反映了 OXZ 面的实形，如图 6-7 所示。

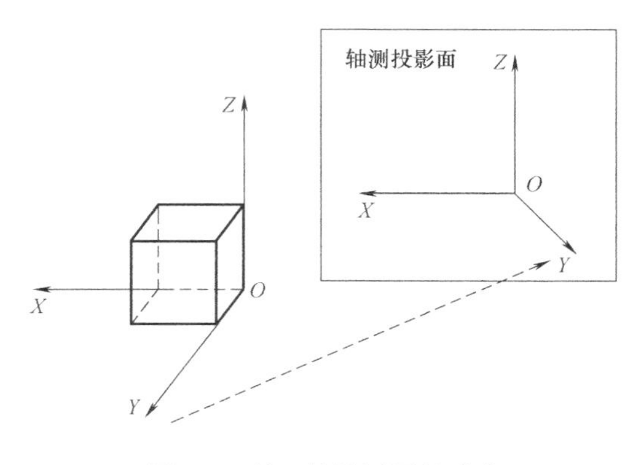

斜二等轴测
图的形成

图 6-7　斜二等轴测图的形成

斜二等轴测图，它的轴向伸缩系数 $p=r=1$，$q=0.5$，轴间角 $\angle XOZ=90°$，$\angle XOY=\angle YOZ=135°$，如图 6-8 所示。

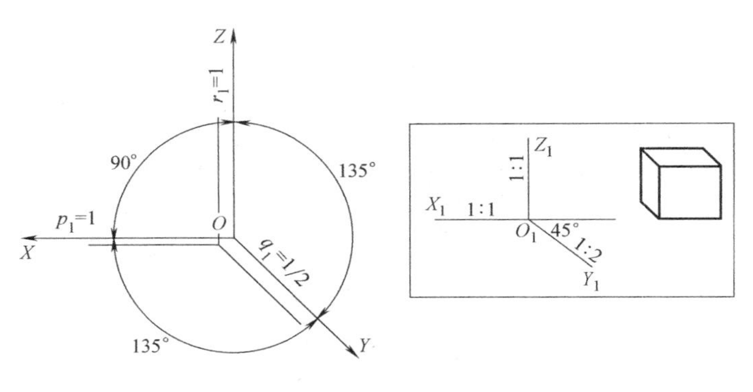

图 6-8 斜二等轴测图

6.1.3 轴测投影的特性

轴测投影在原立体与轴测投影间保持以下关系：

(1) 空间上平行的线段，其轴测投影也平行（平行性）。

(2) 两平行线段的轴测投影长度与空间长度的比值相等（定比性）。

(3) 凡是与坐标轴平行的直线，可以在轴测图上根据轴向伸缩系数沿轴向进行度量和作图（度量性）。

(4) 与坐标轴不平行的线段其轴向伸缩系数与之不同，不能直接度量与绘制，只能根据端点坐标，画出两端点后连线绘制（变形性）。

6.2 正等轴测图

6.2.1 平面体的正等轴测投影图

正等轴测图的绘制方法主要有三种：坐标法、切割法、叠加法，其中坐标法是绘制正等轴测图最基本的一种方法。

1. 坐标法

坐标法是量取形体上各点的坐标，然后根据轴向伸缩系数，计算出各点的尺寸，在轴测轴上绘制出各点的轴测投影，最后依次连接各个点，得到形体的轴测投影图。

2. 切割法

切割法是在坐标法的基础上，先画出基本形体的轴测图，然后切去该基本形体被切割掉的部分，从而得到被切割后的立体轴测图。

3. 叠加法

叠加法按照形体组合顺序，利用坐标法绘制出每个基本形体的轴测图，最后组合成一个整体的轴测图。

【例 6-1】 如图 6-9 (a) 所示，已知三棱锥的三视图，用简化伸缩系数绘制出三棱锥的正等轴测图。

作图：

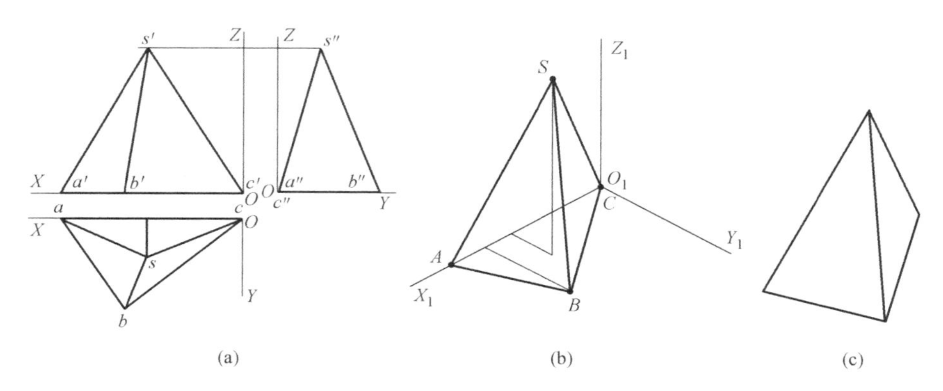

图 6-9　作三棱锥的正等轴测图

(a) 在已知视图中确定坐标轴；(b) 画轴测轴，确定各点；(c) 画出可见轮廓线和底边

(1) 如图 6-9 (a) 所示，在已知视图中确定坐标轴。三棱锥的四个面均为三角形，每个顶点均为三个面的交点，可取坐标原点 O 与 C 点重合，OX 轴与底边 AC 重合。

(2) 形体分析。根据三棱锥的三视图，可知面 SAC 为侧垂面，它在 W 面的投影积聚为一条直线，在 V 面和 H 面的投影为类似形。面 ABC 为水平面，它在 H 面的投影反映实形，在 V 面和 W 面的投影积聚为一条直线。

(3) 画轴测轴，确定各点。首先画出轴测轴，然后画出点 A，在图 6-9 (a) 中，点 A 在 OX 轴上，量取 $o'a'$ 的长度，在轴测轴上确定点 A。画出点 B，点 B 在空间面 $O_1X_1Y_1$ 上，由 $b'c'$ 和 $b''c''$ 的长度可以确定点 B。画出点 S，点 S 为空间点，分别量取点 S 在 V 面和 H 面与 OX 轴的距离，即可画出点 S，如图 6-9 (b) 所示。

(4) 画出可见轮廓线。依次连接 SA、SB、SC、CA、CB、AB，加深可见图线，擦去不可见图线，至此完成三棱锥正等轴测图的绘制，见图 6-9 (c)。

【例 6-2】 如图 6-10 (a) 所示的三视图，用简化伸缩系数绘制出正等轴测图。

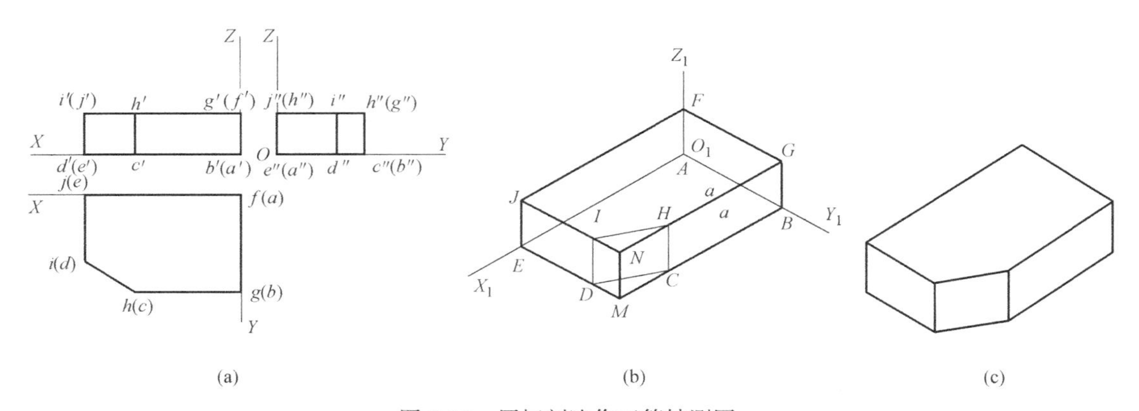

图 6-10　用切割法作正等轴测图

(a) 在已知视图中确定坐标轴；(b) 画轴测轴，确定各点；(c) 画出可见轮廓线和底边

作图：

(1) 如图 6-10 (a) 所示，在已知三视图中确定坐标轴。可取坐标原点 O 点与 A 点重合，OX 轴与边 AE 重合，OY 轴与底边 AB 重合，OZ 轴与底边 AF 重合。

（2）形体分析。看懂图6-10（a）所示的三视图，想象这个形体的形状。该形体为长方体，其一角被一铅垂面截切掉一个三棱柱，成为一个切割型组合体。切割过程如图6-10（b）所示。

（3）画轴测轴，确定各点。首先画出轴测轴，然后画出未切割时的长方体的正等轴测图。在三视图中依次量取AB、AE的长度，在轴测轴上确定A、B、E点，在XOB面上确定点M。量取长方体的高度，沿着A、B、M、E各点向上，确定点F、G、N、J。连接长方体的各点，绘制出长方体的正等轴测图。

（4）画出铅垂面截切长方体的正等轴测图。分别量取BC、ED的长度，在长方体轴测图中绘制出点C、D。用同样方法绘制出点I、H。

（5）画出可见轮廓线。依次连接形体的各点，加深可见图线，擦去不可见图线，至此完成该形体正等轴测图的绘制，如图6-10（c）所示。

【例6-3】 如图6-11（a）所示的三视图，用简化伸缩系数绘制出正等轴测图。

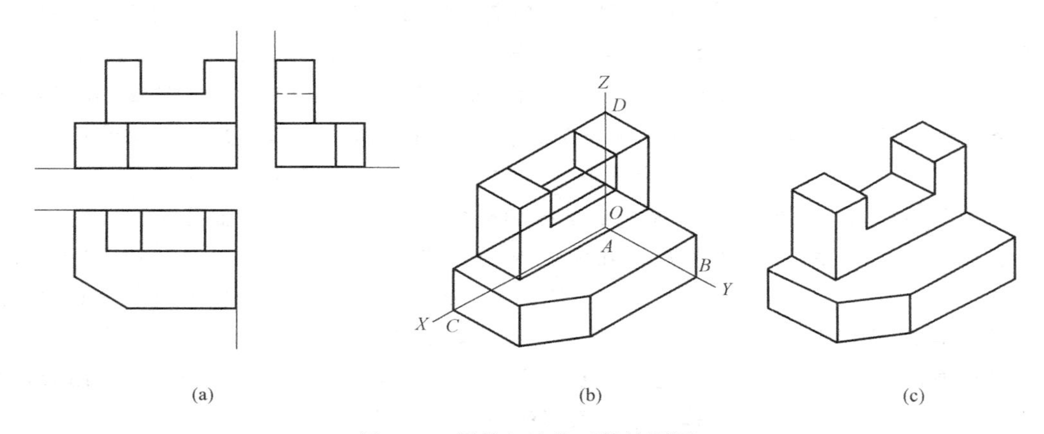

图6-11　用叠加法作正等轴测图

（a）在已知视图中确定坐标轴；（b）画轴测轴，确定各点；（c）画出可见轮廓线和底边

作图：

（1）如图6-11（a）所示，在已知三视图中确定坐标轴。可取坐标原点O点与形体的点A重合，OX轴与边AC重合，OY轴与底边AB重合，OZ轴与底边AD重合。

（2）形体分析。看懂图6-11（a）所示的三视图，想象这个形体的形状。该形体由两个长方体组合而成。下部的长方体，其一角被一铅垂面截切掉一个三棱柱。上部的长方体，中间部位被截切掉一个长方体。经过组合和切割后形成这个组合形体。组合和切割的过程如图6-11（b）所示。

（3）画轴测轴，确定各点。首先画出轴测轴，然后画出未切割时下部长方体的正等轴测图。再画出未切割时上部长方体的正等轴测图。绘制方法同样是先绘制出形体各点的轴测投影。

（4）画出截切部分形体的正等轴测图。依次绘制出两个长方体切割掉的形体各点的轴测投影。

（5）画出可见轮廓线。依次连接组合形体的各点，去掉切割部分，加深可见图线，擦去不可见图线，至此完成该形体正等轴测图的绘制，如图6-11（c）所示。

正等轴测投影图的绘制步骤为：

（1）画正等测图时，应先用丁字尺配合三角板画出轴测轴。由轴间角画出轴测轴，确定三个轴向伸缩系数（简化 $p=q=r=1$）。

（2）形体分析，根据已给出的三视图，分析形体的组成部分和切割部分。

（3）在建立的轴测轴中，选择形体的某一点作为轴测轴的原点，根据正等测投影轴轴向伸缩系数为 1，量取各点的长度，绘制出各点的轴测投影。

（4）依次连接形体的各点，加深可见图线，擦去不可见图线，完成形体的正等测图。

6.2.2　圆的正等轴测投影图

在正投影中，若圆平行于某一投影面，那么它的正投影也是一个圆。若圆与某一投影面的位置是倾斜的，它的正投影则是一个椭圆。因此，当某一个圆平行于某一投影面时，它的正等轴测投影也是一个椭圆。

1. 平行于不同坐标面的圆的正等轴测图

作圆的正等轴测图时，首先需要弄清椭圆的长轴和短轴的方向。分析图 6-12 所示的图形，图中的菱形是与圆外切的正方形的轴测投影，从图中可以看出，椭圆的长轴方向与菱形的长对角线重合，椭圆的短轴方向与菱形的短对角线重合。

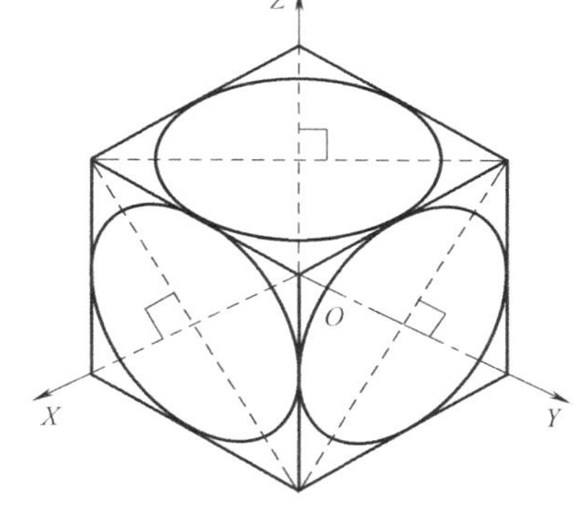

图 6-12　平行坐标面上圆的正等轴测图

通过分析得知，椭圆的长轴和短轴与轴测轴有关：

（1）当圆平行于 XOY 坐标面时，水平圆的正等测投影椭圆的长轴 $\perp OZ$ 轴测轴，其短轴 $//OZ$ 轴测轴；

（2）当圆平行于 XOZ 坐标面时，正平圆的正等测投影椭圆的长轴 $\perp OY$ 轴测轴，其短轴 $//OY$ 轴测轴；

（3）当圆平行于 YOZ 坐标面时，侧平圆的正等测投影椭圆的长轴 $\perp OX$ 轴测轴，其短轴 $//OX$ 轴测轴。

概括为：平行于坐标面的圆，它的正等轴测投影是椭圆，椭圆的长轴垂直于不包括圆所在坐标面的轴测轴，椭圆的短轴平行于该轴测轴。

2. 用“四心法”作圆的正等轴测图

“四心法”即用四段圆弧组合而成的椭圆。现以平行于 XOY 坐标面的圆为例，介绍圆的正等轴测图的绘制步骤：

（1）画出轴测轴，画出正方形的正等轴测图，即菱形，如图 6-13（a）所示。

（2）以点 A 和点 B 为圆心，作半径长度为 AC 的圆弧，如图 6-13（b）所示。

（3）连接线段 AC 和 AD，分别与椭圆的长轴交于点 E 和点 F，如图 6-13（c）所示。

（4）以点 E 和点 F 为圆心，作半径长度为 ED 的圆弧，与之前绘制的圆弧连接，如图 6-13（d）所示。

（5）擦除多余的线条，加粗椭圆的线条，将各段圆弧连接处光滑过渡。

平行于 XOZ 坐标面和 YOZ 坐标面的圆的正等轴测图，可参考平行于 XOY 坐标面的

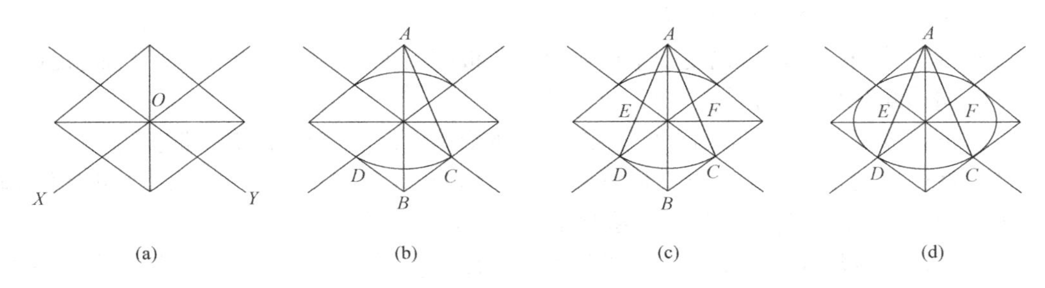

(a) (b) (c) (d)

图 6-13 用“四心法”作圆的正等轴测图

圆的画法。

6.2.3 回转体的正等轴测投影图

工程中的回转体，是指由母线绕回转轴旋转所形成的规则曲面立体。在工程中常用的回转体有：圆柱、圆锥、圆球和圆环等。下面以实例介绍回转体的正等轴测图的绘制步骤。

【例 6-4】 如图 6-14 所示的圆柱的两视图，画出圆柱的正等轴测图。

作图：

（1）如图 6-14（a）所示，在已知三视图中确定坐标轴。在作圆柱体的轴测图时，一般使圆柱体的轴线与 *OZ* 轴重合，*OX* 轴与 *OY* 轴的位置如图 6-14（a）所示。

（2）画出轴测轴，画出与圆外切的正方形的正等轴测图，即菱形，如图 6-14（b）所示。

（3）按照绘制水平圆的方法，先绘制出圆柱的顶，即水平圆的正等轴测图椭圆。利用平行原理，将绘制好的椭圆根据圆柱高度垂直向下移动，绘制出圆柱底面的可见圆弧轮廓，如图 6-14（c）所示。

（4）擦除多余的线条，加粗椭圆的线条，将各段圆弧连接处光滑过渡。画出外切于两个椭圆的转向轮廓线并加粗线条，至此圆柱的正等轴测投影图绘制完毕，如图 6-14（d）所示。

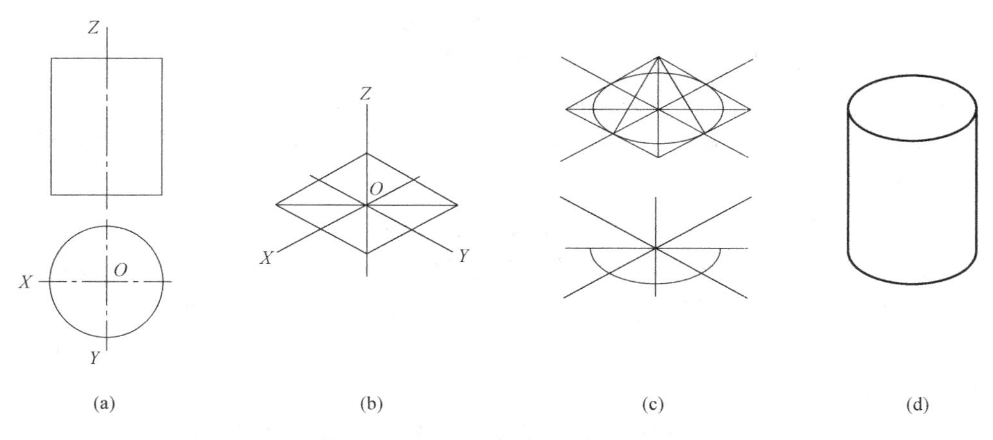

(a) (b) (c) (d)

图 6-14 作圆柱的正等轴测图

【例 6-5】 如图 6-15 所示的圆台的两视图，画出圆台的正等轴测图。

作图：

(1) 如图 6-15 (a) 所示，在已知三视图中确定坐标轴。作圆台的轴测图时，圆台的轴线与 OZ 轴重合，OX 轴与 OY 轴的位置如图 6-15 (a) 所示。

(2) 画出轴测轴，按照绘制水平圆的方法，先绘制出圆台顶面的圆，即水平圆的正等轴测图椭圆。然后绘制出圆台底面的圆，如图 6-15 (b) 所示。

(3) 擦除多余的线条，加粗椭圆的线条，将各段圆弧连接处光滑过渡。画出外切于两个椭圆的转向轮廓线并加粗线条，至此圆台的正等轴测投影图绘制完毕，如图 6-15 (c) 所示。

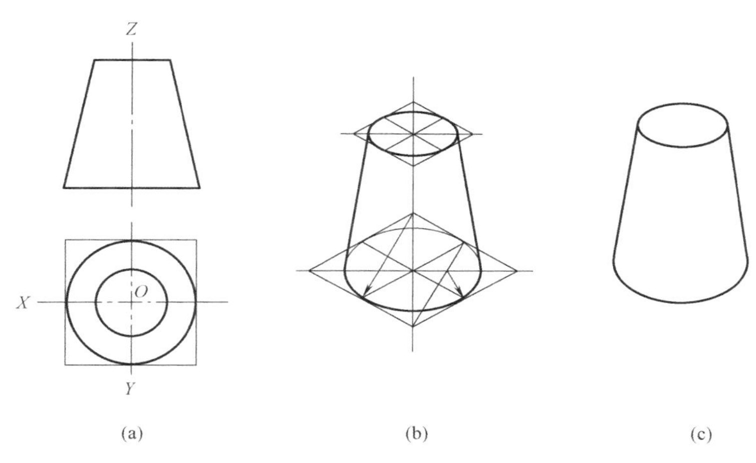

图 6-15　作圆台的正等轴测图

6.2.4　建筑形体的正等轴测投影图

任何建筑形体其实都是由一些简单的几何体叠加和切割组合后形成的。下面根据一些工程中的实例来介绍建筑形体的正等轴测投影图的绘制方法。

【例 6-6】 已知图 6-16 (a) 中所示的独立基础的正投影图，画出独立基础的正等轴测投影图。

作图：

(1) 作正等轴测图时，先用丁字尺配合三角板画出轴测轴。由轴间角画出轴测轴，确定三个轴向伸缩系数 ($p=q=r=1$)。

(2) 形体分析，根据两视图图 6-16 (a) 所示，可知该组合体是由两个四棱柱叠加而成，而且在长度方向和宽度方向上有对称关系。选择适当的作图方法依次画出各基本体或各线段、表面的轴测图。

(3) 在建立的轴测轴中，选择形体右后下方的角点作为轴测轴的原点，根据正等测投影轴向变形系数为 1，首先沿 O_1X_1 方向量取长度 a_1 和 O_1Y_1 方向量取 b_1，然后沿 O_1Z_1 方向量取高度 h_1，并绘制出底座四棱柱的正等测图，如图 6-16 (b) 所示。

(4) 绘制上部四棱柱的正等测图，与上一步同理，用叠加法绘制上部四棱柱的正等测图。

(5) 加深可见图线，擦去不可见图线，完成该组合体的正等测图，如图6-16 (c) 所示。

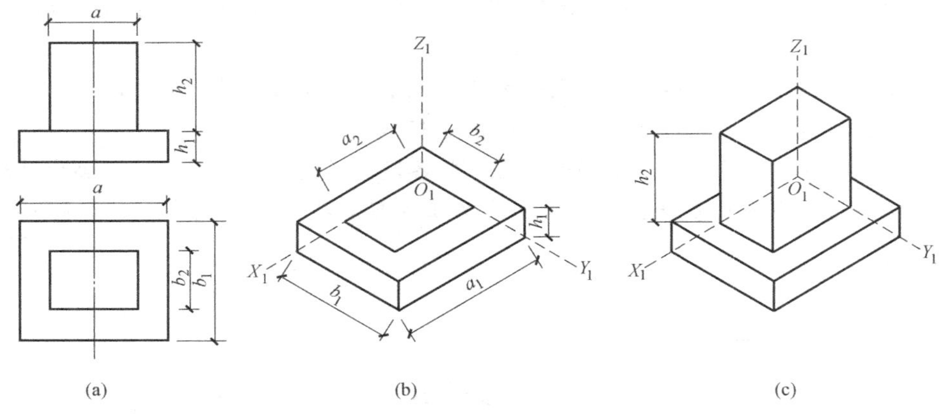

图6-16 作独立基础的正等轴测图

(a) 已知独立基础的正投影；(b) 作独立基础底座正等轴测图；(c) 作独立基础上部正等轴测图

6.3 斜二等轴测图

6.3.1 平面体的斜二测投影

1. 正面斜二等轴测图

斜轴测投影是指投射线与投影面倾斜所得到的投影图（垂直的是正轴测投影）。而正面斜二轴测投影是在工程中使用最多的，它的空间坐标面 XOZ 平行于轴测投影面，然后再向其做斜投射则得到的轴测图称为正面斜二等轴测图，简称斜二测图。斜二测图的投射方向如图6-17所示。斜二测图的正面可以反映形体的实形，通常用来表现正面形状比较复杂的物体。

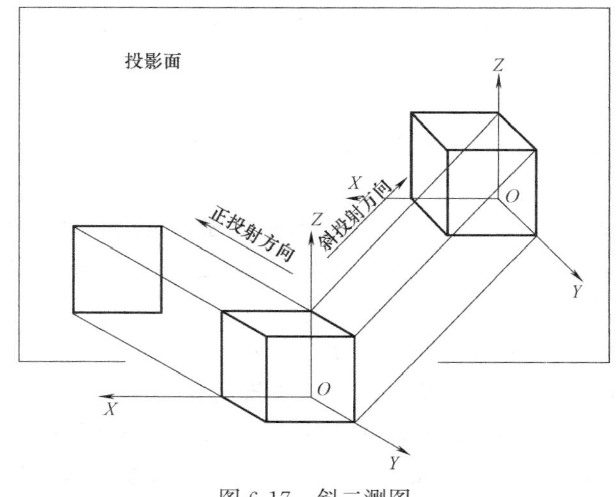

图6-17 斜二测图

2. 正面斜二等轴测图的轴间角和轴向伸缩系数

正面斜二等轴测图，最常见的平行坐标面的两个轴测轴的轴间角为 90°，第三根轴与前两根轴之间的角度为 135°，其轴向伸缩系数 $p=r=1$，$q=0.5$。其他几种常见轴测图的轴间角和轴向伸缩系数，如图 6-18 所示。

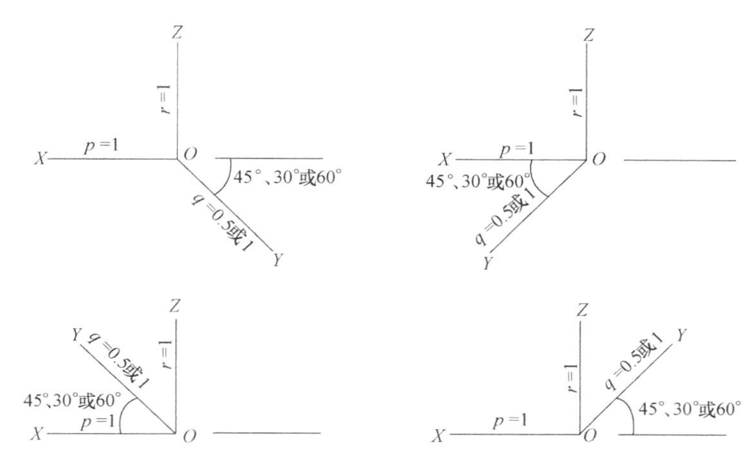

图 6-18　轴间角和轴向伸缩系数

6.3.2　平面体斜二测投影图的画法

在斜二测图中，由于形体平行于坐标面 XOZ，所以斜二测图可以反映形体的实形。在设定坐标轴时，一般将形体绘制过程复杂的一侧所在的坐标面，设定为平行于坐标面 XOZ，这样平行于坐标面 XOZ 的形体的投影，可以反映形体这一侧的实形。下面以一些实例来说明平面体正面斜二测的画法。

【例 6-7】 已知图 6-19（a）中所示的六棱锥体的正投影图，画出其斜二测图。

作图：

（1）如图 6-19（a）所示，在已知视图中确定坐标轴。六棱锥体的轴线与 OZ 轴重合，OX 轴与 OY 轴的位置如图 6-19（a）所示。

（2）画轴测轴，确定各点。作斜二测图的轴测轴，量取 a_1、a_2 的长度，在轴测轴上画出点 A、点 D。量取 a_3、a_4、$b_1/2$、$b_2/2$（轴向伸缩系数 $q=0.5$）的长度，在 XOY 面上画出点 B、点 C、点 E、点 F，如图 6-19（b）所示。

（3）确定棱锥高度。量取六棱锥体的高度 h，在轴测轴上画出点 S，如图 6-19（c）所示。

（4）画出可见轮廓线。依次连接点 S、点 A、点 B、点 C、点 D、点 E、点 F，加深可见图线，擦去不可见图线，至此完成六棱锥体斜二测图的绘制，如图 6-19（d）所示。

【例 6-8】 如图 6-20（a）所示，已知台阶的三视图，求作它的正面斜二轴测投影图。

作图：

（1）如图 6-20（a）所示，在已知视图中确定坐标轴。确定 OY 轴方向要以可见的面最多为原则，然后画出不变形的台阶正面投影图，如图 6-20（a）所示。

（2）画轴测轴，确定各点。作斜二测图的轴测轴，选择如图 6-20（b）所示的轴测轴。

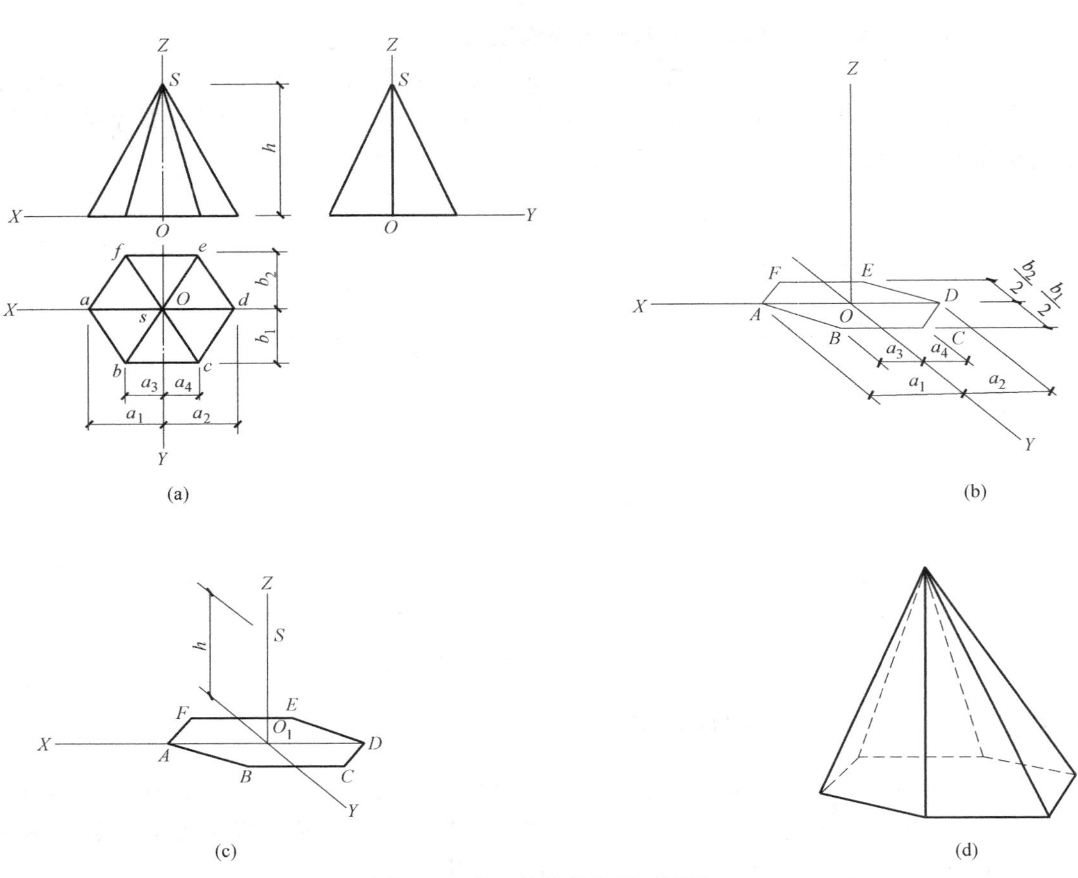

图 6-19 作六棱锥体的斜二测图

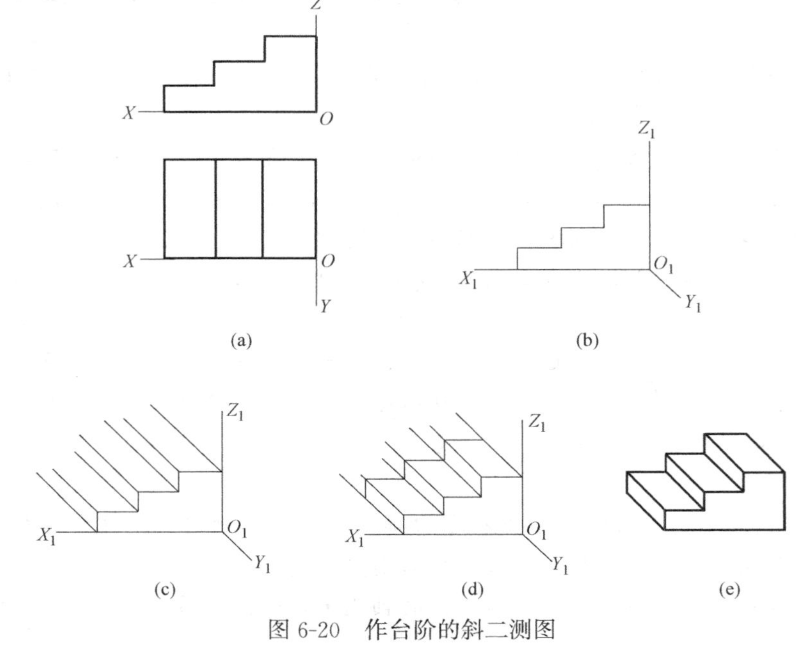

图 6-20 作台阶的斜二测图

从正面投影图的各线段交点，沿 OY 轴方向作一系列平行线，并截取实际长度 b 的一半，如图 6-20（c）所示。

（3）连接该组平行线段的另一端点，画出台阶的表面轮廓，如图 6-20（d）所示。

（4）描深图线。擦去不可见图线，描深可见图线，完成台阶正面斜二等轴测图，如图 6-20（e）所示。

6.3.3　轴测图的选择

轴测图的选择主要包括两个方面，一是轴测图类型的选择，二是轴测图投影方向的选择。

1. 轴测图类型的选择

（1）避免遮挡。要尽量完全表达形体的形状和结构特征，根据形体的正投影图，判断采用何种类型的轴测图才能清楚表达形体的结构特征，尽量能够看到形体的各个部分。

（2）立体感要强。画轴测图时，要富有立体感，并基本符合人们习惯看物体时的形象，所以在选择轴测图类型时，要考虑轴测图的立体效果。不能使形体的某一表面与投射线平行，如果平行，该面的轴测投影积聚为一条直线，画出的轴测图会缺乏立体感。

（3）避免两交线成一直线。例如在绘制基础的轴测图时，基础的部分形体的转交线和棱线，正等测投影有时成一条直线，所以此时用正等测图来表达形体效果就不好，应该选择用正二测图或斜二测图来表达。

（4）注意表达内部构造。有些形体内部构造比较复杂，用各种类型的轴测图都不能清晰、详尽地表达形体内部的构造和形状、大小等，此时可以选择用带剖切的轴测图绘制。

2. 轴测图投影方向的选择

每一类轴测投影都有四个投射方向，包括左上、左下、右上、右下，确定合适的投影方向的基本原则就是要全面、完整地表达形体的形状和结构特征。

四个投影方向形成的四个轴测图的效果不同。左上投射方向形成右仰视轴测投影，右上投射方向形成左仰视轴测投影，左下投射方向形成右俯视轴测投影，右下投射方向形成左俯视轴测投影。

选择投影方向时，根据正投影图判断，首先，上小下大的形体宜用俯视图表达，下小上大的形体宜用仰视图表达。其次，根据不同投影方向所表达的不同的表面，优先表达结构复杂、特点突出的表面。

【本章小结】

本章学习了轴测投影的基本知识以及轴测投影图的绘制方法。在工程中，最常见的是正等轴测图和斜二等轴测图，绘制时首先画出轴测轴，然后根据投影规律绘制出轴测投影图。

【思考与习题】

（1）轴测投影的分类有哪些？

（2）简述正等轴测图的投影特性。

第三篇

制 图 基 础

第 7 章　建筑制图基本知识

（1）国家标准对图纸幅面、比例、字体、图线和尺寸标注的有关规定。

（2）常用的几何作图的方法。

（3）平面图形的作图步骤。

7.1　建筑制图基础规定

为了使房屋建筑制图规范达成统一，保证制图质量，提高制图效率，便于工程建设及技术交流，绘制工程图样必须遵循统一的国家制图标准，住房和城乡建设部综合有关部门共同修订和发布了有关建筑制图的六项国家标准：《房屋建筑制图统一标准》GB/T 50001—2017、《总图制图标准》GB/T 50103—2010、《建筑制图标准》GB/T 50104—2010、《建筑结构制图标准》GB/T 50105—2010、《建筑给水排水制图标准》GB/T 50106—2010 和《暖通空调制图标准》GB/T 50114—2010，这些标准也在不断改进和完善中。

六项建筑制图国家标准（以下简称国标）是工程技术人员必须严格遵守的国家条例。本章将简要介绍建筑制图国家标准对图纸幅面及格式、比例、字体、图线和尺寸注法的有关规定，并介绍绘图的基本方法和常用的几何作图等内容。

1. 图纸幅面

图纸幅面简称图幅，是指图纸本身的大小规格。为便于图样的绘制、使用和管理，在绘制图样时，应优先采用表 7-1 中所规定的基本幅面。必要时可由基本幅面沿长边加长，图纸短边不得加长，加长幅面尺寸可参见国标有关规定。同一项工程使用的图纸，不宜多于两种幅面，以短边作为竖直边的图纸称为横式幅面，以短边作为水平边的图纸称为立式幅面，如图 7-1 所示，A0～A3 图纸宜为横式使用，必要时也可立式使用。

幅面及图框尺寸（单位：mm）　　　　**表 7-1**

幅面代号	A0	A1	A2	A3	A4
$b \times l$	841×1189	594×841	420×594	297×420	210×297
c	10			5	
a	25				

如图 7-1、图 7-2 所示，图纸的幅面框用细实线绘制，图框用粗实线绘制。为了使图样复制和微缩摄影时定位方便，可采用对中符号。横式幅面的标题栏可以在右边框竖式绘制，立式幅面的标题栏也可以在下边框横式绘制，涉外的标题栏应在各项内容下面附加译文，在设计单位的上方和左方应加“中华人民共和国”字样。

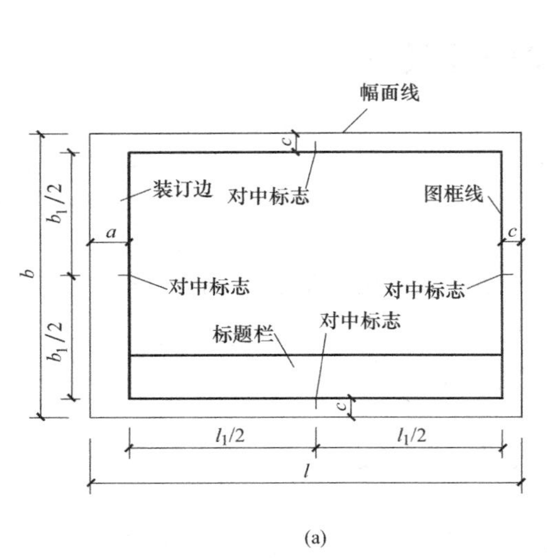

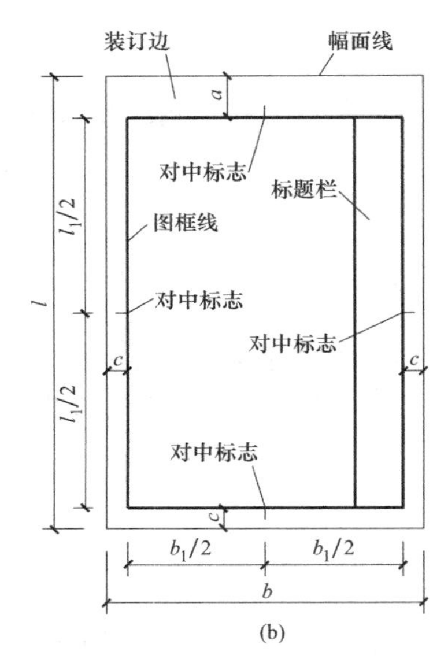

图 7-1　尺寸代号的意义

（a）横式幅面；（b）立式幅面

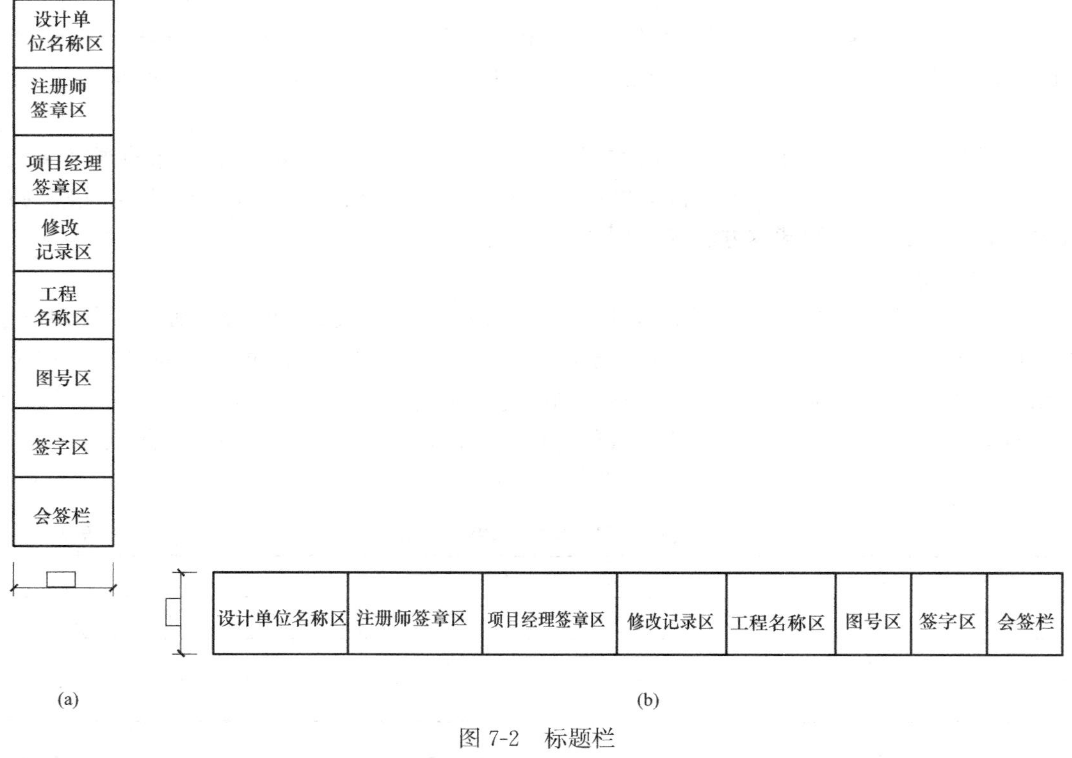

图 7-2　标题栏

（a）立式；（b）横式

2. 比例

比例是指图样中图形与其实物相应要素的线性尺寸之比。

绘图时所用比例，应根据图样的用途与被绘制对象的复杂程度，优先从表 7-2 中选择常用比例。必要时，也可以选取表中的可用比例。

绘图所用的比例　　　　表 7-2

种类	定义	常用比例	可用比例
原值比例	比值为 1 的比例	1∶1	—
缩小比例	比值小于 1 的比例	1∶2　1∶5　1∶10 1∶20　1∶30　1∶50 1∶100　1∶150　1∶200 1∶500　1∶1000　1∶2000	1∶3　1∶4　1∶6 1∶15　1∶25　1∶40 1∶60　1∶80　1∶250 1∶300　1∶400　1∶600 1∶5000　1∶10000　1∶20000 1∶50000　1∶100000　1∶200000

当同一张图样上的图形只用一种比例时，比例可注写在标题栏中的“比例”栏内；如一张图纸中的图形选用不同比例时，比例注写在各自图名的右侧，并且与字的底线平齐，比例的字高应比图名小 1～2 号，图名下加一条水平粗实线，如图 7-3 所示。

平面图 1:200

图 7-3　比例注写

标注尺寸时，无论选用什么样的比例画图，都必须标注实物的实际大小。

3. 图线

建筑图样中的图线有粗、中粗、中、细之分。各类图线的名称、线型、宽度和主要用途如表 7-3 所示。

图线的线型、宽度和主要用途　　　　表 7-3

名称		线型	线宽	一般用途
实线	粗		b	主要可见轮廓线
	中粗		$0.7b$	可见轮廓线
	中		$0.5b$	可见轮廓线
	细		$0.25b$	可见轮廓线、图例线等
虚线	粗	3～6≤1	b	见各有关专业制图标准
	中粗		$0.7b$	不可见轮廓线
	中		$0.5b$	不可见轮廓线、图例线等
	细		$0.25b$	不可见轮廓线、图例线等
单点长画线	粗	≤3　15～20	b	见各有关专业制图标准
	中		$0.5b$	见各有关专业制图标准
	细		$0.25b$	中心线、对称线等

续表

名称		线型	线宽	一般用途
双点长画线	粗	5 15～20	b	见各有关专业制图标准
	中		0.5b	见各有关专业制图标准
	细		0.25b	假想轮廓线，成型前原始轮廓线
折断线			0.25b	断开界线
波浪线			0.25b	断开界线

在机械图样中只采用粗、细两种线宽，它们之间的比例为 2∶1。粗线的宽度 b 应根据形体的复杂程度和大小确定。图线宽度 b 的推荐系列为：0.13mm、0.18mm、0.25mm、0.35mm、0.5mm、0.7mm、1mm、1.4mm、2mm。常用的 b 值为 0.5～1.4mm，当粗实线的线宽 b 值确定后，根据表 7-4 中确定相应的线宽，每一组的粗、中粗、中、细实线的宽度称为一个线宽组。

线宽组（单位：mm）　　表 7-4

线宽比	线宽组					
b	2.0	1.4	1.0	0.7	0.5	0.35
0.7b	1.4	1.0	0.7	0.5	0.35	0.25
0.5b	1.0	0.7	0.5	0.35	0.25	0.18
0.25b	0.5	0.35	0.25	0.18	—	—

绘制图线时应注意以下各点：

（1）在同一图样中，同类图线的宽度应基本一致。虚线、点画线及双点画线的画长和间隔宜各自相等。

（2）相互平行的图线，其间隔不宜小于粗线的宽度，且不宜小于 0.7mm。

（3）绘制圆的对称中心线时，圆心应为画的交点。点画线和双点画线的首末两端应是画而不是点，并应超出圆的轮廓线外 2～5mm。当所绘制的圆的直径较小时，可用细实线代替。

（4）虚线、单点长画线或双点长画线的画长和间隔宜各自相等。单点长画线或双点长画线画的长度应大致相等，为 15～20mm。

（5）点画线、虚线和其他图线相交时，都应在线段处相交。当虚线处于粗实线的延长线上时，粗实线和虚线之间应留有空隙，其正确和错误的画法如图 7-4 所示。当虚线圆弧和虚线直线相切时，虚线圆弧的线段应画到切点，相切的虚线直线应留有空隙。

（6）图纸的图框线和标题栏线，可采用表 7-5 中的线宽。

（7）图线不得与文字、数字或符号重叠、相交。不可避免时，应保证文字的清晰。

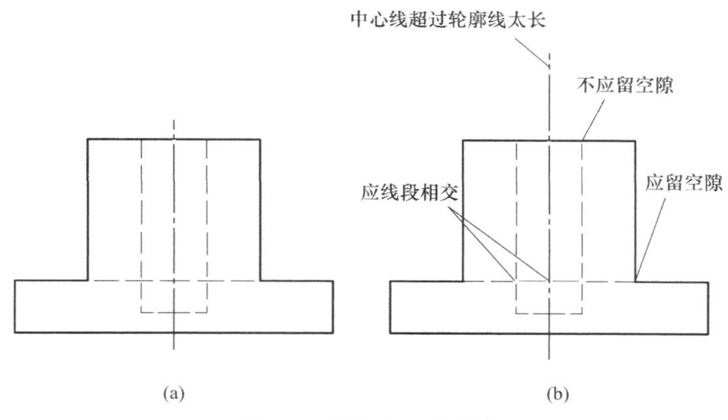

图 7-4　图线交接的画法
（a）正确；（b）错误

图框线、标题栏线的宽度（单位：mm）　　表 7-5

幅画代号	图框线	标题栏外框线	标题栏分格线、会签栏线
A0、A1	b	0.7b	0.35b
A2、A3、A4	b	0.5b	0.25b

4. 字体

图样中除了图形外，还有各种符号、字母、数字及文字说明等内容。国标规定，工程图中书写的字体应做到字体工整、笔画清楚、间隔均匀、排列整齐。标点符号应清楚、正确。

（1）汉字：

汉字宜采用长仿宋体或黑体，并应采用国家正式推行的简化字，汉字的高度不应小于 3.5mm。汉字高度与宽度的比值大约为 1∶0.7，如图 7-5 所示。

汉字的基本笔画为点、横、竖、撇、捺、挑、折、勾，其笔法如表 7-6 所示。

字号即为字体的高度，用 h 表示，相应公称尺寸系列为：1.8mm、2.0mm、3.5mm、5mm、7mm、10mm、14mm、20mm。

10号字

建筑厂房平立剖详图

7号字

基础地基楼板梁柱墙

5号字

钢筋水泥沙子混凝土

图 7-5　长仿宋体汉字示例

汉字的基本笔画　　　　表 7-6

名称	点	横	竖	撇	捺	挑	折	勾
基本笔画及运笔法	尖点 垂点 撇点 上挑点	平横 斜横	竖	平撇 斜撇 直撇	斜捺 平捺	平挑 斜挑	左折 右折 斜折 双折	竖勾 左曲勾 右曲勾 平勾 竖弯勾 包勾 横折弯勾 竖折折勾
举例	方 光 心 活	左 七 下 代	十 上	千 月 八 床	术 分 建 超	均 公 技 线	凹 周 安 及	牙 子 代 买 孔 力 气 码

（2）拉丁字母和数字：

拉丁字母和数字可分为斜体和直体两种，斜体字字头向右倾斜，与水平基准线成 75°。拉丁字母、数字和少数希腊字母如图 7-6 所示，字高 h 不宜小于 2.5mm。小写的拉丁字母为大写拉丁字母字高的 7/10，字母间隔为（2/10）h。

ABCDEFGHIJKLMNOPQRSTUVWXYZ

abcdefghijklmnopqrstuvwxyz

1234567890 Ⅰ Ⅱ Ⅲ Ⅳ Ⅴ

图 7-6　字母和数字示例

5. 尺寸标注

图形只能表达建筑物及其各部分的形状，其大小则由标注的尺寸确定。标注尺寸时，应严格遵照国家标准有关尺寸注法的规定，做到正确、完整、清晰、合理。

一个完整的尺寸，应包括尺寸界线、尺寸线、尺寸起止符号、尺寸数字。

如图 7-7 所示，尺寸界线用细实线绘制，并应由图形的轮廓线、轴线或对称中心线处引出，也可利用它们。尺寸界线一般与所标注的线段和尺寸线垂直，一端离开轮廓线不应小于 2mm，并超出尺寸线终端 2～3mm。尺寸线用细实线绘制，一般与所标注的线段平行，它不能用其他图线代替，一般也不得与其他图线重合或画在其延长线上。圆的直径和圆弧半径的尺寸线一般应通过圆心或指向圆心。

尺寸的起止符号用中粗短斜线绘制，其倾斜方向与尺寸界线成顺时针 45°，长度为 2～3mm，如图 7-8 所示。在轴测图中的尺寸起止符号宜用小圆点。

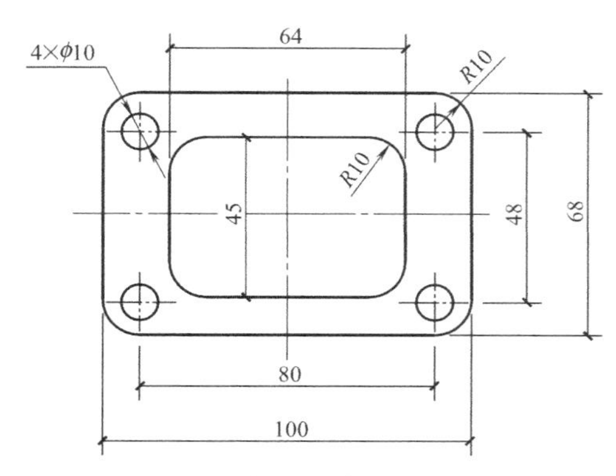

图 7-7　图样上的各种尺寸注法

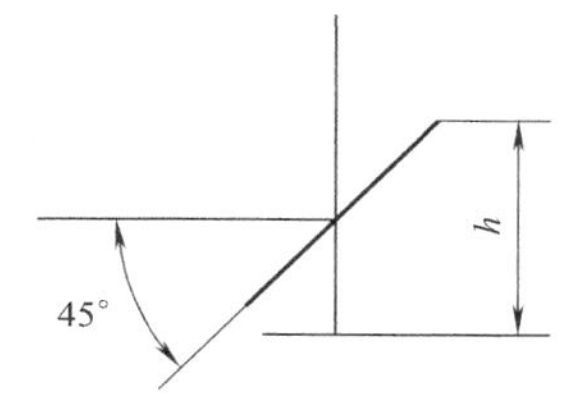

图 7-8　尺寸起止符号

图样中的尺寸数字一般不需注写单位，除标高及总平面图以 m 为单位外，其余一律以 mm 为单位。在标注直径尺寸时，尺寸数字前应加注符号“ϕ”；标注半径时，尺寸数字前需加注符号“R”；标注球面的直径或半径时，应在符号“ϕ”或“R”前再加注符号“S”等，并且在标注半径、直径和角度时，尺寸起止符号宜用箭头表示，如图 7-7 所示。

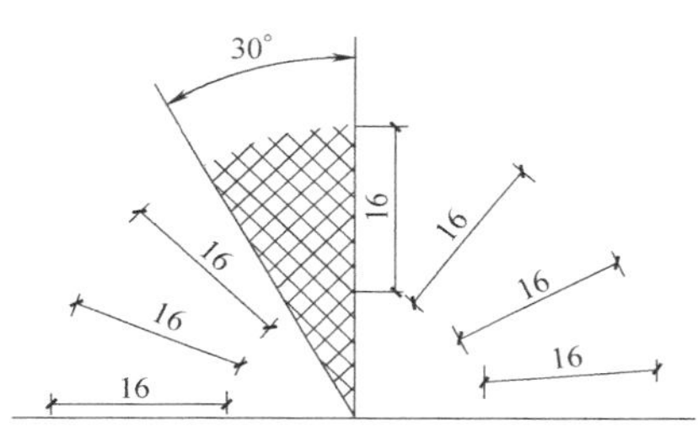

图 7-9　线性尺寸数字的方向

如图 7-9 所示，水平方向的线性尺寸数字一般应注写在尺寸线的上方且居中，同时字头向上；垂直方向的线性尺寸数字应注写在尺寸线的左方且居中，同时字头向左；尺寸数字也可以注写在尺寸线的中断处。其他方向的线性尺寸数字，按照图中方向注写，并尽可能避免在图示 30°范围内标注尺寸。尺寸数字不可被任何图线穿越，否则应将图线断开。

尺寸标注时应注意的问题如表 7-7 所示。

尺寸标注　　**表 7-7**

说明	正确	错误
同一张图纸内尺寸数字的字高应大小一致	12 28	12 28
水平方向的尺寸数字写在尺寸线的上方中间，字头朝上，自左向右书写； 竖直方向的尺寸数字写在尺寸线的左方中间、字头朝左、自下而上书写。 尺寸排列时，大尺寸在外、小尺寸在内。	12 7　14　7 28	12 28 7　14　7

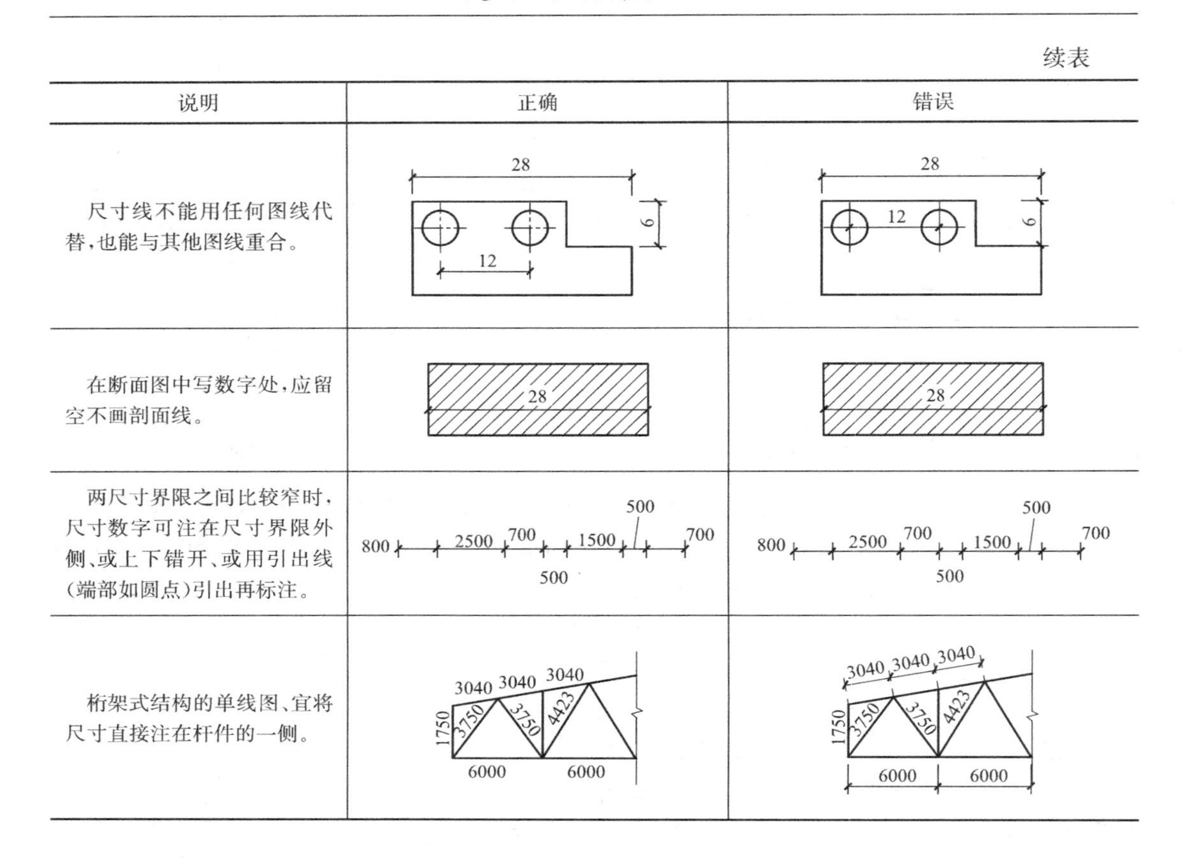

续表

说明	正确	错误
尺寸线不能用任何图线代替，也能与其他图线重合。		
在断面图中写数字处，应留空不画剖面线。		
两尺寸界限之间比较窄时，尺寸数字可注在尺寸界限外侧、或上下错开、或用引出线（端部如圆点）引出再标注。		
桁架式结构的单线图、宜将尺寸直接注在杆件的一侧。		

7.2 常用绘图工具及绘图方法

正确合理地使用绘图工具和仪器，能准确、快速地绘制图样，保证绘图质量。不断进行绘图实践和总结经验，能够提高绘图的基本技能。

7.2.1 常用的绘图工具和仪器

绘图时常用的普通绘图工具主要有：图板、丁字尺、三角板、绘图仪器（圆规、分规、直线笔等）、比例尺、曲线板、量角器。此外还需要铅笔、橡皮、胶带纸、削笔刀、擦图片等绘图用品。

如图7-10所示，画图时，图纸的四个角用胶带固定在图板上。图板的左侧作为丁字尺上下移动的导边，画图时，左手扶持尺头，右手扶持尺身，丁字尺的尺头沿导边上下移动，到某一位置画图前，丁字尺尺头靠紧导向边，左手按住尺身，右手画线，丁字尺只能用来画水平线，配合三角板可以画特殊角度的角度线。

圆规用来画圆和圆弧，也可当作分规量取长度和等分线段。使用圆规时应使圆规的针尖略长于铅芯。分规是截量长度和等分线段的工具。曲线板是用于绘制非圆曲线的工具，其轮廓线由多条不同曲率半径的曲线组成。用曲线板描绘曲线时，先徒手轻轻地勾描各点，然后根据曲线的曲率变化，选择曲线板上合适的部分，前一段重复前次所描，中间一段是本次勾描，后一段留待下次勾描，依此类推。

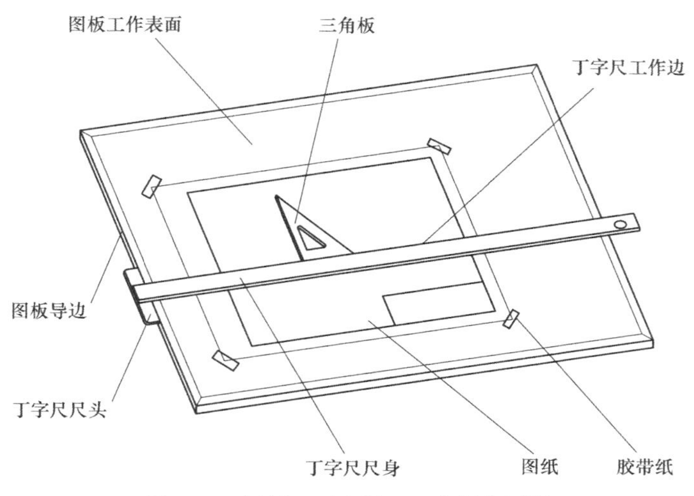

图 7-10　图板、丁字尺、三角板与图纸

7.2.2　绘图方法

1. 仪器绘图

采用绘图仪器绘图的步骤为：

（1）准备工作：绘图前准备好绘图工具和用品，熟悉所画的图形，将图纸固定在图板的适当位置，保证丁字尺和三角板移动方便。

（2）布图：图形在图纸上的布局应匀称、美观，留出标题栏、标注尺寸等位置。

（3）轻画底稿：用较硬的铅笔（如 H 或 2H）准确地、轻轻地画出底稿。画底稿应从中心线或主要轮廓线开始。底稿画好后仔细校核，改正错误并擦去多余的图线。

（4）描深：常选用 HB 铅笔描深粗实线，用 H 铅笔描深各种细线。圆规的铅芯要选得比铅笔的铅芯软一些。描深时先描深所有的粗实线，然后从图的左上方顺次向下描深所有的水平线，再顺次向右描深所有垂直线，最后描深倾斜线。先描深曲线，再描深直线。对同心圆弧应先描深小圆弧，再顺次描深大圆弧，当有几个圆弧连接时，应从第一个开始依次描深。按照描深粗实线的顺序，描深所有的虚线、点画线和细实线。

（5）画箭头、注尺寸、写注解文字、填写标题栏等。

2. 徒手绘图

徒手绘图是指不用绘图仪器和工具，靠目测比例徒手画图。在绘制设计草图或现场测绘时，经常采用这种方法。徒手绘图是工程技术人员的一项重要的基本技能，徒手草图并不是潦草的图，绘制的图样应做到图形正确、线型分明、字体清楚、图面整洁且目测比例适当。

各种图线的徒手绘图画法为：

（1）直线：

徒手画直线时，常将小手指靠着纸面，保证图线平直。徒手绘图时，图纸不必固定，可随时转动图纸，使所画的直线正好是顺手方向。图 7-11（a）表示画一条较长的水平线 AB，在画线过程中眼睛应盯住线段的终点 B，以保证所画直线的方向；同样在画垂直线

AC 时，如图 7-11（b）所示，眼睛应注意终点 C。

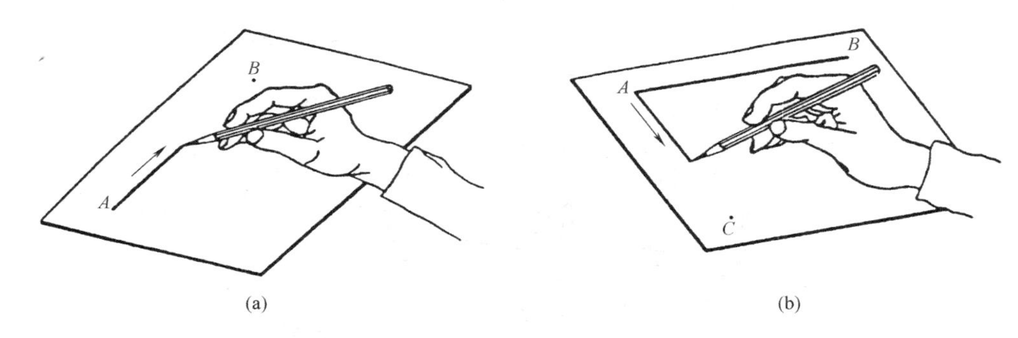

图 7-11　徒手画直线的姿势与方法

（2）角度线：

当画特殊角度 30°、45°和 60°等的角度线时，可根据两直角边的近似比例关系，定出两端点，然后连接两点即得到所画的角度线，如图 7-12 所示。

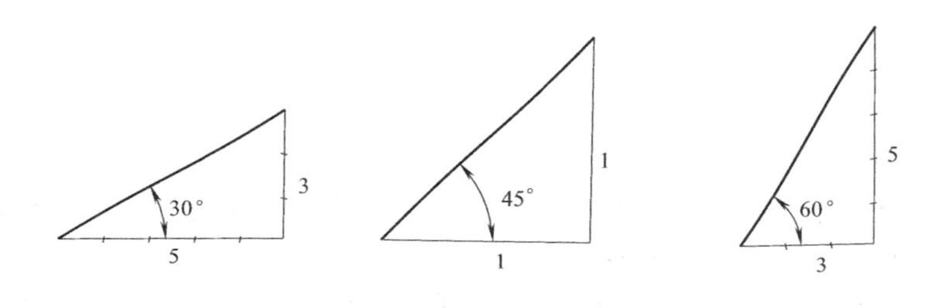

图 7-12　徒手画角度线

（3）圆及圆角的画法：

徒手画圆时，先作两条互相垂直的中心线，定出圆心，再根据直径大小，在中心线上截得四点，然后徒手将各点连接成圆，如图 7-13（a）所示。当绘制直径较大的圆时，可过圆心多作几条不同方向的直线，在中心线和这些直径线上按目测定出若干个点后，再徒手连接成圆，如图 7-13（b）所示。

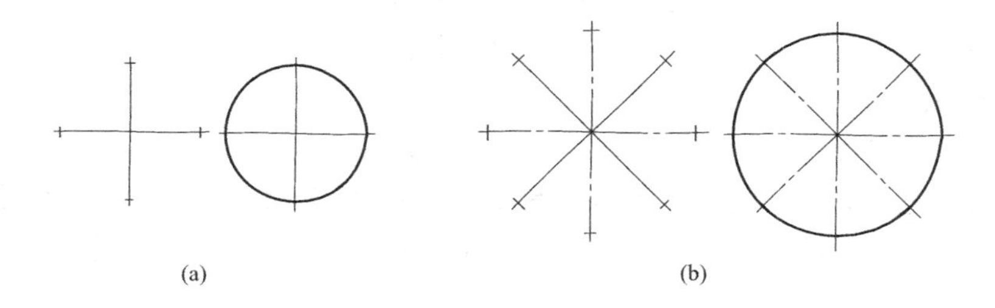

图 7-13　徒手画圆

如图 7-14 所示，当绘制圆角时，先根据圆角半径的大小，在角分线上定出圆心的位置，然后过圆心分别向两边引垂线定出圆弧的起点和终点，同时在角分线上也定一圆弧上的点，最后过这三点画圆弧。

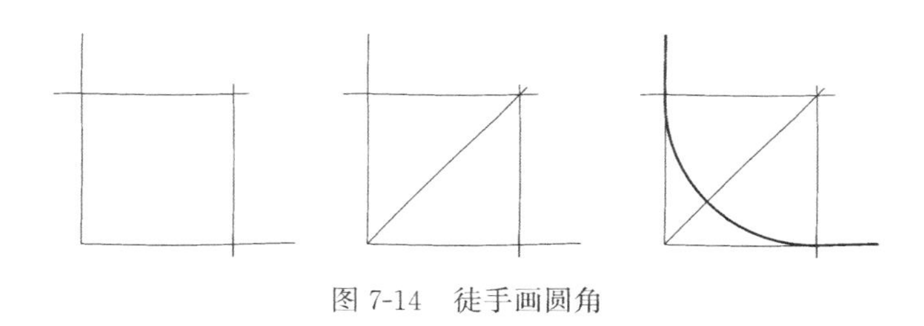

图 7-14　徒手画圆角

7.3 几何作图

虽然形体的轮廓形状多种多样的，但它们的图样基本上都是由直线、圆弧等图线组成的平面几何图形，因此，我们要掌握一些常用的几何作图方法。

7.3.1 等分线段的方法

如图 7-15 所示为等分已知直线段的一般作图方法。要将直线段 AB 五等分，需过其中一个端点 A 作任意直线 AC，用分规以任意相等的距离截取五等份，得到 1、2、3、4、5 等分点，然后连接点 5 和点 B，过各等分点作 $5B$ 的平行线，与 AB 的交点 $1'$、$2'$、$3'$、$4'$为所求。

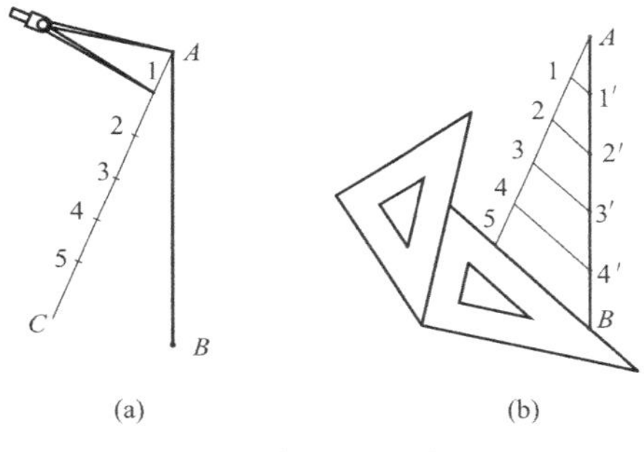

图 7-15　等分已知直线段

7.3.2 正多边形

如图 7-16 所示为圆内接正五边形的画法，取水平半径 ON 的中点 M，以点 M 为圆心，MA 为半径画弧，交水平中心线于点 H。以弦长 AH 为边长，可得到圆的内接正五边形。

如图 7-17 所示为圆内接正六边形的画法，用 60°三角板配合丁字尺通过水平直径的端点作四条边，再用丁字尺作上、下水平边，即得到圆内接正六边形。

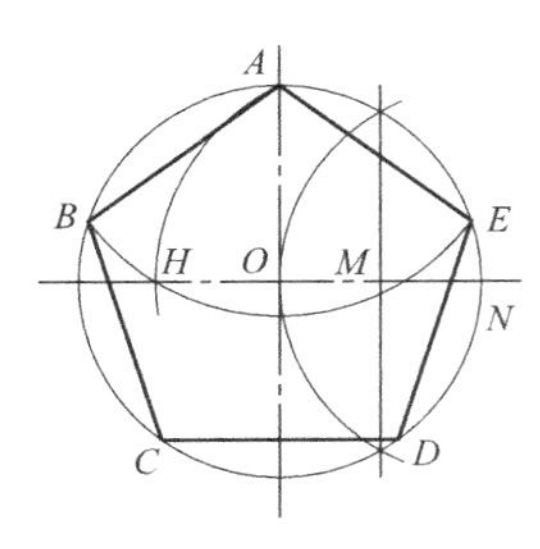

图 7-16　正五边形的画法

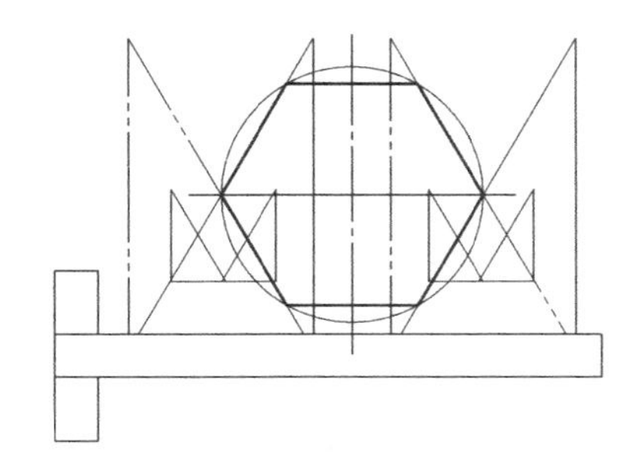

图 7-17　正六边形的画法

7.3.3 圆弧连接

绘图时经常遇到用圆弧将两个几何元素（直线、圆、圆弧）光滑地连接起来，这种连接作图称为圆弧连接，将不同几何元素连接起来的圆弧称为连接圆弧。

圆弧连接实质上是几何元素间的相切，连接点就是切点。为了保证相切，必须准确地求出连接圆弧的圆心和切点。

圆弧连接的作图实例为：

(1) 用半径为 R 的圆弧连接两已知直线 AB 与 AC，如图 7-18 所示。

① 作两条已知直线的平行线，距离等于 R。两平行线的交点 O 即为连接圆弧的圆心。

② 过 O 点向两条已知直线 AB 与 AC 作垂线，垂足 T_1、T_2 即为直线与连接圆弧的切点。

③ 以 O 点为圆心，R 为半径画圆弧 T_1T_2，即完成连接。

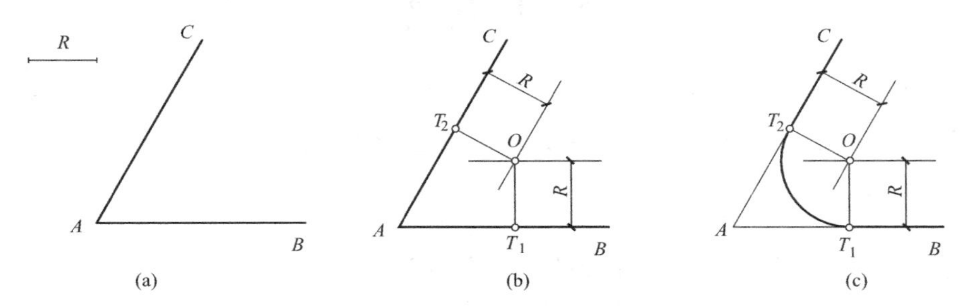

图 7-18 用圆弧连接两已知直线

(2) 用半径为 R 的圆弧连接两已知圆弧，如图 7-19 所示。

图 7-19 (a) 为连接圆弧 $R18$ 的画法，该连接圆弧与已知圆弧 A、B 相外切，同时作两个已知圆的同心圆，半径为两个外切圆的半径之和，得到的两个圆弧相交于点 O_1，即为连接圆弧的圆心，连接 O_1 和两个已知圆的圆心，与已知圆的交点 T_1、T_2 即为切点，以 O_1 为圆心，$R18$ 为半径画圆弧 T_1T_2，即完成连接。

图 7-19 (b) 为连接圆弧 $R40$ 的画法，该连接圆弧与已知圆弧 A、B 相内切，同时作两个已知圆的同心圆，半径为两个内切圆的半径之差，得到的两个圆弧相交于点 O_2，即为连接圆弧的圆心，连接 O_2 和两个已知圆的圆心并延长，与已知圆的交点 T_3、T_4 即为切点，以 O_2 为圆心，$R40$ 为半径画圆弧 T_3T_4，即完成连接。

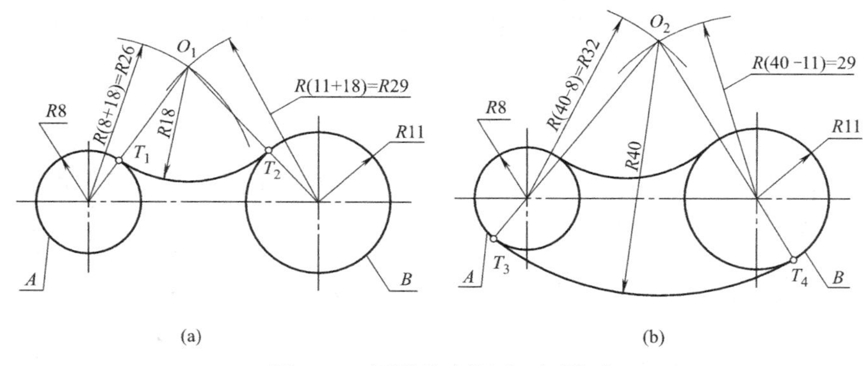

图 7-19 用圆弧连接两已知圆弧

7.3.4 椭圆画法

已知椭圆的长轴和短轴，作近似椭圆，如图 7-20 所示。

1. 四心法

如图 7-20（a）所示，作图步骤为：

（1）连接 A、C 两点，以 O 点为圆心，OA 为半径画圆弧，与 CD 的延长线交于点 E，以点 C 为圆心，CE 为半径画圆弧交 AC 于点 F；

（2）作 AF 的垂直平分线与长、短轴分别交于 1、2 两点，画出其对称点 3、4；1、2、3、4 点即为四个圆弧的圆心；

（3）分别以点 2、4 点为圆心，$2C$ 长为半径画两段大圆弧，分别以点 1、3 为圆心，$1A$ 长为半径画两段小圆弧，这四段圆弧在圆心连线的延长线上相切于点 K、K_1、N、N_1，从而画出近似椭圆。

2. 同心圆法

如图 7-20（b）所示，作图步骤为：

（1）分别以长轴和短轴为直径画两个同心圆，过圆心作任意方向直线，交大、小圆为四个点；

（2）过大圆的交点作水平线，小圆的交点作竖直线，得到的交点为椭圆上的点；

（3）同理，画出多个椭圆上的点，然后将这些点光滑连接，即得所求的椭圆。

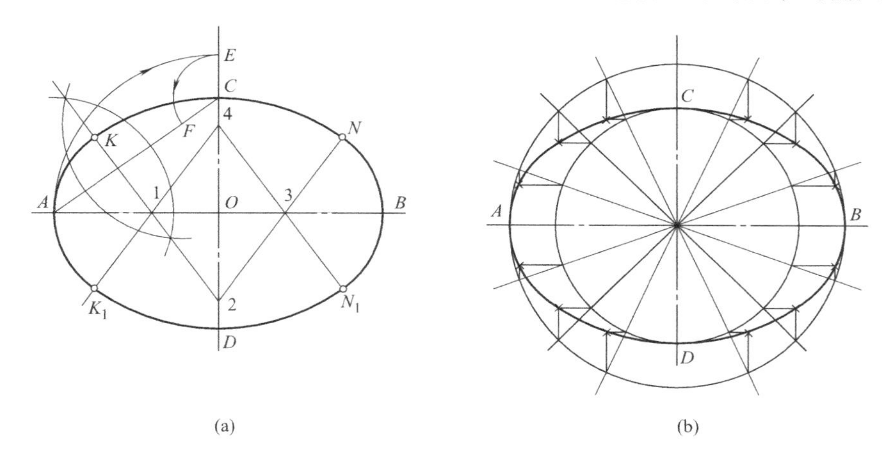

图 7-20　椭圆的近似画法
（a）四心法；（b）同心圆法

7.4　平面图形的画法

平面图形由直线段、曲线段或直线段和曲线段组合而成。为准确地绘制平面图形，要对图形的各线段进行分析，确定每一段线段的形状、大小和相对位置，然后完成平面图形。平面图形的大小和位置是由图中标注的尺寸确定的，因此在分析线段前先进行尺寸分析。

1. 平面图形的尺寸分析

平面图形中的尺寸按其作用，可分为定形尺寸和定位尺寸两种。

（1）定形尺寸：确定图形中各部分形状和大小的尺寸，如直线的长度、圆的直径、圆弧的半径、角的角度等。图 7-21 中的定形尺寸有：ϕ18、R18、R14、R10、R15、R16、8。

（2）定位尺寸：确定图形上各部分之间相对位置的尺寸，图 7-21 中的定形尺寸有：4、45、40、8。

标注尺寸的起点称为尺寸基准。通常取平面图形中较大圆的中心线或较长的直线作为基准线。对于对称图形，将其对称中心线作为基准，图 7-21 中的尺寸基准为圆的对称中心线。

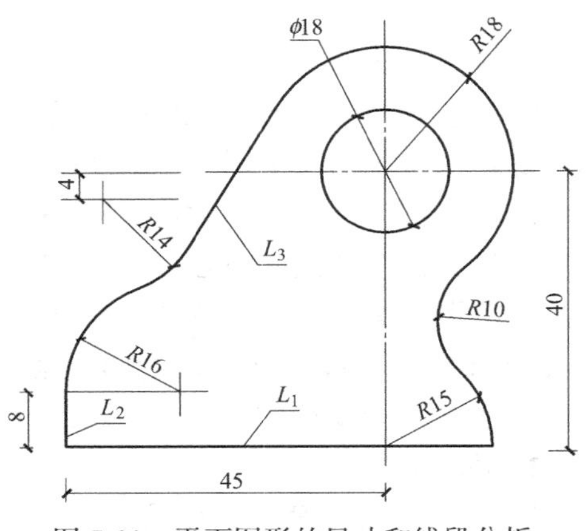

图 7-21　平面图形的尺寸和线段分析

2. 平面图形的线段分析

平面图形中的线段按照所注尺寸和线段间的连接关系可分为三种：

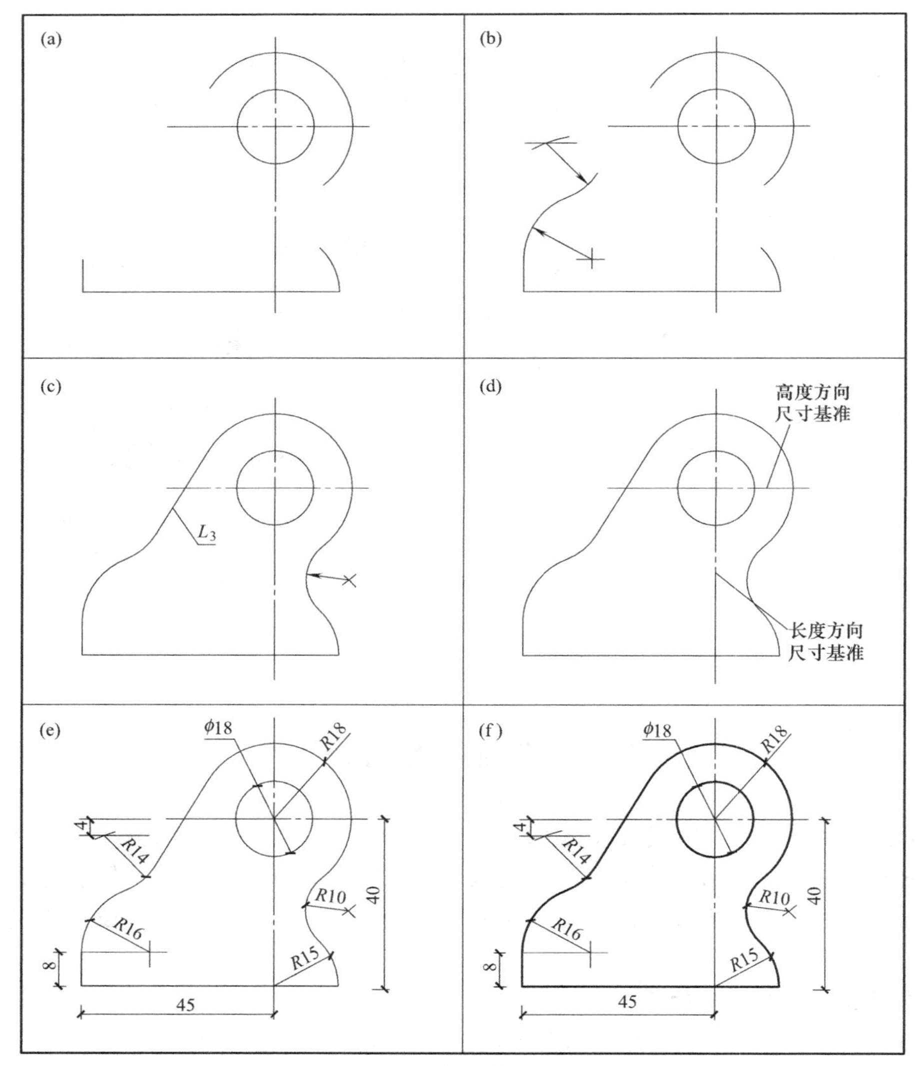

图 7-22　平面图形的作图步骤及尺寸标注

（1）已知线段：定形和定位尺寸都齐全的线段称为已知线段。图 7-21 中已知线段有：$\phi18$ 的圆，$R18$、$R15$ 的圆弧及直线 L_1 与 L_2。

（2）中间线段：只有定形尺寸和一个定位尺寸，另一个定位尺寸需要根据与其有关的线段按几何作图的方法画出的线段。图 7-21 中中间线段有 $R16$ 与 $R14$ 的圆弧。

（3）连接线段：只有定形尺寸而无定位尺寸，定位尺寸要根据与其相邻的两个线段的连接关系才能画出的线段。图 7-21 中连接线段有圆弧 $R10$ 及直线 L_3。

3. 平面图形的作图步骤

绘制平面图形时，应先找出图中的尺寸基准，然后进行尺寸分析和线段分析，最后确定画图步骤。以图 7-21 所示的平面图形为例，说明平面图形的作图步骤。

作图步骤为：

（1）定出图形的基准线，画已知线段，见图 7-22（a）。

（2）画中间线段，见图 7-22（b）。

（3）画连接线段，见图 7-22（c、d）。

（4）标注定形尺寸和定位尺寸，见图 7-22（e）。

（5）擦去多余的作图线，检查无误后加深图线，完成全图，见图 7-22（f）。

【本章小结】

本章主要介绍了国标中对于图幅、图线、字体和尺寸标注的内容。介绍了几种常用的几何作图方法，学习绘制平面图形。掌握几种徒手作图的技巧，便于记录、交流和构思。

【思考与习题】

（1）国标规定图纸的幅面有几种规格?

（2）建筑图中的图线有几种类型？线宽有几种?

（3）国标对各种字体有什么规定？字体的高度有几种?

（4）图样中的尺寸由哪几项内容构成?

（5）平面图形的作图步骤是什么?

第四篇

建筑工程专业图

第 8 章　建 筑 形 体

（1）建筑形体的画法。

（2）建筑形体的注法。

（3）建筑形体的读图。

8.1　建筑形体的画法

在建筑制图中，对于较复杂的建筑形体，仅用前面所述的三面投影的方法，还不能准确、恰当地在图纸上表达形体的内外形状。为此，建筑制图标准中规定了多种表达方法，本章仅对其中常用的表示方法予以介绍。

1. 多面正投影法

房屋建筑视图是按正投影法并用第一角画法绘制的多面投影图。如图 8-1 所示，在

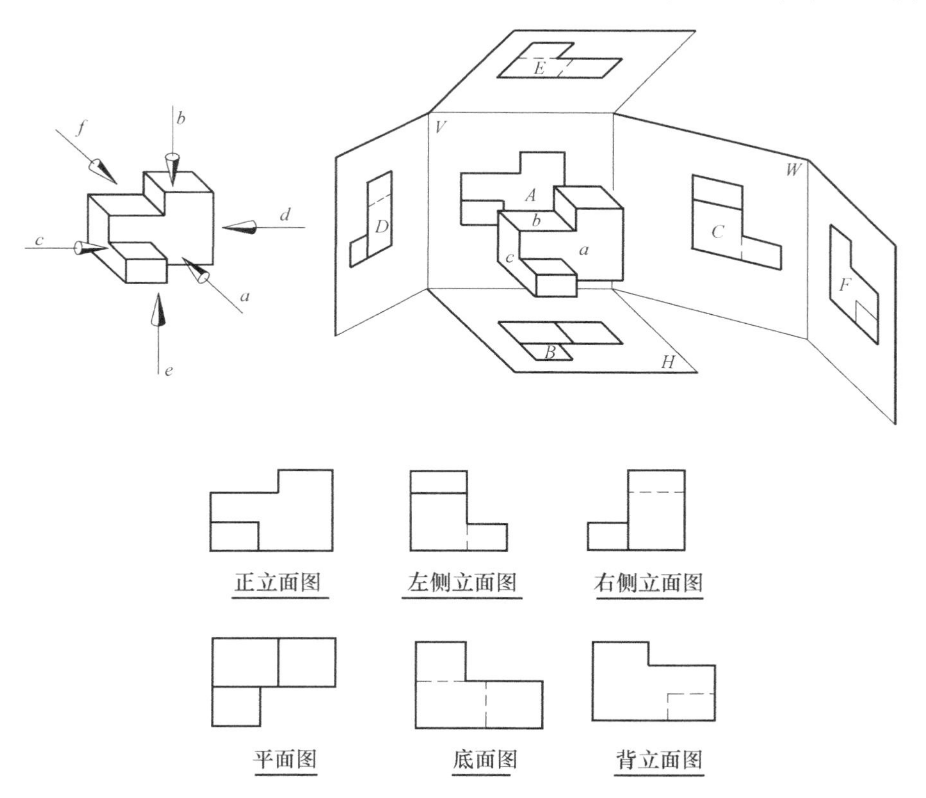

图 8-1　基本投影面的展开

V、H、W 三个基本投影面的基础上，再增加 V_1、H_1、W_1 三个基本投影面，围成正六面体，将物体向这六个基本投影面投射，并将投影面展开与 V 面共面，得到六个基本投影图，也称为基本视图。基本视图的名称以及投射方向为：

（1）正立面图：由前向后投射得到的视图；

（2）平面图：由上向下投射得到的视图；

（3）左侧立面图：由左向右投射得到的视图；

（4）右侧立面图：由右向左投射得到的视图；

（5）底面图：由下向上投射得到的视图；

（6）背立面图：由后向前投射得到的视图。

2. 镜像投影法

有些工程构造，如板梁柱构造节点［图 8-2（a）］，因为板在上面，梁、柱在下面，按第一角画法绘制平面图的时候，梁、柱为不可见，要用虚线绘制，给读图和尺寸标注带来不便。如果把 H 面当作一个镜面，在镜面中就能得到梁、柱为可见的反射图像，这种投影称为镜像投影。

镜像投影法属于正投影法。镜像投影是形体在镜面中的反射图形的正投影，该镜面应平行于相应的投影面。用镜像投影法绘图时，应在图名后加注“镜像”二字［图 8-2（b）］，必要时可画出镜像投影法的识别符号［图 8-2（c）］。这种图在室内设计中常用来表现吊顶（顶棚）的平面布置。

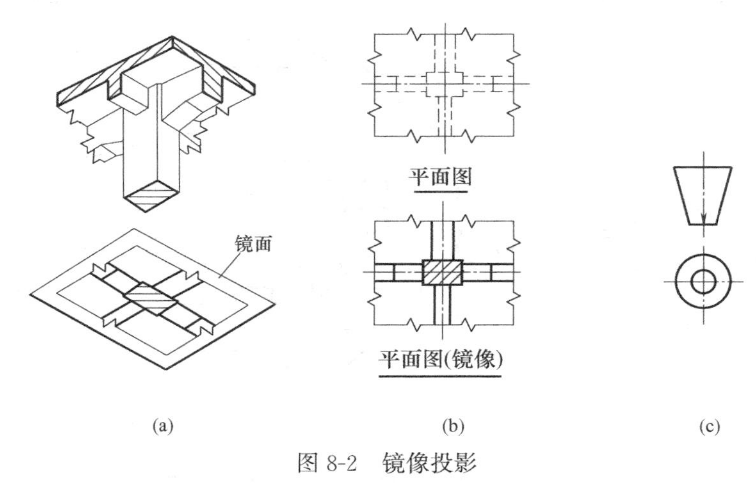

图 8-2　镜像投影

（a）镜像示意图；（b）镜像投影与平面图比较；（c）镜像投影法的识别符号

3. 建筑形体视图的画图步骤

生活中常见的雄伟高大的建筑物形体虽然较为复杂，但经过仔细分析便可以看出，都是由前面讲过的各种基本形体所形成。画建筑形体投影图要遵循以下步骤：

（1）形体分析

在画建筑形体投影图之前，首先应对建筑形体进行形体分析，即分析建筑形体由哪些基本体、采用什么形成方式形成，图 8-3 中的肋式杯形基础，此基础可以看作是由底板、杯口和肋板组成。底板为四棱柱，杯口由四棱柱切去一个四棱台形成，肋板是六块梯形块（四棱柱）。在整个形成过程中，以叠加为主，底板和杯口以及肋板都是叠加，而杯口是切

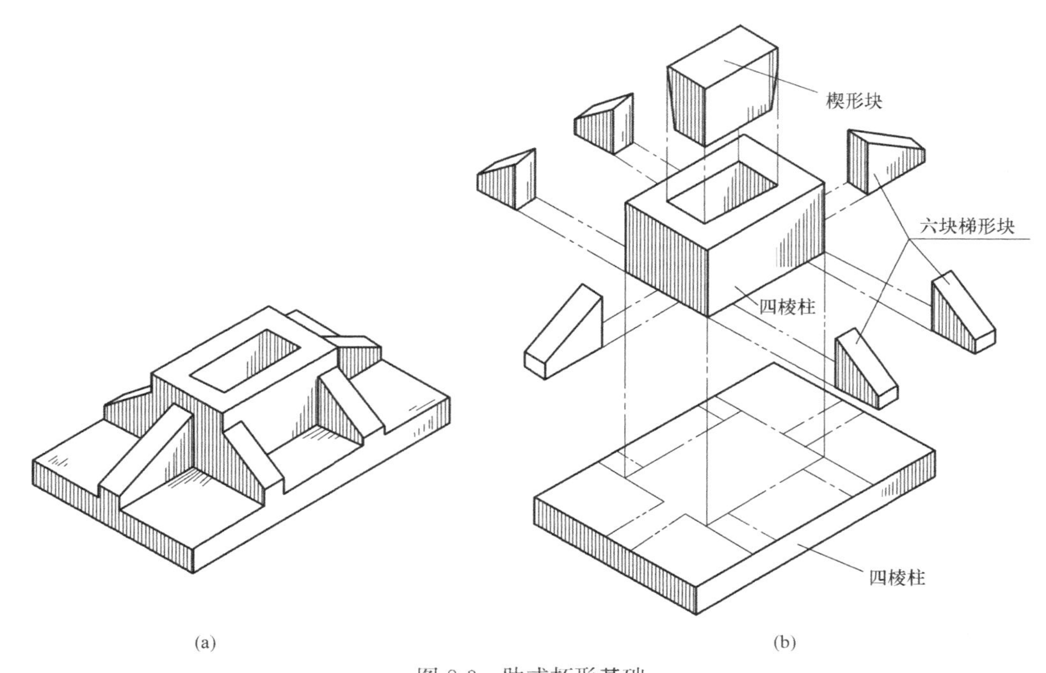

图 8-3 肋式杯形基础

(a) 立体图；(b) 形体分析

割而成。因此，在这个基础中，既有叠加，又有切割，该基础为混合式建筑形体。

2）确定建筑形体的安放位置

作投影图时，建筑形体安放位置不同，形体投影图表达的效果就不同，而作投影图的目的是为施工人员施工读图所用。因此，画出的投影图应尽量使施工人员易读为准，这就要求在作建筑形体或构件投影图时，首先应确定形体的摆放位置以及投影方向。确定形体的摆放位置时应注意以下几点：

（1）将反映建筑物外貌特征的立面平行于正立投影面。

（2）让建筑形体或构件处于工作状态。如梁应水平放置，柱子应竖直放置，台阶应正对识图人员，这样识图人员较易识图。

（3）尽量减少虚线。过多的虚线既不易进行尺寸标注，也不易识图。

如图 8-3 所示肋式杯形基础，根据其在房屋中的位置，形体应平放，使 H 面平行于底板底面，V 面平行于形体的正面。

3）确定投影图的数量

用几个投影图才能完整地表达建筑形体的形状，需根据建筑形体的复杂程度确定。图 8-4 表示的室外台阶是由三块踏步板叠加而成的，旁边靠着的栏板是五棱柱。在投影图中，侧面投影可以比较清楚地反映出台阶的形状特征，因此，用正面投影和侧面投影即可将台阶表达清楚。如果用正面投影和水平投影就不能清楚地反映出其形状特征。同时应注意在完整、准确地表达形体形状的基础上，应尽量减少投影图的数量，也就是减少作图的工作量。

4）确定画图的比例和图幅

在作图前还应确定画图的比例和图幅。画图的比例应根据图样的复杂程度确定，所选用的比例要使画出的图样符合《房屋建筑制图统一标准》GB/T 50001—2010 中对图样比例的要求，还要使图样大小合适、表达清楚。图样的比例确定后，图样的大小即可确定，

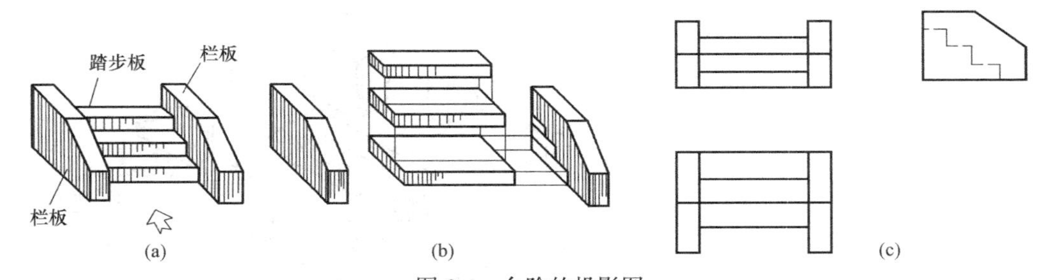

(a) (b) (c)

图 8-4 台阶的投影图

(a) 直观图；(b) 形体分析；(c) 投影图

这时根据图样的大小选用图纸的幅面，如所画图样的大小为495mm×325mm，可选用A2（594mm×420mm）幅面的图纸。

5）画投影图

画投影图时，应按以下步骤进行：

（1）布置图面。先画出图框和标题栏外框，明确图纸上可以画图的范围，然后根据投影图的大小、数量和主次关系，确定各投影图的位置和相互距离。

（2）画投影图底图。如图 8-5 所示。按形体分析的结果，依次画出四棱柱底板的三面投影、杯口的三面投影和六个肋块的三面投影，最后切去四棱台形成杯口。

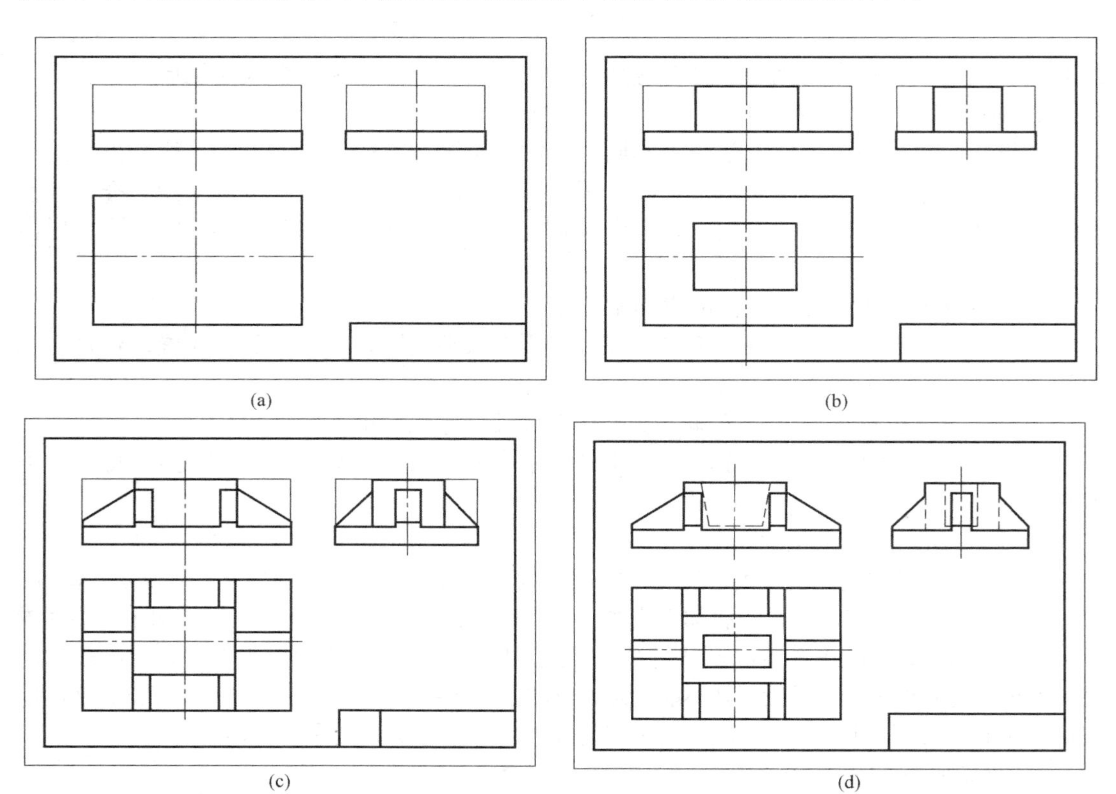
(a) (b) (c) (d)

图 8-5 肋式杯形基础作图步骤

(a) 布图、画底板；(b) 画中间四棱柱；(c) 画六块梯形肋板；(d) 画楔形杯口，擦去底稿线完成全图

（3）加深图线。经检查无误后，按要求加深图线。

对于不同形成方式的建筑形体，应根据形体形成方式的不同，采用不同的画图方法。如叠加式建筑形体，应从一个方向、一个基本体一个基本体地依次进行；而切割式建筑形体，应先画出切割前形体的投影图，再根据要求去掉切割的部分即可。

8.2　建筑形体的尺寸注法

建筑形体的投影图，虽然已经清楚地表达形体的形状和各部分的相互关系，但还必须标注出详细的尺寸，才能明确形体的实际大小和各部分的相对位置。

1. 基本体的尺寸标注

图 8-6 是常见的基本体的尺寸标注。在标注平面体时，应标注平面体的长度、宽度和高度，而对于投影图中有等边多边形时，应标注多边形外接圆的直径，不需标注多边形的边长，这样做方便施工。在标注曲面体时，应标注曲面体上圆的半径以及曲面体的高度。在标注球体的半径和直径时，应在半径和直径前加注字“*S*”，如“*SR*”等。

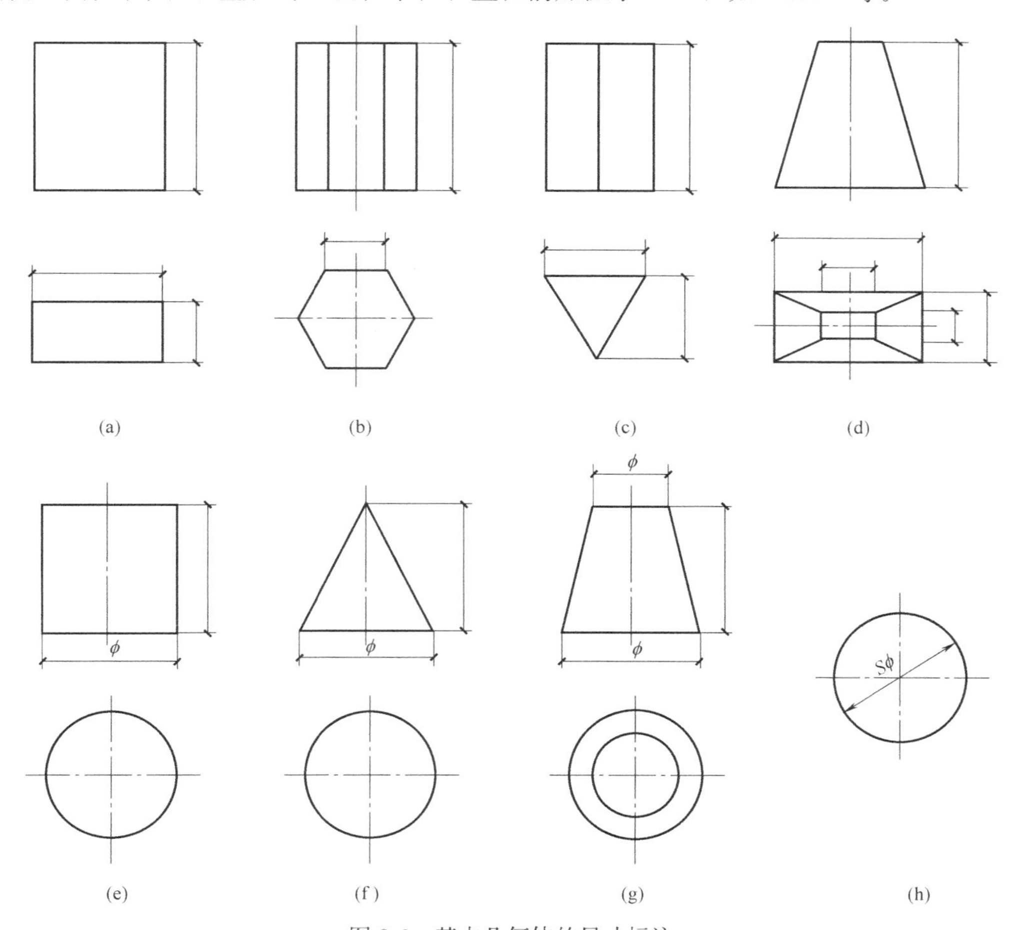

图 8-6　基本几何体的尺寸标注
（a）四棱柱；（b）六棱柱；（c）三棱柱；（d）四棱台；（e）圆柱；（f）圆锥；（g）圆台；（h）球

2. 建筑形体投影图的尺寸种类

在建筑形体的投影图中，应标注以下三种尺寸：

1）定形尺寸

定形尺寸是确定建筑形体上各基本体形状大小的尺寸。如图 8-7 所示肋式杯形基础的尺寸标注中（单位：mm），杯身长度 1500、宽度 1000 和高度 750，底板长度 3000、宽度 2000 和高度 250，肋块长度 750、宽度 250 和高度 750 等。

2）定位尺寸

定位尺寸是确定建筑形体上各基本体相对位置的尺寸。图 8-7 中（单位：mm）确定左右肋块位置的尺寸 875，确定底板中心位置的尺寸 1500、1500 和 1000、1000，这一组尺寸既表达了形体中心的位置，还表达了形体是对称的，是施工时非常重要的定位尺寸。

3）总尺寸

总尺寸是确定建筑形体总长、总宽和总高的尺寸，反映形体的体积。图 8-7 中（单位：mm）的总尺寸 3000、2000 和 1000。

3. 标注尺寸的步骤

1）标注定形尺寸

仍以图 8-7 所示的肋式基础为例，标注定形尺寸的顺序是：底板四棱柱的长度、宽度和高度；中间四棱柱的长度、宽度和高度；前后肋块的长度、宽度和高度；左右肋块的长度、宽度和高度；最后标注切去四棱台的上下底的尺寸和高度尺寸。

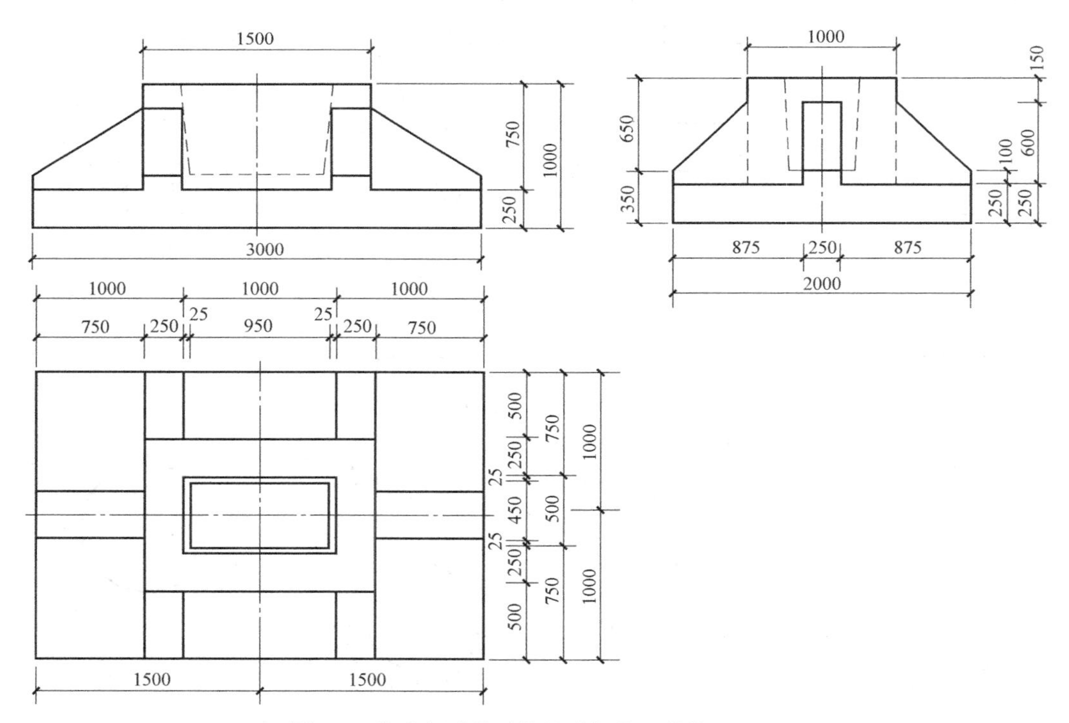

图 8-7 肋式杯形基础的尺寸标注（单位：mm）

2）标注定位尺寸

标注定位尺寸时，先要选择一个或几个标注尺寸的起点。长度方向一般应选择左侧或右侧，宽度方向可选择前侧面或后侧面为起点，高度方向一般以下底面为起点。若物体是对称的，还可以以对称线为起点标注，这个尺寸起点也叫作尺寸基准。

3）标注总尺寸

基础的总长为3000mm，总宽为2000mm，总高为1000mm。

4. 投影图中尺寸的配置

建筑形体本身比较复杂，尺寸标注也比较多，因此标注尺寸时，不仅要标注齐全，还应考虑整齐、清晰、便于阅读。这就要注意尺寸的配置。标注尺寸时还应注意以下几点：

（1）尺寸标注要齐全，不得遗漏，不能到施工时还要计算和度量。

（2）一般应把尺寸布置在图形轮廓线以外，但又要靠近被标注的投影图，对于某些细部尺寸，允许标注在图形内。

（3）同一基本体的定形、定位尺寸，应尽量标注在反映该形体特征的投影图中，并把长、宽、高三个方向的定形、定位尺寸组合起来，排成几行。尽量把长度尺寸和宽度尺寸标注在平面图上，高度尺寸标注在正面投影图的右面，兼顾侧面投影。标注定位尺寸时，通常圆形要确定圆心的位置，多边形要确定各边的位置。尺寸标注完成后一定要认真检查，尺寸数字必须正确无误，每一方向细部尺寸的总和应等于总尺寸，还要检查是否有遗漏尺寸。

8.3　识读建筑形体视图

识读建筑形体视图，就是根据图纸上的视图和所标注的尺寸，想象出形体的空间形状、大小、组成方式和构造特点。

1. 读图的基本方法

（1）形体分析法。

按照形体分析的方法读图，大致可以分为以下几个步骤进行：

① 取线框，分解形体。

开始读图时，一般多从反映物体形状特征比较明显的视图入手，按视图中的线框划块，将整个视图分成几个组成部分（每个组成部分相当于一个基本形体），从而初步掌握建筑形体的大致组成。

② 对投影逐个分析。

在初步将建筑形体分解成几部分后，根据形体视图的投影对应关系，逐个找出每一组成部分的各个投影，对照它们的投影进行分析，并想象出各部分的形状。以图8-8所示的形体为例，说明如何进行读图。

根据该形体的V、H投影所反映的形体特征，可以把它分解成五个组成部分，即：底板Ⅰ、直立大圆柱体Ⅱ、正垂位置的半圆柱体Ⅲ、长方体Ⅳ和梯形块Ⅴ。

按照三面投影的对应关系，先找出底板Ⅰ的三个投影，如图8-9所示，由水平投影可以看出，底板为右端带有圆角的矩形，再配合正面投影，即可想象出底板的整体形状。

直立大圆柱的投影中虚线较多，经过对投影后可知，该圆柱是中空的，在顶盖的正中开一个小圆孔，顶盖的下面是一直到底的大圆孔，如图8-10所示。

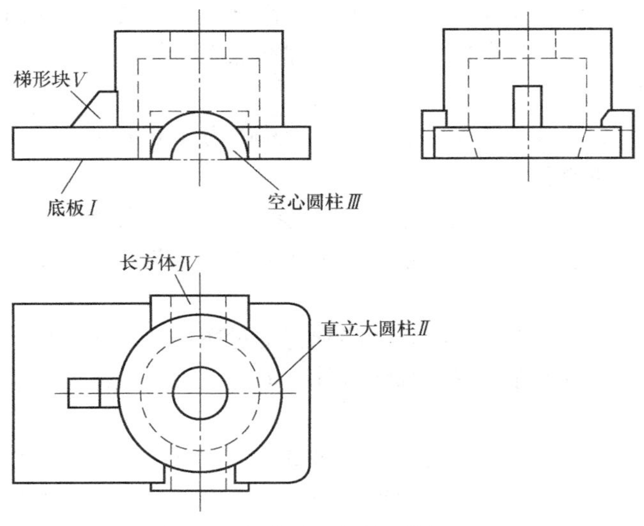

图 8-8 识读建筑形体视图（一）

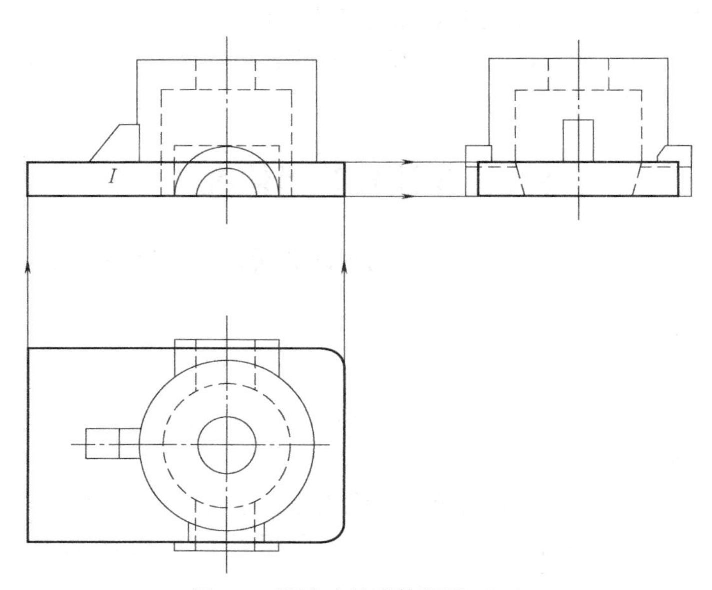

图 8-9 识读建筑形体视图（二）

在大圆柱的前下方的正中与底板的接合处，有一正垂位置的半圆柱Ⅲ与其相交，且挖去一个半圆柱体。此时，不仅在两圆柱的内、外表面上产生交线（相贯线），而且在半圆柱与底板的交接处也产生交线，这些交线的投影在俯视、左视图中可以清楚地看到，如图 8-11 所示。

在大圆柱后下方正中与底板的结合处，有一长方体Ⅳ与其相交，并挖去一半圆柱体，此时，在圆柱、长方体以及底板三者相交接的位置都要产生交线，其投影皆可在视图中看到，如图 8-12 所示。

梯形块Ⅴ位于大圆柱左边的正中位置，其形状在主视图中已经可以看清，在梯形块与圆柱表面的连接处应画出交线，见图 8-12。

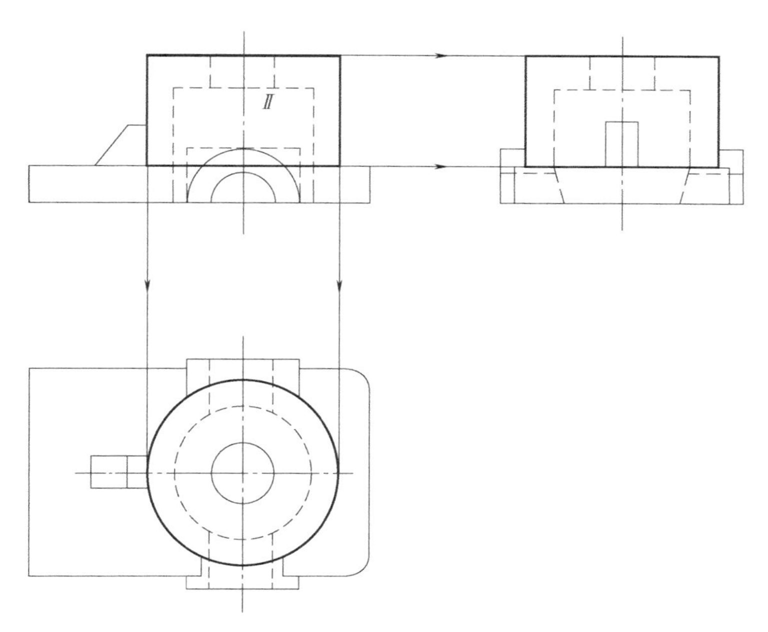

图 8-10　识读建筑形体视图（三）

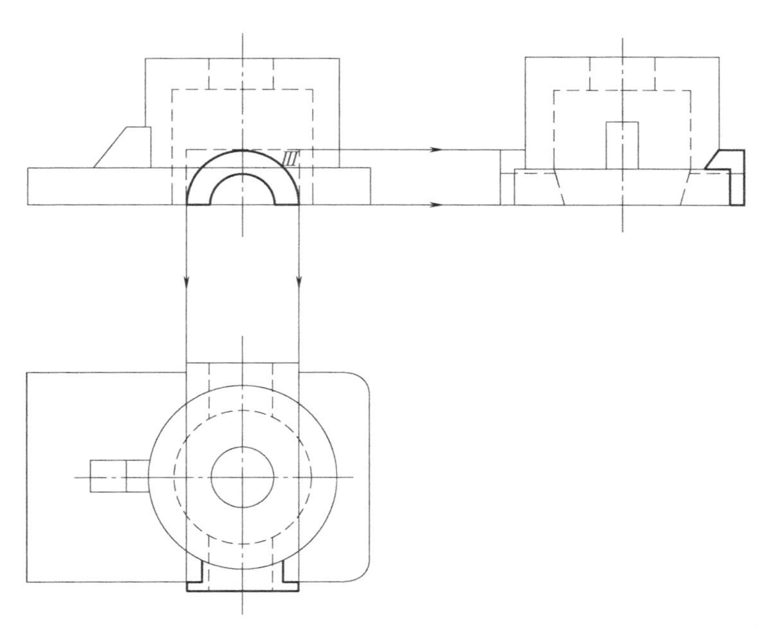

图 8-11　识读建筑形体视图（四）

③ 综合起来想整体。

在看清楚各组成部分的形状后，再对照整个形体的投影进行整体分析。重点是看清各组成部分之间的相对位置以及各形体之间的表面连接关系，最后综合想象出此形体的整体形状。

组合体的主体是由底板 *Ⅰ* 和大圆柱 *Ⅱ* 组成，是前、后对称的，从整体上看，直立大圆柱的轴线位置稍向右偏，在大圆柱与底板相接处，前、后各有一半圆柱和一长方体与主体相连，而且从前到后穿通了一个半圆孔洞，在圆柱左侧中间位置及底板上有一梯形块体。

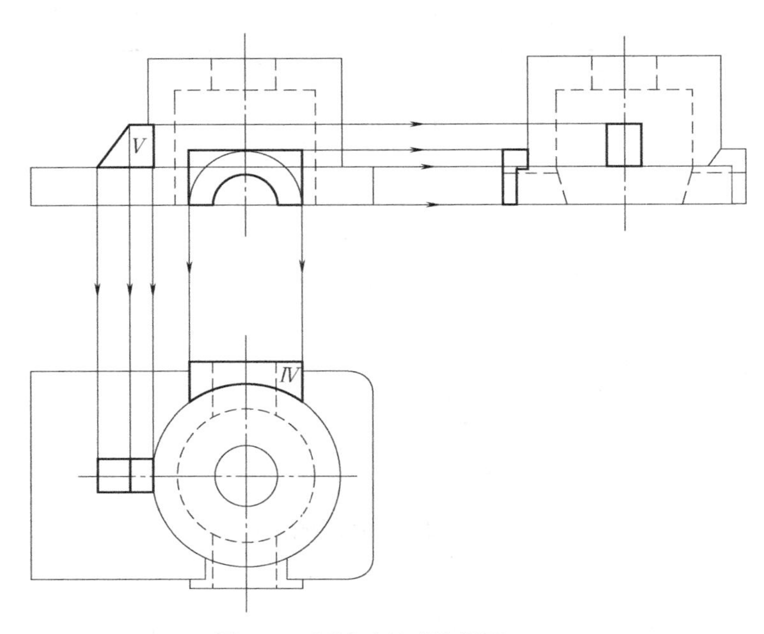

图 8-12　识读建筑形体视图（五）

（2）线面分析法。

经过形体分析后，对形体上难以看懂的局部投影，根据线、面的投影特性，逐线、逐面进行投影分析，想象出它们的形状及空间位置的方法，称为线面分析法。

在投影图中的每一个封闭线框、每一条线，都可以归结为以下几种空间情况。

投影图中的每一条线（直线或曲线）可以是：

① 垂直于投影面的平面；

② 垂直于投影面的曲面；

③ 两表面的交线；

④ 曲面的投影轮廓线。

投影中的每一个封闭线框可以是：

① 一个平面；

② 一个曲面；

③ 相切关系的平面与曲面；

④ 通孔。

2. 读图与画图的结合——补第三投影

在培养读图能力的过程中，采取由已知物体的两面投影，补画其第三面投影的方法，是行之有效的读画结合的一种训练手段。要求读图者在根据给出的物体两面投影，并想象出其空间形状的基础上，运用投影规律画出该物体的第三面投影。整个过程不但包含由图及物的空间思维活动，而且也训练了投影作图的技能。

8.4　剖　面　图

在视图中，建筑形体内部结构形状的投影用虚线表示。当形体复杂时，视图中出现较多的虚线，实、虚线交错，混淆不清，给绘图、读图带来困难，此时可采用剖切的方法解决形体内部结构形状的表达问题。

1. 剖面图的基本概念

（1）概念：工程上常采用作剖面的办法，即假设用剖切面在形体的适当部位将形体剖开，移去剖切面与观察者之间的部分形体，把原来不可见的内部结构变为可见，将剩余部分投射到投影面上，这样得到的投影图称为剖面图，简称剖面。

（2）作用：对于内部形状或构造比较复杂的形体，使用剖面图可以将虚线变为实线，利于识图人员的读图，同时也便于标注尺寸。

2. 剖面图的绘制注意事项

（1）假设剖切平面：

剖面图只是一种表达形体内部结构的方法，其剖切和移去一部分是假设的，因此除剖面图外的其他视图应按原状完整地画出。

（2）剖切平面与投影面平行：

形体的剖切平面位置应根据表达的需要确定。为了完整、清晰地表达内部形状，一般来说剖切平面通过门、窗或孔、槽等不可见部分的中心线，且应平行于剖面图所在的投影面。如果形体具有对称平面，则剖切平面应通过形体的对称平面。

（3）画出剖切符号：

剖面图中的剖切符号由剖切位置线和投射方向线两部分组成，剖切位置线用 6～10mm 长的粗实线表示，投射方向线垂直于剖切位置线，用 4～6mm 长的粗实线表示。

剖面的剖切符号的编号宜采用阿拉伯数字，按顺序从左至右、由下至上连续编排，并水平地注写在投射方向线的端部。剖切位置线需转折时，应在转角的外侧加注与该符号相同的编号。

剖面图的名称应用相应的编号，水平注写在相应剖面图的下方，并在图名下画一条粗实线，其长度以图名所占长度为准。

（4）剖面图的线型：剖切到的构件轮廓线用粗实线表示；没有被剖切到的可见轮廓线用中实线表示。

（5）断面填充材料图例符号：常用建筑材料图例见表 8-1。剖切到的断面填充材料符号，不知道其材料图例时，可用等间距、同方向的 45°细实线表示。

（6）特殊剖切位置不标注剖切符号：对于习惯的剖切位置、半剖、局部剖，可以不标注剖切符号。

（7）剖面图中虚线的表达原则：在表达清楚的情况下，剖面图中尽量不画虚线。

常用建筑材料图例　　　　**表 8-1**

序号	名称	图例	备　注
1	自然土壤		包括各种自然土壤

续表

序号	名称	图例	备注
2	夯实土壤	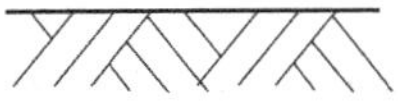	
3	砂、灰土	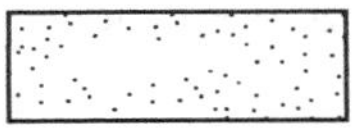	靠近轮廓线绘制较密的点
4	砂砾石、碎砖三合土	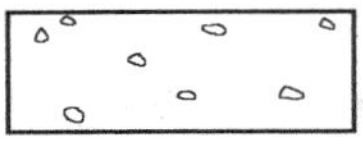	
5	石材	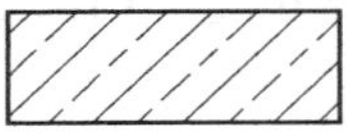	
6	毛石		
7	普通砖	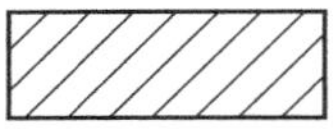	包括实心砖、多孔砖、砌块等砌体。断面较窄不易绘出图例线时，可涂红
8	耐火砖	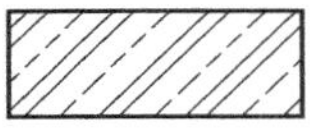	包括耐酸砖等砌体
9	空心砖	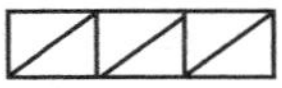	指非承重砖砌体
10	饰面砖		包括铺地砖、马赛克、陶瓷锦砖、人造大理石等
11	焦渣、矿渣	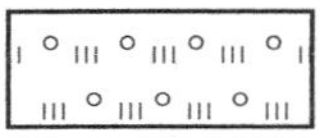	包括与水泥、石灰等混合而成的材料
12	混凝土	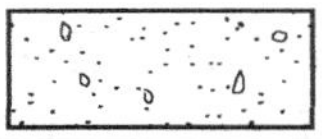	(1)本图例是指能承重的混凝土及钢筋混凝土； (2)包括各种强度等级、骨料、添加剂的混凝土； (3)在剖面图上画出钢筋时，不画图例线； (4)断面图形小，不易画出图例线时，可涂黑
13	钢筋混凝土		
14	多孔材料	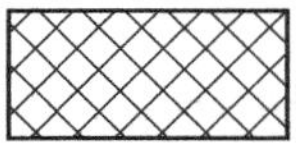	包括水泥珍珠岩、沥青珍珠岩、泡沫混凝土、非承重加气混凝土、软木、蛭石制品等
15	纤维材料	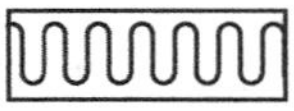	包括矿棉、岩棉、玻璃棉、麻丝、木丝板、纤维板等
16	泡沫塑料材料	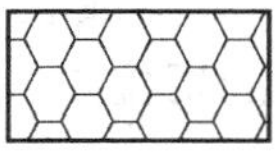	包括聚苯乙烯、聚乙烯、聚氨酯等多孔聚合物类材料
17	木材	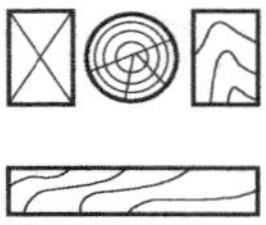	(1)上图为横断面，上左图为垫木、木砖或木龙骨； (2)下图为纵断面
18	胶合板	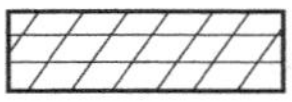	应注明为××层胶合板

续表

序号	名称	图例	备　注
19	石膏板		包括圆孔、方孔石膏板、防水石膏板等
20	金属		(1)包括各种金属； (2)图形小时，可涂黑
21	网状材料		(1)包括金属、塑料网状材料； (2)应注明具体材料名称
22	液体		应注明具体液体名称
23	玻璃		包括平板玻璃、磨砂玻璃、夹丝玻璃、钢化玻璃、中空玻璃、加层玻璃、镀膜玻璃等
24	橡胶		
25	塑料		包括各种软、硬塑料及有机玻璃等
26	防水材料		构造层次多或比例大时，采用上面图例
27	粉刷		本图例采用较稀的点

【例 8-1】 绘制图 8-13（a）所示水槽的正剖面图和左侧剖面图。

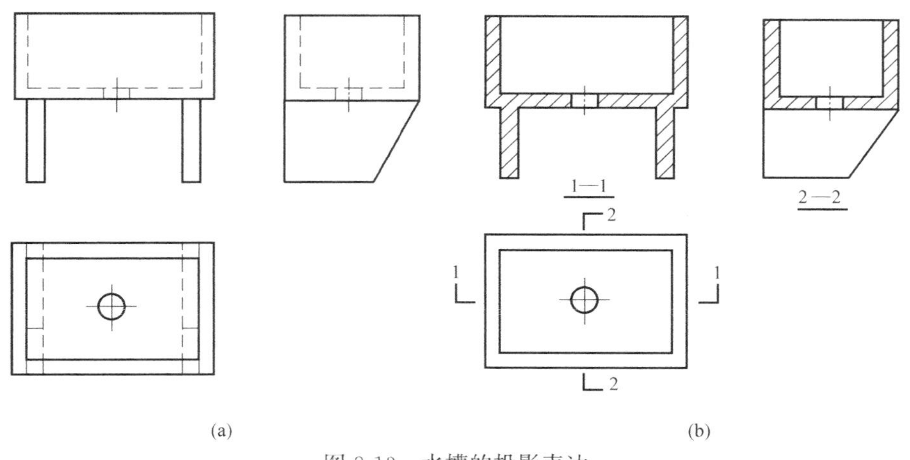

图 8-13　水槽的投影表达

（a）视图；（b）剖面图

分析：

图 8-13（a）是水槽的视图表达，其三个投影均出现许多虚线，使图样不清晰。假设用一个通过水槽排水孔轴线，且平行于 V 面的剖切面 P，将水槽剖开，移走前半部分，将其余部分向 V 面投射，然后在水槽的断面内画上通用材料图例，即得水槽的正剖面图。

同理，可用一个通过水槽排水孔的轴线，且平行于W面的剖切面Q剖开水槽，移去Q面的左边部分，然后将形体其余部分向W面投射，得到另一个方向的剖面图。图8-13（b）为水槽的剖面图。

3. 剖面图的种类

采用剖面图的目的是更清楚地表达物体内部的形状，因此，如何选择好剖切平面的位置就成为画好剖面图的关键。应使所选择的剖切平面位置通过物体上最需要表达的部位，这样才能有利于把物体内部的形状更理想地显示出来。

（1）全剖面图：全剖面图是用一个剖切平面把物体整个切开后所画出的剖面图。它多用于在某个方向上视图形状不对称或外形虽对称，但形状却较简单的物体，如图8-13所示。

（2）半剖面图：

当物体具有对称面时，可在垂直于该物体对称面的那个投影（其投影为对称图形）上，以中心线（对称线）为界，将一半画成剖面，以表达物体的内部形状，另一半画成视图，以表达物体的外形，这种由半个剖面和半个视图所组成的图形即称为半剖面，见图8-14。

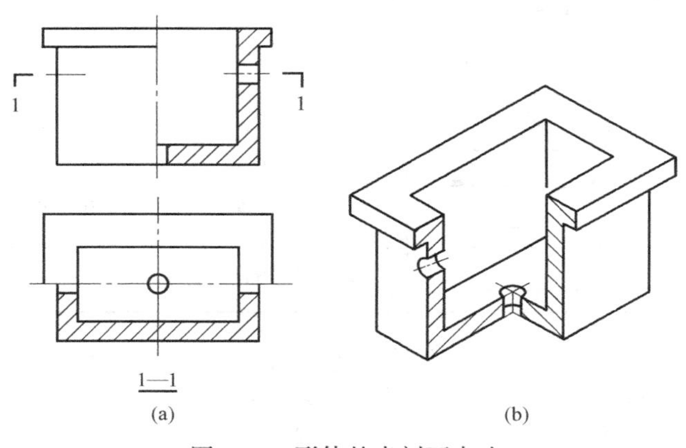

图8-14　形体的半剖面表达

（a）半剖面图；（b）剖切示意图

（3）局部剖面图：用剖切平面局部地剖开物体，以显示该物体局部的内部形状，所画出的剖面图称为局部剖面图，如杯形基础的局部剖面图（图8-15）、人行道分层局部剖面图（图8-16）。

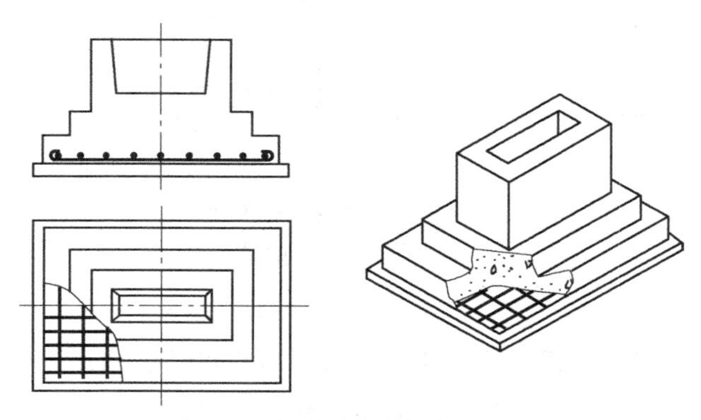

图8-15　杯形基础的局部剖面图

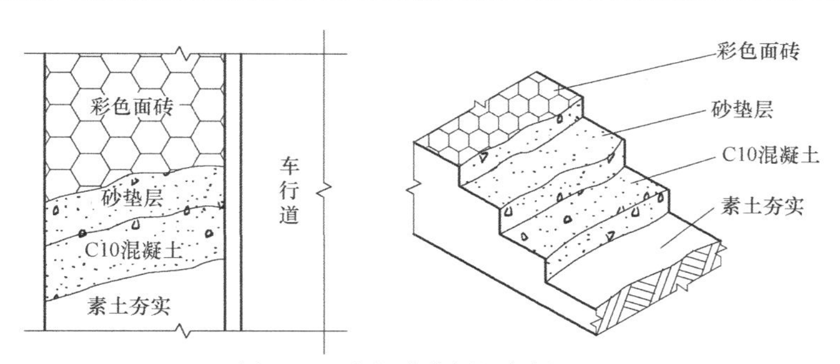

图 8-16　人行道分层局部剖面图

（4）阶梯剖面图：

当物体内部的形状比较复杂，而且分布在不同的层次上时，则可采用几个相互平行的剖切平面对物体进行剖切，然后将各剖切平面所截到的形状同时画在一个剖面图中，所得到的剖面图称为阶梯剖面图，如图 8-17 所示。

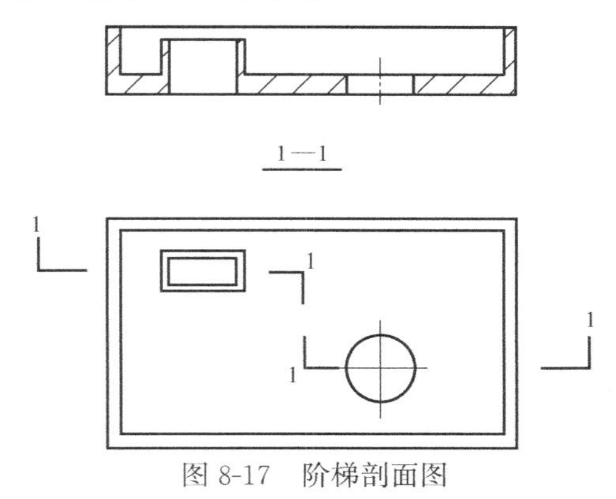

图 8-17　阶梯剖面图

（5）旋转剖面图：

用两个或两个以上相交的剖切平面剖切时，必须具备以下两个条件：两个相交剖切平面的交线必须垂直于某一投影面，并且两个剖切平面中必有一个剖切平面与投影面平行，如图 8-18 所示。

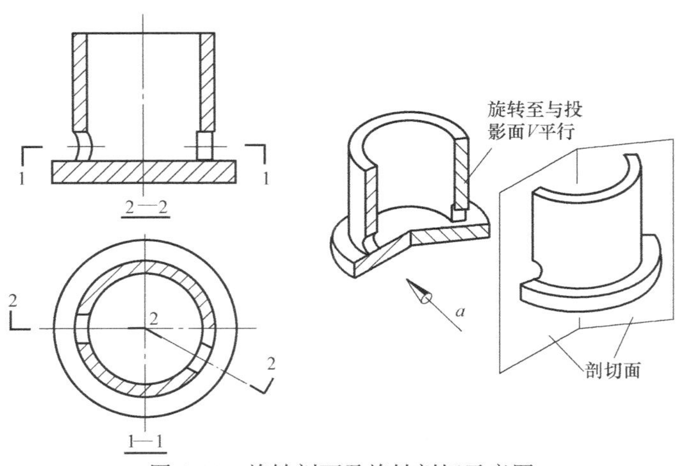

图 8-18　旋转剖面及旋转剖切示意图

画旋转剖面图时必须注意：不能画出剖切平面转折处的交线。画完的剖面图中应进行标注，即在剖切面的起始、转折和终止处用剖切位置线表示出剖切面的位置，并用剖切方向线表明剖切后的投影方向，然后标注出相应的编号。所得的旋转剖面图的图名后应加上“展开”二字。

8.5 断 面 图

1. 基本概念

（1）概念：假设用剖切平面将物体的某处切断，仅画出该剖切面与构件接触部分的图形，这种图称为断面图。

（2）作用：用来表示构件的断面形状、大小、使用材料等情况。

（3）断面剖切符号的表示：由剖切位置线和剖切编号两部分组成。剖切位置线长度为6～10mm的两段粗实线，表示剖切面的剖切位置。编号标注的一侧为剖视方向。

2. 断面图和剖面图的区别

（1）基本概念不同：

断面图——面的投影，是剖面图的一部分，如图8-19（a）所示。

剖面图——体的投影，如图8-19（b）所示。

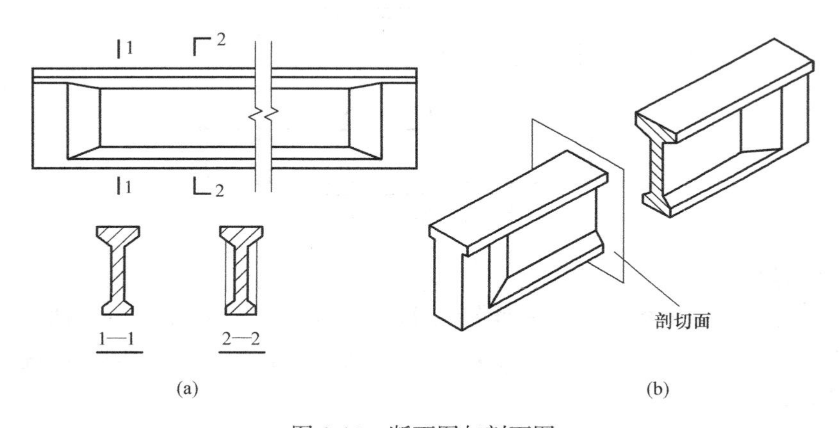

图8-19 断面图与剖面图

（a）断面图；（b）剖切示意图

（2）剖切符号的标注方法不同：

断面图的剖切符号——由剖切位置线和剖切编号组成。

剖面图——由剖切位置线、剖视方向线和剖切编号组成。

（3）断面图的剖切面不能转折，而剖面图的剖切面可以发生转折。

3. 断面图的种类

（1）移出断面：断面图画在形体投影图的外面；当断面图较多时常采用移出断面；一般采用较大比例绘制，如图8-20所示。

（2）重合断面：按照与原图样相同的比例绘制，旋转90°后重叠在原图样上。当断面不多且断面图形并不复杂时，可以采用重合断面，如图8-21所示。

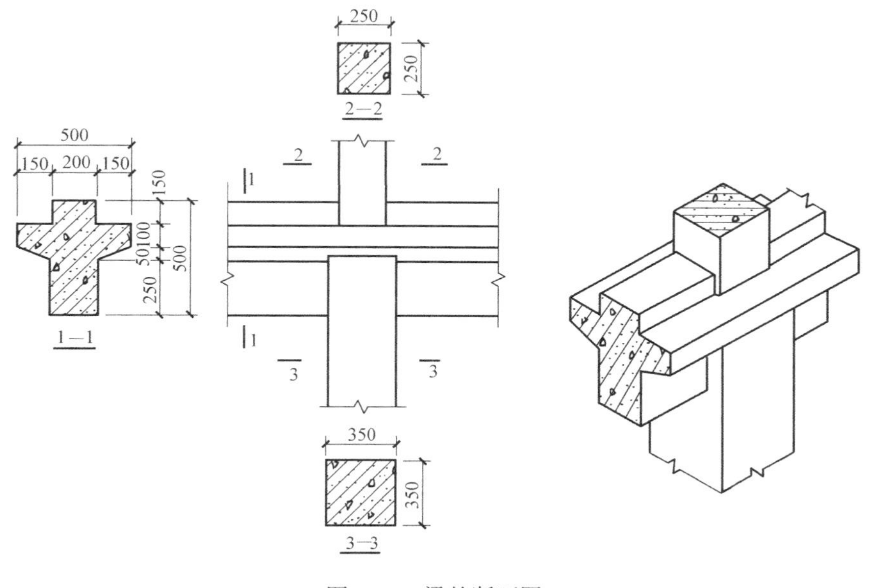

图 8-20　梁的断面图

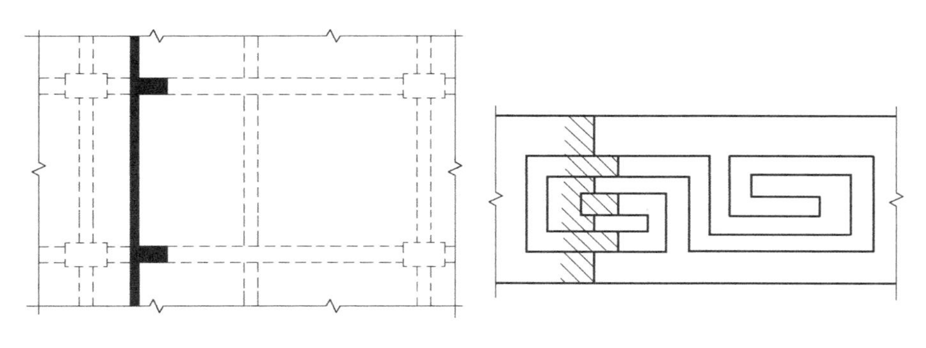

图 8-21　重合断面图

8.6　简 化 画 法

为了读图及绘图方便，国标中规定了一些简化画法。

1. 对称简化画法

构配件的视图有 1 条对称线时，可只画该视图的一半；视图有 2 条对称线时，可只画该视图的 1/4，并在对称中心线上画上对称符号。

对称符号用两段长度约 6～10mm、间距约 2～3mm 的平行线表示，用细实线绘制，分别标注在图形外中心线两端，见图 8-22。

2. 相同要素简化画法

构配件内多个完全相同且连续排列的构造要素，可仅在两端或适当位置画出其完整形状，其余部分以中心线或中心线交点表示，见图 8-23。

3. 折断画法

较长的构件，如沿长度方向的形状相同或按一定规律变化，可断开省略绘制，断开处应以折断线表示，见图 8-24。

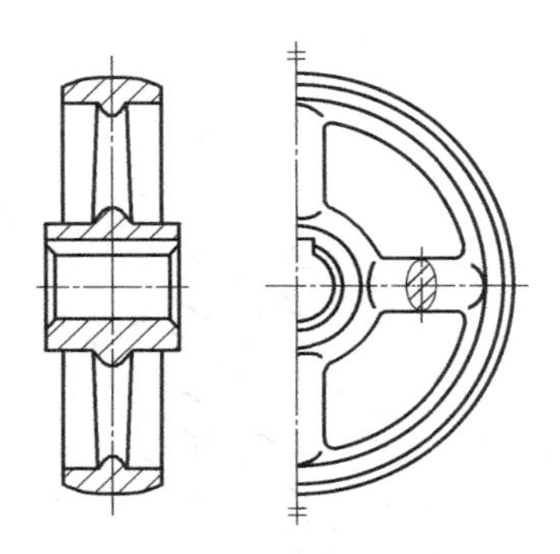

图 8-22　对称图形的简化画法

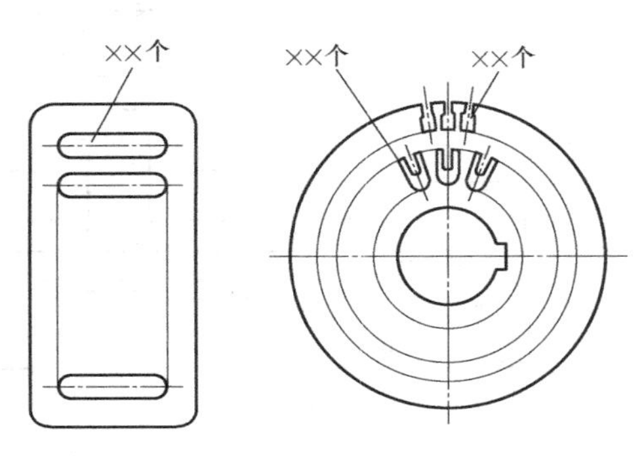

图 8-23　相同要素的简化画法

4. 构件局部不用的简化画法

当构件的局部发生变化，而其余部分相同时，可以只画发生变化的部分，相同部分省略，在相同部位的连接处用相同代码的连接符号标注清楚。

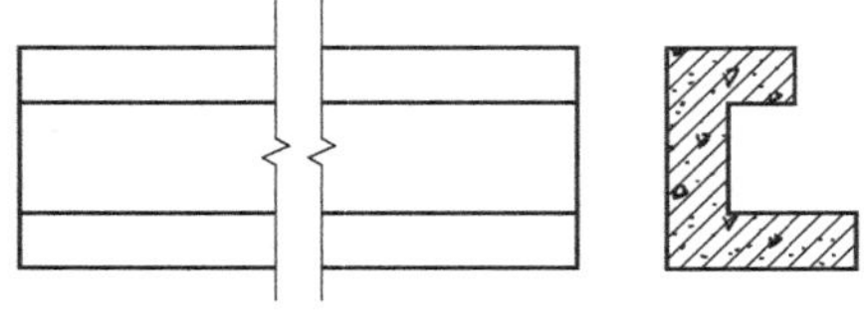

图 8-24　折断简化画法

【知识拓展】

建筑形体是构造比较复杂、更接近工程实际的组合形体。它既有外部形状，又有内部结构，必须按照工程实际的需要，采用一系列的表达方法，全面清楚地画出它们的视图，还要标注足够的尺寸。

建筑形体视图数量的多少视需要而定。除基本视图外，还可以选择镜像投影图和辅助投影图。

【本章小结】

本章学习了建筑形体的表达方法，了解了绘制建筑形体视图的步骤和要求，掌握了各种剖面图、断面图的使用及画法。

【思考与习题】

(1) 绘制建筑形体视图有哪些步骤和要求?

(2) 什么是剖面图? 它有几种处理方式?

(3) 断面图与剖面图有什么关系和区别? 断面图又有几种处理方式?

第9章 建筑施工图

（1）掌握建筑总平面图的图示内容及作用。

（2）掌握建筑平面图、建筑立面图、建筑剖面图的作用、图示内容，以及画法与识读方法。

（3）掌握建筑详图的作用、图示内容，以及画法与识读方法。

9.1 建筑施工图概述

房屋是供人们生活、生产、学习和娱乐的场所，与人们密切相关。将一幢拟建房屋的内外形状、大小以及各部分的结构、构造、装修、设备等内容，按照国标的规定，用正投影法详细准确地画出的图样，用以指导施工，称为建筑施工图，简称施工图。

1. 房屋的组成及其作用

房屋建筑根据使用功能和使用对象的不同，可以分为很多种，一般可归纳为民用建筑和工业建筑两大类，但其基本的组成内容是相似的。图9-1所示为一幢四层楼的学生宿舍。楼房第一层为底层（或叫首层），往上数为二层、三层、……、顶层（本案例的四层即为顶层）。房屋由许多构件、配件和装修构造组成，有些起承重作用，如屋面、楼板、梁、墙、基础等；有些起防风、沙、雨、雪和阳光的侵蚀干扰作用，如屋面、雨篷和外墙等；有些起沟通房屋内外和上下交通的作用，如门、走廊、楼梯、台阶等；有些起通风、采光的作用，如窗等；有些起排水作用，如天沟、雨水管、散水、明沟等；有些起保护墙身的作用，如勒脚、防潮层等。

2. 施工图的产生及分类

房屋建造一般需经设计和施工两个阶段。而房屋建筑图（施工图）的设计也需要两个阶段：初步设计阶段、施工图设计阶段。对一些复杂工程，还应增加技术设计（扩大初步设计）阶段，为调节各工种的矛盾和绘制施工图作准备。

初步设计的目的是提出方案，说明该建筑的平面布置、立面处理、结构选型等。初步设计图包括总平面布置图、建筑平面图、立面图、剖面图。施工图设计是为了修改和完善初步设计，以符合施工的需要。

1）初步设计阶段

（1）设计前的准备。接受任务，明确要求，收集资料，调查研究。

（2）方案设计。选择适当图样表达设计任务。

（3）绘制初步设计图。包括总平面布置图、建筑平面图、立面图、剖面图。

2）施工图设计阶段

注意是将已经批准的初步设计图，按照施工的要求给予具体化。

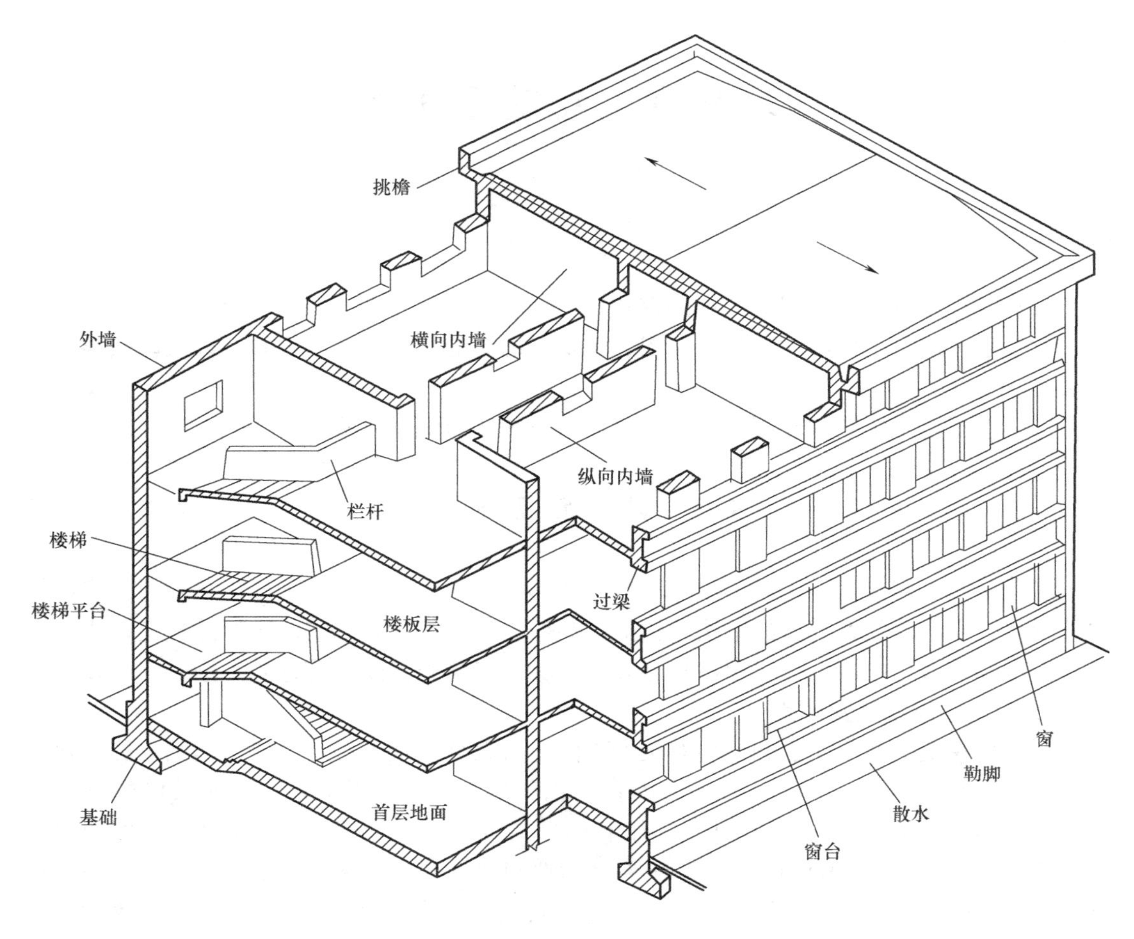

图 9-1 房屋的组成

3. 施工图设计

一套完整的施工图，应包括：

1）施工图首页

施工图首页一般由图纸目录、设计总说明、构造做法表及门窗表组成。

（1）图纸目录。图纸目录放在一套图纸的最前面，说明本工程的图纸类别、图号编排、图纸名称和备注等，以方便图纸的查阅。

（2）设计总说明。主要说明工程的概况和总的要求，内容包括工程设计依据（如工程地质、水文、气象资料）；设计标准（建筑标准、结构荷载等级、抗震要求、耐火等级、防水等级）；建设规模（占地面积、建筑面积）；工程做法（墙体、地面、楼面、屋面等的做法）及材料要求。

（3）构造做法表。构造做法表是以表格的形式对建筑物各部位构造、做法、层次、选材、尺寸、施工要求等的详细说明。

（4）门窗表。门窗表反映门窗的类型、编号、数量、尺寸规格、所在标准图集等相应内容，以备工程施工、结算所需。

2）建筑施工图（建施）

包括总平面图、平面图、立面图、剖面图和构造详图。

3）结构施工图（结施）

包括结构平面布置图和各构件的结构详图。

4）建筑装饰装修施工图（装修图）

对装修要求较高的建筑物应单独画出装修图，包括平面布置图、楼地面装修图、顶棚平面图、墙柱面装修图、节点装修图等。

5）设备施工图（设施）

包括给水排水、采暖通风、电气等设备的平面布置图和详图。

4. 施工图的图示特点

（1）施工图中的各图样，主要是用正投影法绘制。通常在 H 面上绘制平面图，在 V 面上绘制正、背立面图，在 W 面上绘制侧立面图或剖面图。在图幅大小允许的情况下，可将平面图、立面图、剖面图三个图样，按投影关系画在同一张图纸上，以便于阅读，如图幅过小，可分别画在几张图纸上。

（2）房屋形体较大，施工图一般采用较小比例绘制，一般用比例如 1∶200、1∶100 等绘制；对于构造比较复杂的部位，在平面图、立面图、剖面图中无法表达清楚时，则需要配以比例较大的详图来表达，如比例 1∶20、1∶10 等。

（3）由于房屋的构配件和材料种类较多，为使作图简便，国家标准规定了一系列的图形符号代表建筑构配件、卫生设备、建筑材料等，这些图形符号称为图例。为读图方便，国家标准还规定了许多标注符号，所以施工图上会出现各种图例和符号。

5. 阅读施工图的步骤

阅读施工图之前，除了具备投影知识和形体表达方法外，还应熟识施工图中常用的各种图例和符号。

（1）看图纸目录，了解整套图纸的分类、每类图纸张数。

（2）按照目录通读一遍，了解工程概况（建设地点、环境、建筑物大小、结构形式、建设时间等）。

（3）根据所负责的内容，仔细阅读相关类别的图纸。阅读时，应按照先整体后局部、先文字后图样、先图形后尺寸的原则进行。

6. 施工图中常用的符号

1）定位轴线

用来确定主要承重结构和构件（承重墙、梁、柱、屋架、基础等）的位置，以便施工时定位放线和查阅图纸。

（1）国标规定定位轴线的绘制：

线型：细单点长划线。

轴线编号的圆：细实线，直径 8～10mm（用模板绘制，不能徒手绘制）。

编号（以平面图为例）：水平方向，从左向右依次用阿拉伯数字编写；竖直方向，从下向上依次用大写拉丁字母编写（不能用 I、O、Z，以免与数字 1、0、2 混淆），如图 9-2（a）所示。

（2）标注位置：

图样对称时，一般标注在图样的下方和左侧；图样不对称时，以下方和左侧为主，上

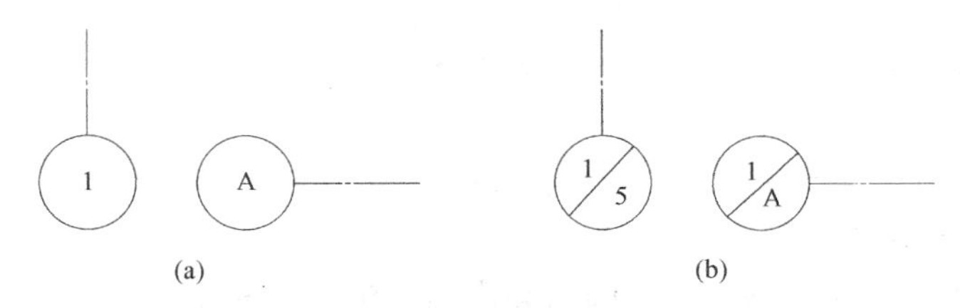

图 9-2 定位轴线的注法

(a) 定位轴线的画法；(b) 分轴线的标注

方和右侧也要标注。

(3) 分轴线的标注：

对应次要承重构件，不用单独划为一个编号，可以用分轴线表示。表示方法：用分数进行编号，以前一轴线编号为分母，阿拉伯数字（1、2、3）为分子依次编写，如图 9-2（b）所示。

(4) 详图中的轴向编号：

轴线编号的圆直径为 10mm，细实线绘制（用模板绘制）。通用详图的定位轴线，只画圆圈不注写编号；当某一详图适用几个轴线时，则应同时将有关轴线的编号注明。

2) 标高符号

在总平面图、平面图、立面图、剖面图上，经常有需要标注高度的地方。不同图样上的标高符号的绘制各不相同，如图 9-3 所示。

(1) 平面图的标高符号：用相对标高，保留三位小数。

(2) 立面图、剖面图的标高符号：用相对标高，保留三位小数。

(3) 总平面图的标高符号（室内、室外）：用绝对标高，保留两位小数。如果标高数字前有“—”号，表示该完成面低于零点标高。

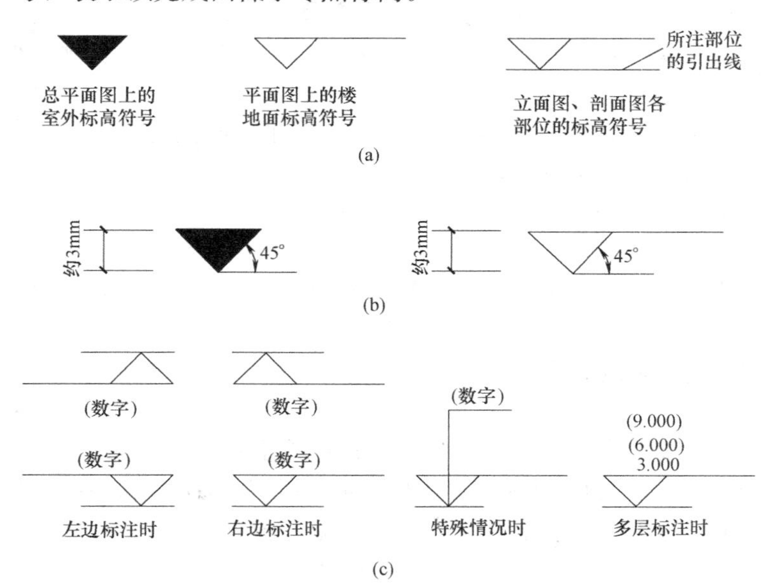

图 9-3 标高符号

(a) 标高符号形式；(b) 标高符号形式；(c) 标高符号注法

3）索引符号和详图符号

为了方便查找构件详图，用索引符号可以清楚地表示详图的编号、详图的位置和详图所在图纸的编号。

（1）索引符号：

绘制方法：引出线指在要画详图的地方，引出线的另一端为细实线、直径 10mm 的圆，引出线应对准圆心。在圆内过圆心画一水平细实线，将圆分为两个半圆。当索引符号用于索引剖面详图时，应在被剖切的部位绘制剖切位置线，引出线所在一侧应为投射方向。如图 9-4、图 9-5 所示。

图 9-4　索引符号　　　图 9-5　用于索引剖面详图的索引符号

编号方法：上半圆用阿拉伯数字表示详图的编号；下半圆用阿拉伯数字表示详图所在图纸的图纸号，若详图与被索引的图样在同一张图纸上，下半圆中间画一水平细实线；如详图为标准图集上的详图，应在索引符号水平直径的延长线上加注标准图集的编号，如图 9-6 所示。

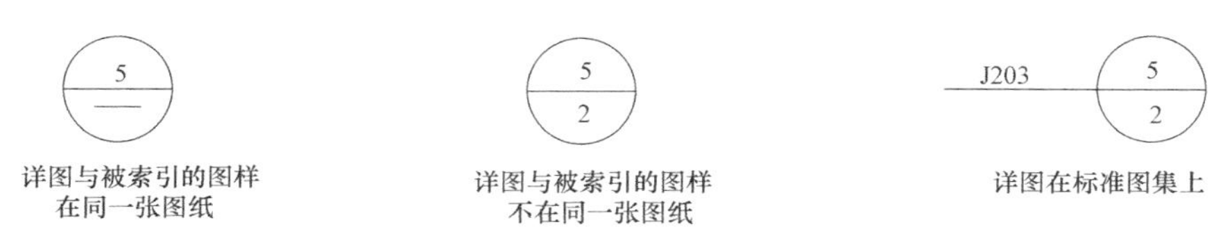

图 9-6　索引符号的编号方法

（2）详图符号：表示详图的位置和编号。

绘制方法：粗实线圆，直径 14mm。

编号方法：当详图与被索引的图样不在同一张图纸上时，过圆心画一水平细实线，上半圆用阿拉伯数字表示详图的编号，下半圆用阿拉伯数字表示被索引图纸的图纸号。

当详图与被索引的图样在同一张图纸上时，圆内不画水平细实线，圆内用阿拉伯数字表示详图的编号，如图 9-7 所示。

图 9-7　详图符号

（3）零件、钢筋、杆件、设备等的编号（图 9-8）。

绘制方法：细实线圆，直径 6mm。

编号方法：用阿拉伯数字依次编号。

4）指北针或风玫瑰——指示建筑物的朝向

绘制方法：细实线圆，直径 24mm。指针尖指向北，指针尾部宽度为直径的 1/8，约 3mm。需用较大直径绘制指北针时，指针尾部宽度取直径的 1/8。如图 9-9 所示。

图 9-8　零件、钢筋等编号

图 9-9　指北针和风玫瑰
(a) 风玫瑰图；(b) 指北针

5) 总平面图常用图例（表 9-1）

总平面图常用图例（部分）　　**表 9-1**

（GB/T 50103—2010）

名称	图　例	说　明
新建建筑物	X= Y= ① 12F/2D H=59.00m	新建建筑物以粗实线表示与室外地坪相接处±0.00外墙定位轮廓线； 建筑物一般以±0.00高度处的外墙定位轴线交叉点坐标定位。轴线用细实线表示，并标明轴线号； 根据不同设计阶段标注建筑编号，地上、地下层数，建筑高度，建筑出入口位置（两种表示方法均可，但同一图纸采用一种表示方法）； 地下建筑物以粗实线表示其轮廓； 建筑上部（±0.00以上）外挑建筑用细实线表示
原有建筑物		用细实线表示
计划扩建的预留地或建筑物		用中粗虚线表示
拆除的建筑物		用细实线表示
围墙及大门		

续表

名称	图　　例	说　　明
挡土墙	5.00 1.50	挡土墙根据不同设计阶段的需要标注$\frac{\text{墙顶标高}}{\text{墙底标高}}$
填挖边坡		
原有的道路		
计划扩建的道路		
新建的道路	0.30% 100.00 R=6.00 107.50	“R=6.00”表示道路转弯半径；“107.50”为道路中心线交叉点设计标高，两种表示方式均可，同一图纸采用一种方式表示；“100.00”为变坡点之间的距离；“0.30%”表示道路坡度，一表示坡向
常绿针叶乔木		
落叶针叶乔木		
整形绿篱		

续表

名称	图例	说明
草坪	1. 2. 3.	1. 表示草坪； 2. 表示自然草坪； 3. 表示人工草坪

9.2 建筑总平面图

9.2.1 建筑总平面图的形成及作用

总平面图是将拟建工程附近一定范围内的建筑物、构筑物及其自然状况，用水平投影方法和相应的图例画出的图样。主要表示新建房屋的位置、朝向，与原有建筑物的关系，周围道路、绿化布置及地形地貌等内容。总平面图是新建房屋施工定位、土方施工，以及绘制水、暖、电等管线总平面图和施工总平面图的依据。

总平面的比例一般为1∶500、1∶1000、1∶2000等。

9.2.2 建筑总平面图图示内容

（1）图名、比例。

（2）拟建建筑的定位。

拟建建筑的定位有三种方式：一种是利用新建建筑与原有建筑或道路中心线的距离确定新建建筑的位置；第二种是利用施工坐标确定新建建筑的位置（坐标代号宜用“*A*、*B*”表示）；第三种是利用大地测量坐标确定新建建筑的位置（坐标代号宜用“*X*、*Y*”表示）。

（3）新建建筑（隐蔽工程用虚线表示）的定位坐标（或相互关系尺寸）、名称（或编号）、层数及室内外标高。

（4）相邻有关建筑、拆除建筑的位置或范围。

（5）附近的地形地物，如等高线、道路、河道、树木、池塘、土坡等。

（6）道路（或铁路）和明沟等的起点、变坡点、转折点、终点的标高与坡向箭头。主要表示道路位置、走向以及与新建建筑的联系等。

（7）指北针或风玫瑰图。

根据某一地区气象台观测的风气象资料，绘制出的图形称为风玫瑰图，分为风向玫瑰图和风速玫瑰图两种，一般多用风向玫瑰图。风向玫瑰图表示风向和风向的频率。风向频率是在一定时间内各种风向出现的次数占所有观察次数的百分比，根据各方向风的出现频率，以相应的比例长度，按风向中心吹，描在用 8 个或 16 个方位所表示的图上，然后将各相邻方向的端点用直线连接起来，绘成一个形状宛如玫瑰的闭合折线，就是风玫瑰图，图中线段最长者即为当地主导风向。建筑物的位置朝向和当地主导风向有密切关系，如把人员生活的洁净建筑物布置在主导风向的上风向，把有污染排放建筑物布置在主导风向的下风向，以免受污染物和有害物的影响。在实践中，项目附近地形、地面情况往往会引起局部气流的变化，使风向、风速改变，因此在进行建筑总平面设计时，要充分注意到地方小气候的变化，在设计中善于利用地形、地势，综合考虑建筑的布置。

(8) 建筑物使用编号时，应列出名称编号表。

(9) 新建房屋底层室内地面和室外整平地面的绝对标高。

(10) 绿化规划、管道布置。

(11) 补充图例。

总平面图中所列内容需根据具体工程的特点和实际情况而定，对一些简单的工程，可不画出等高线、坐标网或绿化规划和管道的布置。

9.2.3 总平面图的识图示例

以图 9-10 某学校拟建办公楼为例，说明阅读总平面图的方法与步骤。

(1) 先看图样的比例、图例及有关的文字说明。总平面图因图示范围较大，常用较小的比例（如 1∶2000、1∶1000、1∶500 等）绘制。总平面图上标注的坐标、标高和距离等尺寸，一律以 m（米）为单位，并取至小数点后两位，不足时以“0”补齐。图中会使用较多的图例符号，必须熟识它们的意义，若用到国标没有规定的图例，必须在图中另加说明，如图 9-10 中的“风玫瑰”等。

(2) 了解工程的性质、用地范围和地形地物等情况。

(3) 新建建筑物的室内外地面高差和道路标高、地面坡度及排水走向。

(4) 明确新建建筑物的位置和朝向。

(5) 了解新建建筑物周围的环境情况。

从图 9-10 中可以看到，图中用粗实线画的平面图形表示新建工程；用细实线画的平面图形表示原有建筑。图样和实物之间的比例为 1∶500。新建办公楼为砖混结构的五层楼房。室内标高是±0.00，相当于海拔标高 1966.90m。室外地面标高是－0.750，相当于海拔标高 1966.15m。办公楼北边有已建好的六层教学楼及阅览室、实验室、图书馆等建筑物。新建建筑物与教学楼之间新建天桥相连。新建办公楼占地尺寸是长×宽＝28.8m×12m＝345.6m^2。建筑面积是 1777.25m^2。新建建筑定位依据是北边教学楼南墙外皮（相距 13.8m）和西边操场外墙（相距 6.0m）。从方向玫瑰图既可看到地区内建筑物的方位、朝向，又可知道本地区内的常年风向频率和大小。办公楼四周道路通畅，西边有园林小品，东边为操场，南边为宽阔的马路，整个校区环境非常优美。根据场地内标高可以看出，校区内地势是东部略高（1972.00m），西部略低（1963.50m）。

总平面图

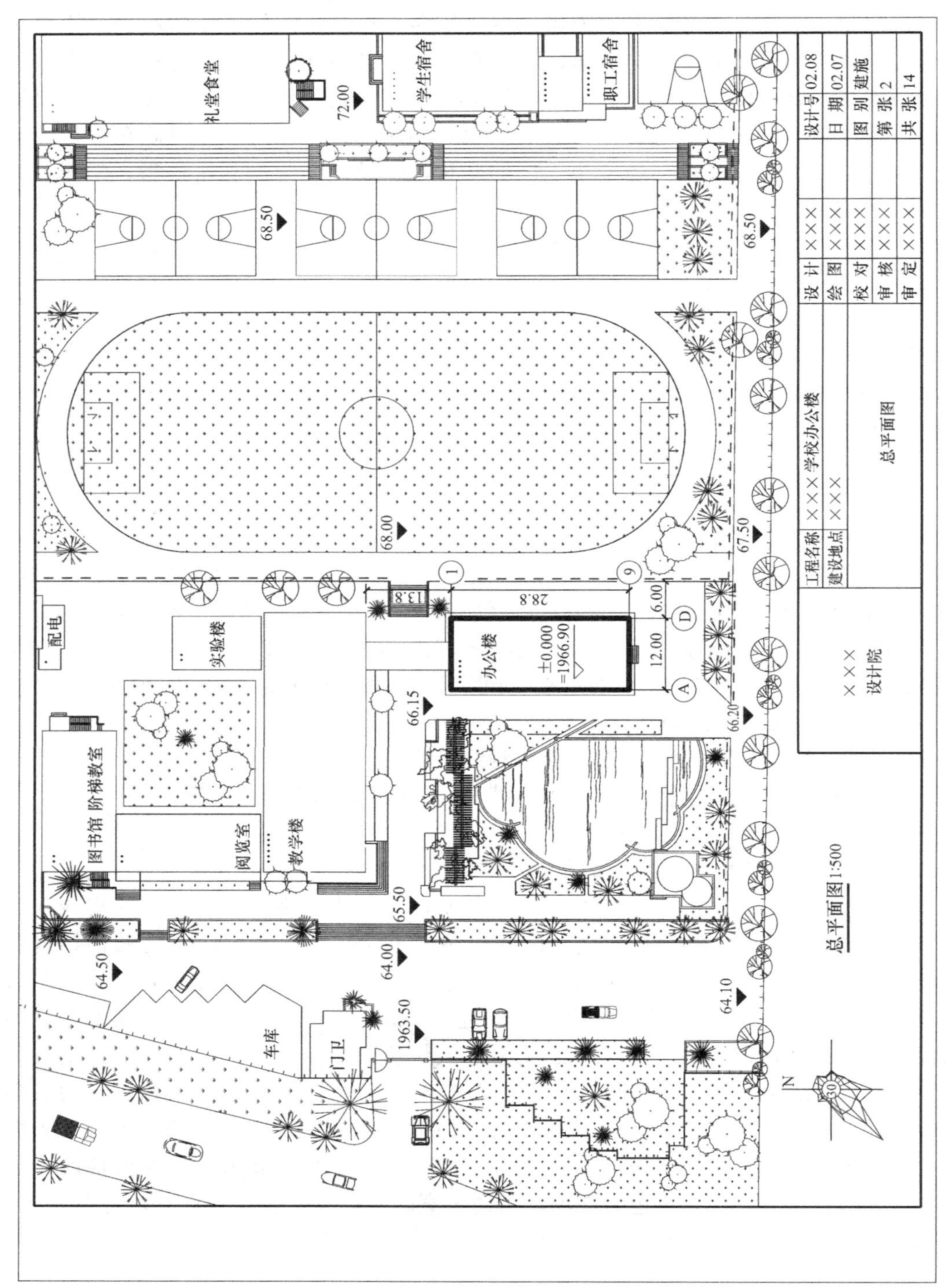
礼堂食堂
学生宿舍
职工宿舍
72.00
68.50
68.00
67.50
66.20
66.15
65.50
64.50
64.00
64.10
1963.50
配电
实验楼
办公楼
±0.000
=1966.90
28.8
13.8
6.00
12.00
图书馆 阶梯教室
阅览室
教学楼
车库
门卫
N
30
总平面图 1:500
×××
设计院
工程名称 ×××学校办公楼
建设地点 ×××
总平面图
设计 ×××
绘图 ×××
校对 ×××
审核 ×××
审定 ×××
设计号 02.08
日期 02.07
图别 建施
第张 2
共张 14

图 9-10 总平面图

9.3　建筑平面图

9.3.1　建筑平面图的形成及作用

建筑平面图，简称平面图，它是假设用一水平剖切平面将房屋沿窗台以上适当部位剖切开，对剖切平面以下部分所作的水平投影图。平面图通常用 1∶50、1∶100、1∶200 的比例绘制，它反映出房屋的平面形状、大小和房间的布置，墙（或柱）的位置、厚度、材料，门窗的位置、大小、开启方向等情况，作为施工时放线、砌墙、安装门窗、室内外装修及编制预算等的重要依据。

一般来说，房屋有几层就应画出几个平面图，并在图的下方注明相应的图名，如底层平面图、二层平面图等。此外还有屋面平面图，屋面平面图是房屋顶面的水平投影（对于较简单的房屋可不画出）。

习惯上，如果上下各层的房间数量、大小和布置都一样时，则相同的楼层可用一个平面图表示，称为标准层平面图。如建筑平面图左右对称时，亦可将两层平面画在同一个图上，左边画出一层的一半，右边画出另一层的另一半，中间用一个对称符号作分界线，并在图的下方分别注明图名。如建筑平面较长较大时，可分段绘制，并在每个分段平面的右侧绘出整个建筑外轮廓的缩小平面，明显表示该段所在位置。

因建筑平面图是水平剖面图，故在绘制时应按剖面图的方法绘制，被剖切到的墙、柱轮廓用粗实线；平面图上的断面，当比例大于 1∶50 时，应画出其材料图例和抹灰层的面层线。如比例为 1∶100～1∶200 时，抹灰层面线可不画，而断面材料图例可用简化画法（如砖墙涂红色，钢筋混凝土涂黑色等）。

9.3.2　建筑平面图图示内容

（1）图名、比例；

（2）纵横定位轴线及其编号；

（3）各种房间的布置和分隔，墙、柱断面形状和大小；

（4）门、窗布置及其型号；

（5）楼梯梯段的走向；

（6）台阶、花坛、阳台、雨篷等的位置，盥洗间、厕所、厨房等固定设施的布置及雨水管、明沟等的布置；

（7）平面图的轴线尺寸，各建筑构配件的大小尺寸和定位尺寸及楼地面的标高、某些坡度及其下坡方向；

（8）剖面图的剖切位置线和投射方向及其编号，表示房屋朝向的指北针（这些仅在底层平面图中表示）；

（9）详图索引符号；

（10）施工说明等。

9.3.3　实例

以图 9-11 底层平面图为例，说明平面图的内容及其阅读方法。

建筑平面图

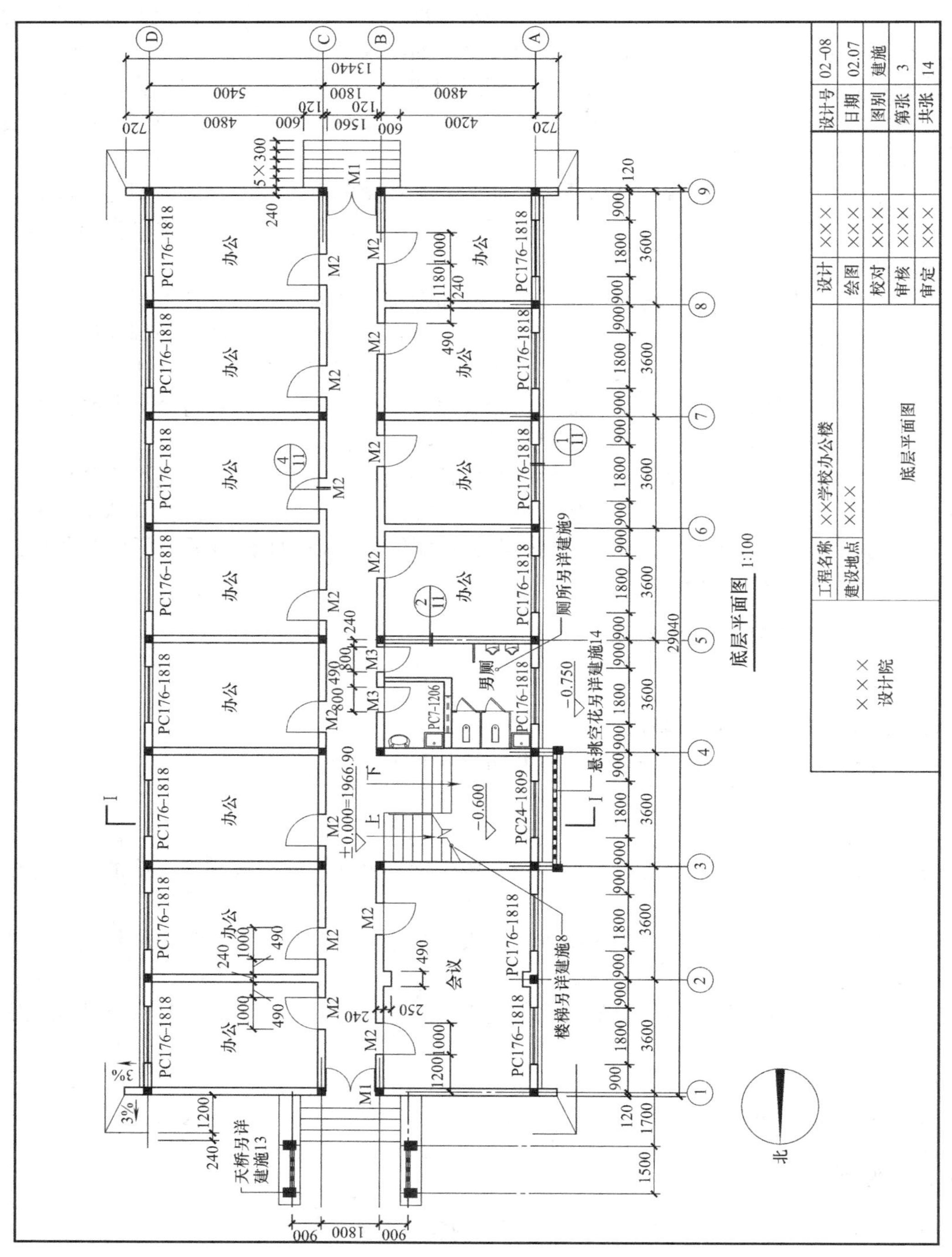
底层平面图 1:100
工程名称 ××学校办公楼
建设地点 ×××
底层平面图
×××
设计院
设计号 02-08
日期 02.07
图别 建施
第张 3
共张 14
设计 ×××
绘图 ×××
校对 ×××
审核 ×××
审定 ×××

图 9-11 建筑平面图

（1）阅读图名和所标注比例，了解图样和实物之间的比例关系。底层平面图的比例为 1∶100。

（2）借助指北针了解建筑物的朝向。

（3）仔细阅读纵、横轴线的排列和编号，外围总体尺寸、轴间总体尺寸和细部尺寸，室内一些构造的定形、定位尺寸，各个关键部位（地面、楼梯间休息板面、窗台等）的标高，房间的名称功能、面积及布局等。在图中长向从①到⑧包括 8 个开间。房间标有名称。平面图上定位轴线的编号：横向编号应用阿拉伯数字，从左至右顺序编写，如①～⑨轴；竖向编号应用大写汉语拼音字母，从下至上顺序编写，如 A～D 轴。

（4）阅读外墙、内墙及隔墙的位置和墙厚，墙内关键部位设置有构造柱。承重外墙的定位轴线与外墙内缘距离为 120mm，承重内墙和非承重墙墙体是对称内收，定位轴线中分底层墙身。

（5）室内外门、窗洞口的位置、代号及门的开启方向。根据门、窗代号并联系门窗数量表，可以了解各种门、窗的具体规格、尺寸、数量以及对某些门、窗的特殊要求等。

（6）了解楼梯间的位置，楼梯踏步的步数以及上、下楼梯的走向；了解卫生间的位置、室内各种设备的位置和门的开启方向。

（7）室外台阶、散水、落水管等位置。

（8）阅读剖切位置线Ⅰ-Ⅰ所表示的剖切位置和投影方向及被剖切到的各个部位。楼梯间、卫生间、天桥、悬挑空花等部位具体构造见大样图或详图。

9.4　建筑立面图

9.4.1　建筑立面图的形成及作用

建筑立面图，简称立面图，它是在与房屋立面平行的投影面上所作的房屋正投影图。它主要反映房屋的长度、高度、层数等外貌和外墙装修构造。主要作用是确定门窗、檐口、雨篷、阳台等的形状和位置，以及指导房屋外部装修施工和计算有关预算工程量。

其中反映主要出入口或比较显著地反映出房屋外貌特征的那一面的立面图，称为正立面图，其余的立面图相应地称为背立面图和侧立面图；也可按房屋的朝向命名，如南立面图、北立面图、东立面图、西立面图等；有时也按轴线编号命名，如①～⑨立面图，Ⓐ～Ⓓ立面图。

9.4.2　建筑立面图的图示内容

（1）图名、比例；

（2）立面两端的定位轴线及其编号；

（3）门窗的形状、位置及开启方向；

（4）屋顶外形及可能有的水箱位置；

（5）窗台、雨篷、阳台、台阶、雨水管、水斗、外墙面勒脚等的形状和位置，注明各部分的材料和外部装饰的做法；

（6）标高及必须标注的局部尺寸；

（7）详图索引符号；

（8）施工说明等。

9.4.3　实例

以图 9-12 ①～⑨立面图为例，说明立面图的内容及其阅读方法。

建筑立面图

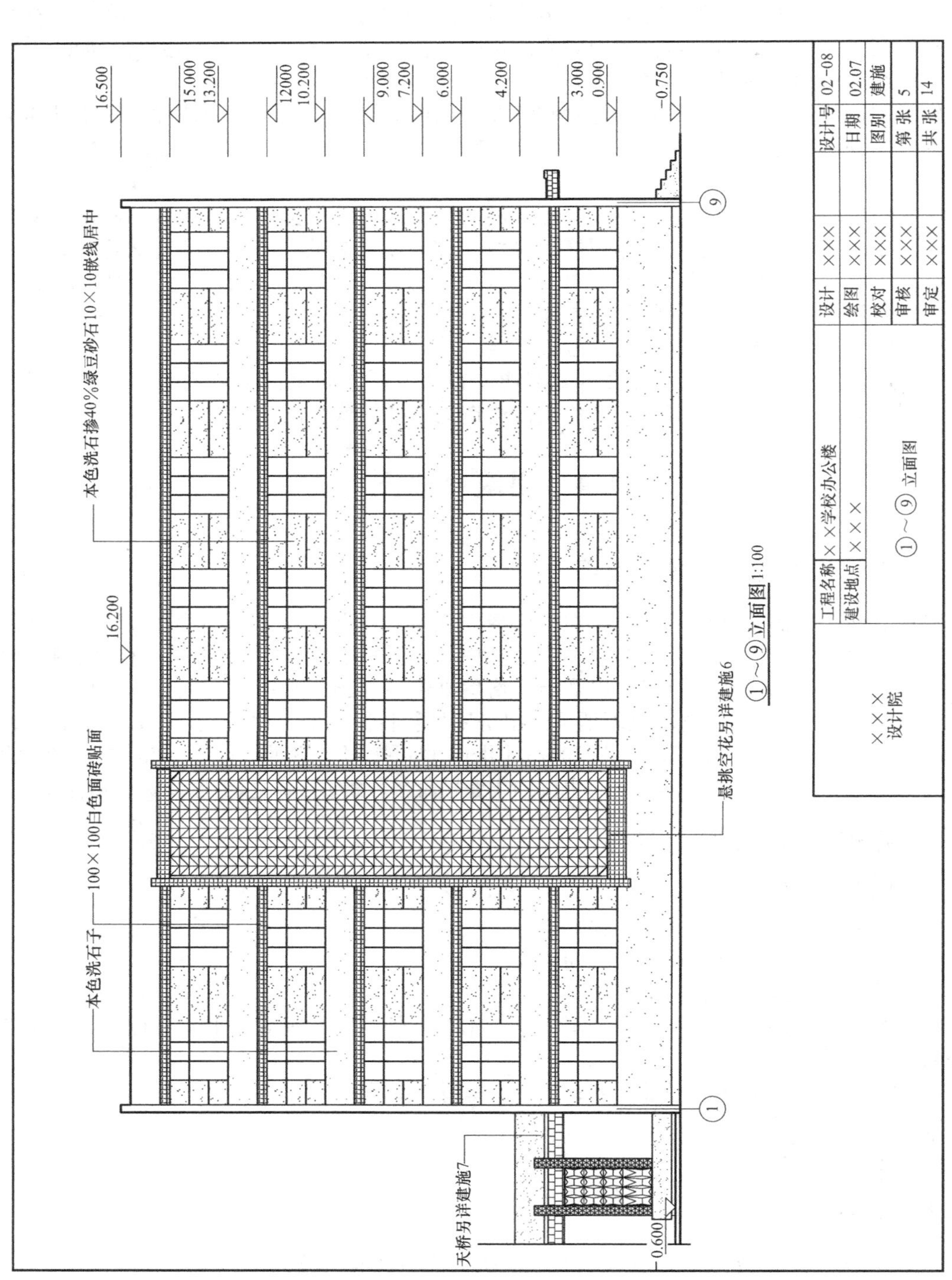
16.500
15.000
13.200
12000
10.200
9.000
7.200
6.000
4.200
3.000
0.900
-0.750
16.200
0.600
本色洗石掺40%绿豆砂石10×10嵌线居中
100×100白色面砖贴面
本色洗石子
天桥另详建施7
悬挑空花另详建施6
①~⑨立面图 1:100
设计号 02-08
日期 02.07
图别 建施
第张 5
共张 14
设计 ×××
绘图 ×××
校对 ×××
审核 ×××
审定 ×××
工程名称 ××学校办公楼
建设地点 ×××
①~⑨立面图
×××设计院

图 9-12 建筑立面图

（1）阅读图名和比例，了解图的内容以及图样与实物之间的比例关系。①～⑨立面图比例为 1∶100。

（2）依据轴线位置与平面图对照，看长向首尾两轴线编号；看各方向立面图形。

（3）分别阅读每个立面图中的细部内容，如台阶、勒脚、墙面、门窗形式和具体位置、屋顶形式和突出屋顶的局部构造和外装材料做法等。①～⑨立面图从左到右可以看到：天桥、办公楼主体的墙、窗、楼梯间处的悬挑空花墙，最右侧为台阶和雨篷。檐墙部分的外装修做法：窗台墙为本色洗石子（水刷石），窗间墙为本色洗石子掺 40%绿豆砂石 10×10 嵌线居中，圈梁为 100×100 白色外墙面砖贴面，山墙为本色洗石子 10×10 嵌线居中。

（4）立面图着重表现建筑外形和墙面装修材料做法，由于在平面图中对建筑物长、宽方向的尺寸已详细做了标注，在立面图中则着重于高度方向的标注，除必要的尺寸用尺寸线、数字表示外，主要用标高符号表示。

（5）表明局部或外墙索引。天桥及悬挑空花另有详图表示。

9.5　建筑剖面图

9.5.1　建筑剖面图的形成及作用

假设用一个或多个垂直于外墙轴线的铅垂剖切面，将房屋剖开所得的投影图，称为建筑剖面图，简称剖面图。剖面图用以表示房屋内部的结构或构造方式，如屋面（楼、地面）形式、分层情况、材料、做法、高度尺寸及各部位的联系等。它与平面图、立面图互相配合，用于计算工程量，指导各层楼板和屋面施工、门窗安装和内部装修等。

剖面图的数量是根据房屋的复杂情况和施工实际需要确定的；剖切面一般为横向，即平行于侧面，必要时也可纵向，即平行于正面；剖切面的位置，要选择在房屋内部构造比较复杂、有代表性的部位，如门窗洞口和楼梯间等位置，并应通过门窗洞口。剖面图的图名符号应与底层平面图上剖切符号相对应，如 1-1 剖面图、2-2 剖面图等。

剖面图中的断面，其材料图例与粉刷面层和楼、地面面层线的表示原则及方法，与平面图的处理相同。习惯上，剖面图中可不画出基础的大放脚。

9.5.2　建筑剖面图的图示内容

（1）图名、比例；

（2）定位轴线及其尺寸；

（3）剖切到的屋面（包括隔热层及吊顶）、楼面、室内外地面（包括台阶、明沟及散水等），剖切到的内外墙身及其门、窗（包括过梁、圈梁、防潮层、女儿墙及压顶），剖切到的各种承重梁和连系梁、楼梯梯段及楼梯平台、雨篷及雨篷梁、阳台走廊等；

（4）未剖切到的可见部分，如可见的楼梯梯段、栏杆扶手、走廊端头的窗，可见的梁、柱，可见的水斗和雨水管，可见的踢脚和室内的各种装饰等；

（5）垂直方向的尺寸及标高；

（6）详图索引符号；

（7）施工说明等。

9.5.3 实例

以图 9-13 Ⅰ-Ⅰ剖面图为例，说明立面图的内容及其阅读方法。

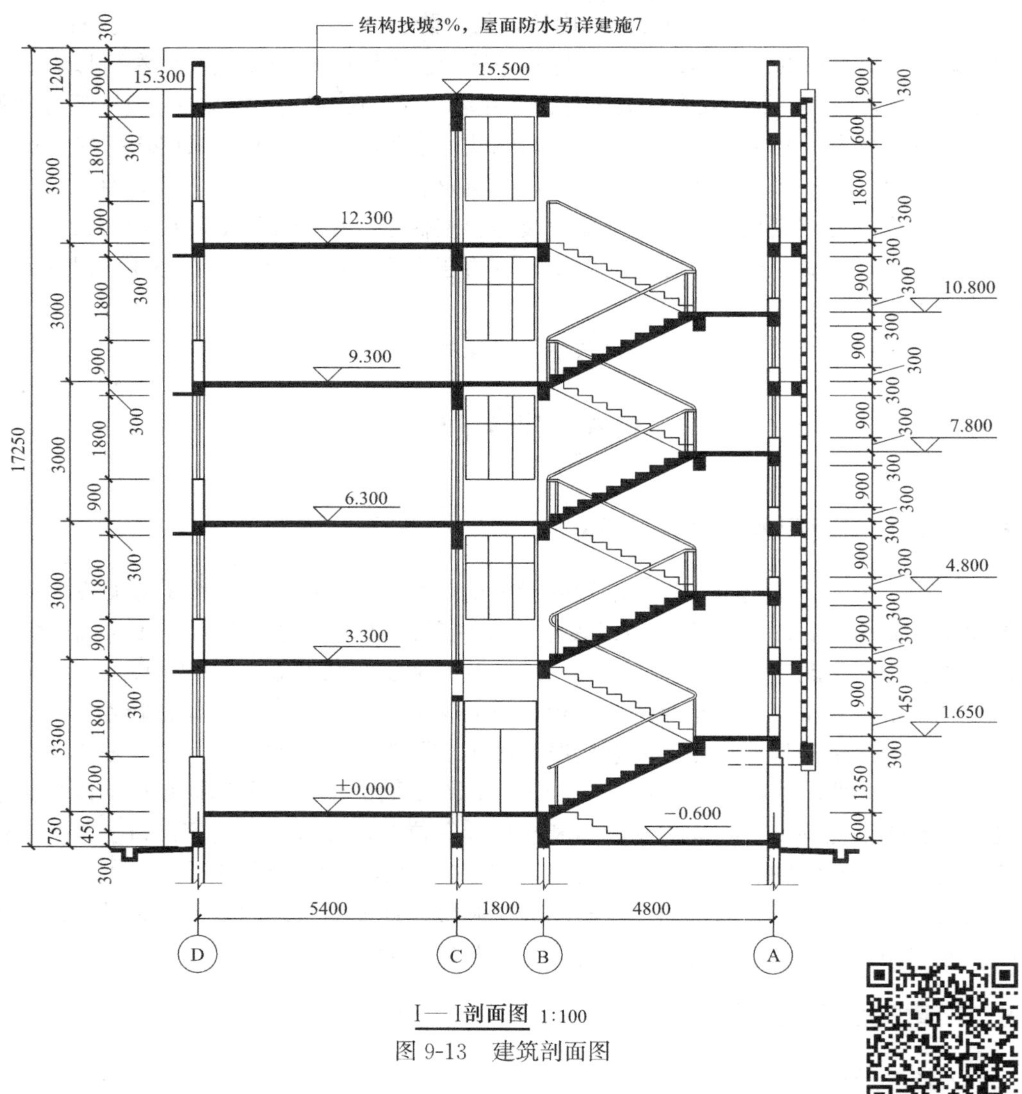

图 9-13 建筑剖面图

建筑剖面图

（1）阅读剖面图时必须要与平面图紧密联系对照，从首层平面图中的Ⅰ-Ⅰ剖切位置线可以看到剖切平面所通过的位置和剖切的内容，并指明投影方向，从而表明Ⅰ-Ⅰ剖面图是怎样形成的。剖切位置在③～④轴之间的部位。

（2）本剖切位置共剖切到垂直方向的两道墙及门、窗、楼梯等，所剖切的内容是自 A 轴向 D 轴阅读，依次为悬挑空花墙、楼梯间、走廊、办公室进深等。内墙和外墙上还可以看到门窗符号。水平方向自下而上，依次可阅读到包括被剖切到的和未被剖切到的楼梯各段、休息平台、栏杆和扶手、一～五层楼板、屋面坡度等。

（3）涉及的几处尺寸和标高。如楼层地面、休息平台、窗、屋面各分层部位的标高，以及一些部位的做法等。

9.6 建筑详图

9.6.1 建筑详图的形成及作用

建筑平面图、立面图、剖面图表达建筑的平面布置、外部形状和主要尺寸，但因反映的内容范围大、比例小，对建筑的细部构造难以表达清楚。为了满足施工要求，对建筑的细部构造用较大的比例详细地表达出来，这样的图称为建筑详图，有时也叫作大样图。建筑详图是建筑工程细部施工、建筑构配件制作及编制预决算的依据。

9.6.2 建筑详图的图示方法

详图的特点是比例大，反映的内容详尽，常用的比例有 1∶50、1∶20、1∶10、1∶5、1∶2、1∶1 等。建筑详图一般有局部构造详图，如楼梯详图、墙身详图等；构件详图，如门窗详图、阳台详图等；装饰构造详图，如墙裙构造详图、门窗套装饰构造详图等三类详图。

详图要求图示内容详尽清楚，尺寸标准齐全，文字说明详尽。一般应表达出构配件的详细构造；所用的各种材料及其规格；各部分的构造连接方法及相对位置关系；各部位、各细部的详细尺寸；有关施工要求、构造层次及制作方法说明等。同时，建筑详图必须加注图名（或详图符号），详图符号应与被索引的图样上的索引符号相对应，在详图符号的右下侧注写比例。对于套用标准图或通用图的建筑构配件和节点，只需注明所套用图集的名称、型号、页次，可不必另画详图。建筑详图的主要内容有：

（1）图名（或详图符号）、比例；

（2）表达出构配件各部分的构造连接方法及相对位置关系；

（3）表达出各部位、各细部的详细尺寸；

（4）详细表达构配件或节点所用的各种材料及其规格；

（5）有关施工要求及制作方法说明等。

9.6.3 楼梯详图

楼梯详图主要表示楼梯的类型和结构形式。楼梯是由楼梯段、休息平台、栏杆或栏板组成。楼梯详图主要表示楼梯的类型、结构形式、各部位的尺寸及装修做法等，是楼梯施工放样的主要依据。

楼梯详图一般分为建筑详图和结构详图，应分别绘制并编入建筑施工图和结构施工图中。对于一些构造和装修较为简单的现浇钢筋混凝土楼梯，其建筑详图与结构详图可合并绘制，编入建筑施工图或结构施工图。

楼梯的建筑详图一般有楼梯平面图、楼梯剖面图以及踏步和栏杆等节点详图。

1. 楼梯平面图

楼梯平面图实际上是在建筑平面图中楼梯间部分的局部放大图，如图 9-14 所示。

楼梯平面图通常要分别画出底层楼梯平面图、顶层楼梯平面图及中间各层的楼梯平面图。如果中间各层的楼梯位置、楼梯数量、踏步数、梯段长度都完全相同时，可以只画一个中间层楼梯平面图，这种相同的中间层的楼梯平面图称为标准层楼梯平面图。在标准层楼梯平面图中的楼层地面和休息平台上应标注出各层楼面及平台面相应的标高，其次序应由下而上逐一注写。

楼梯平面图主要表明梯段的长度和宽度、上行或下行的方向、踏步数和踏面宽度、楼梯休息平台的宽度、栏杆扶手的位置以及其他一些平面形状。

楼梯平面图中，楼梯段被水平剖切后，其剖切线是水平线，而各级踏步也是水平线，为了避免混淆，剖切处规定画 45°折断符号，首层楼梯平面图中的 45°折断符号应以楼梯平台板与梯段的分界处为起始点画出，使第一梯段的长度保持完整。

楼梯平面图中，梯段的上行或下行方向是以各层楼地面为基准标注的。向上者称为上行，向下者称为下行，并用长线箭头和文字在梯段上注明上行、下行的方向及踏步总数。

在楼梯平面图中，除注明楼梯间的开间和进深尺寸、楼地面和平台面的尺寸及标高外，还需注出各细部的详细尺寸。通常用踏步数与踏步宽度的乘积表示梯段的长度。通常三个平面图画在同一张图纸内，并互相对齐，这样既便于阅读，又可省略标注一些重复的尺寸。

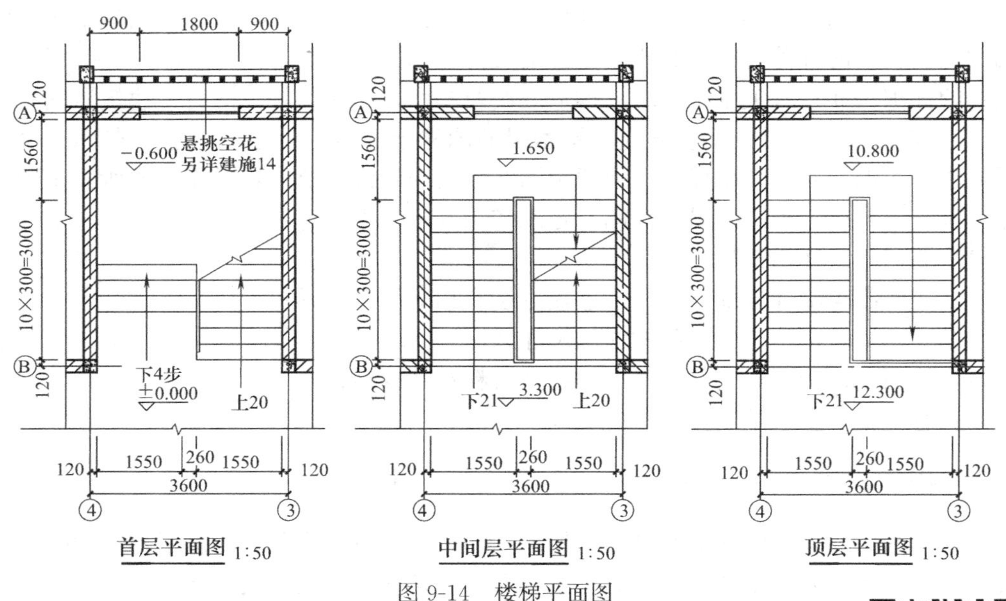

图 9-14 楼梯平面图

楼梯平面图的读图方法为：

（1）了解楼梯或楼梯间在房屋中的平面位置。如图 9-13 所示，楼梯间位于Ⓐ～Ⓑ轴×③轴～④轴。

（2）熟悉楼梯段、楼梯井和休息平台的平面形式、位置、踏步的宽度和踏步的数量。本建筑楼梯为等分双跑楼梯，楼梯井宽 260mm，梯段长 3000mm、宽 1550mm，平台宽 1560mm，每层 20 级踏步。

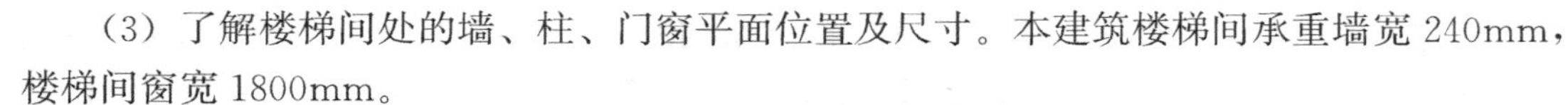

（3）了解楼梯间处的墙、柱、门窗平面位置及尺寸。本建筑楼梯间承重墙宽 240mm，楼梯间窗宽 1800mm。

(4) 看清楼梯的走向以及楼梯段起步的位置。楼梯的走向用箭头表示。

(5) 了解各层平台的标高。

2. 楼梯剖面图

假设用一铅垂面，通过各层的一个梯段和门窗洞，将楼梯剖开，向另一未剖到的梯段方向投影所作的剖面图，即为楼梯剖面图。楼梯剖面图能清楚地注明各层楼（地）面的标高、楼梯段的高度、踏步的宽度和高度、级数以及楼地面、楼梯平台、墙身、栏杆、栏板等的构造做法及其相对位置。

在多层建筑中，若中间层楼梯完全相同时，楼梯剖面图可只画出底层、中间层、顶层的楼梯剖面，在中间层处用折断线符号分开，并在中间层的楼面和楼梯平台面上注写适用于其他中间层楼面的标高。若楼梯间的屋面构造做法没有特殊之处，一般不再画出。

在楼梯剖面图中，应标注楼梯间的进深尺寸及轴线编号，各梯段和栏杆、栏板的高度尺寸，楼地面的标高以及楼梯间外墙上门窗洞口的高度尺寸和标高。梯段的高度尺寸可用级数与踏面高度的乘积表示，应注意的是级数与踏面数相差为 1，即踏面数＝级数－1。

楼梯剖面图的读图方法为：

(1) 了解楼梯的构造形式。如图 9-15 所示，该楼梯为双跑楼梯，现浇钢筋混凝土制作。

(2) 熟悉楼梯在竖向和进深方向的有关标高、尺寸和详图索引符号。

(3) 了解楼梯段、平台、栏杆、扶手等相互间的连接构造（图 9-16）。

(4) 明确踏步的宽度、高度及栏杆的高度。

9.6.4 门窗详图

门窗详图，一般都有预先绘制好的各种不同规格的标准图供设计者选用。因此在施工图中，只要说明该详图所在标准图集中的编号，就可不必另画详图。如果没有标准图时，就一定要画出详图。

门窗详图一般用立面图、节点详图、断面图以及五金表、文字说明等表示。按规定，在节点详图与断面图中，门窗料的断面一般应加上材料图例。

现以木门、钢窗（图 9-17）为例，介绍门窗详图的特点。

(1) 立面图：

所用比例较小，为 1：20，只表示门窗的外形、开启方式及方向、主要尺寸和节点索引符号等内容。立面图上的线型，除轮廓线用粗实线外，其余均用细实线。

(2) 节点详图：

一般画出剖面图和安装图，并分别注明详图符号，以便与立面图相对应。节点详图比例较大，为 1：5，用以说明具体尺寸、形状、连接构造等情况，并配有文字说明与具体做法。

(3) 断面图：

用较大比例（1：5）将门窗断面形状单独画出，注明断面上各截口的尺寸，以便于下料加工。有时为减少工作量，往往将断面图与节点详图结合画在一起。

9.6.5 外墙剖面节点详图

墙身详图也叫作墙身大样图，实际上是建筑剖面图的有关部位的局部放大图。它主要表达墙身与地面、楼面、屋面的构造连接情况以及檐口、门窗顶、窗台、勒脚、防潮层、

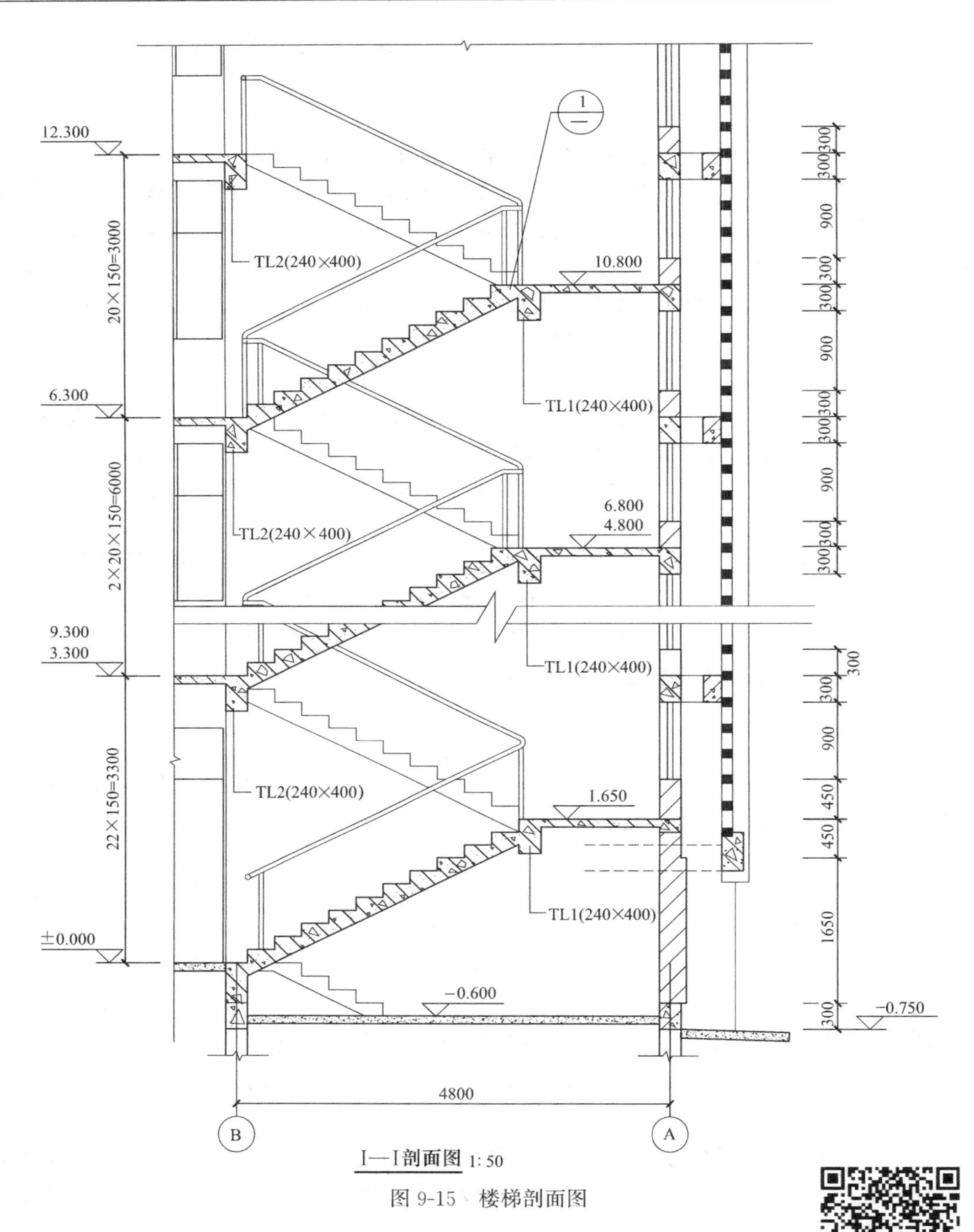

I—I剖面图 1:50

图 9-15 楼梯剖面图

楼梯剖面图

散水、明沟的尺寸、材料、做法等构造情况，是砌墙、室内外装修、门窗安装、编制施工预算以及材料估算等的重要依据。有时在外墙详图上引出分层构造，注明楼地面、屋顶等的构造情况，而在建筑剖面图中省略不标注。

外墙剖面详图往往在窗洞口断开，因此在门窗洞口处出现双折断线（该部位图形高度变小，但标注的窗洞竖向尺寸不变），成为几个节点详图的组合。有时墙身详图不以整体

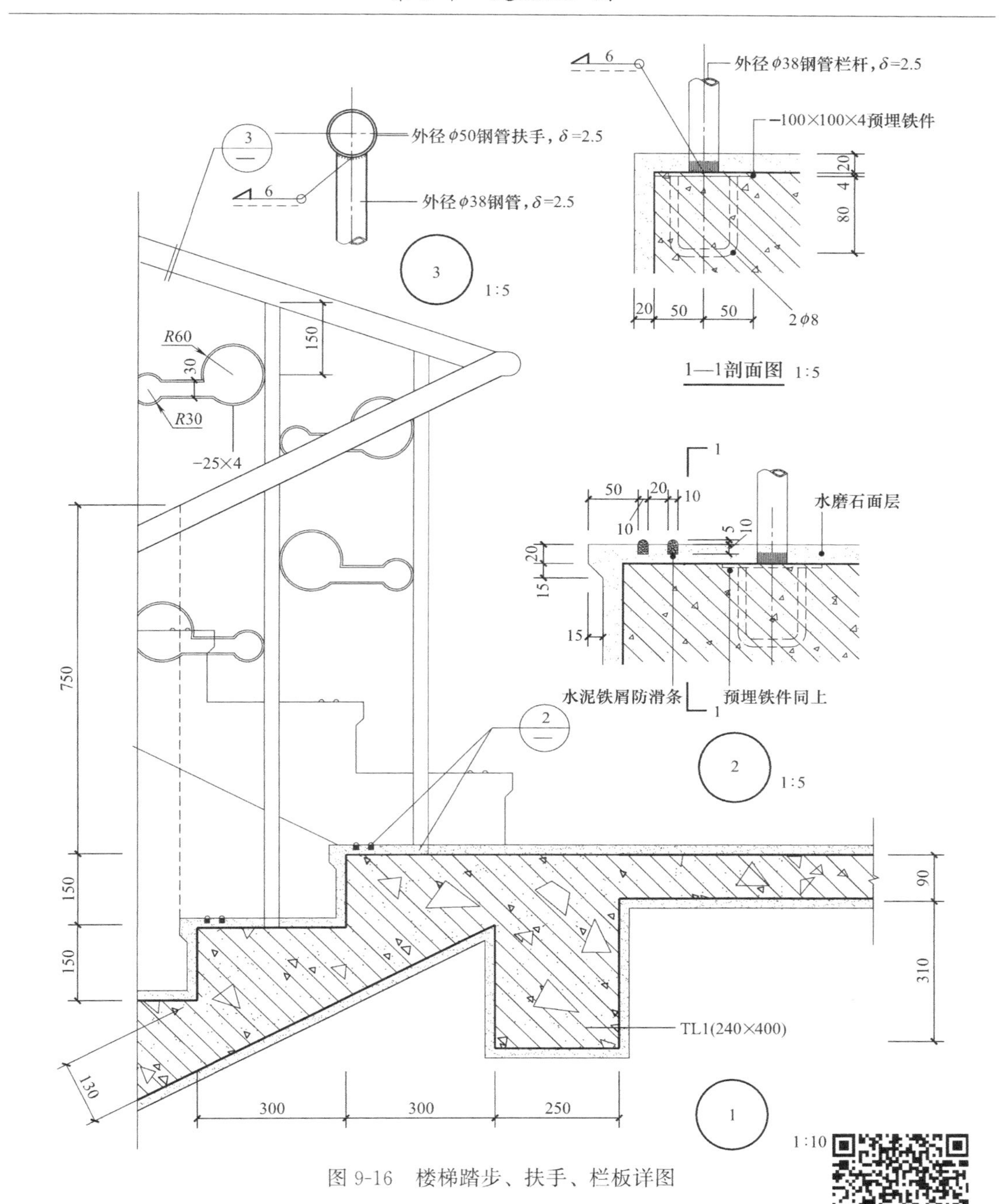

图 9-16　楼梯踏步、扶手、栏板详图

楼梯踏步、扶手、栏板详图

形式布置，而把各个节点详图分别单独绘制，也称为墙身节点详图。

1. 墙身详图的图示内容

如图 9-18 所示，墙身详图的图示内容为：

（1）墙身的定位轴线及编号，墙体的厚度、材料及其本身与轴线的关系。

（2）勒脚、散水节点构造。主要反映墙身防潮做法、首层地面构造、室内外高差、散水做法，一层窗台标高等。

木门、钢窗详图

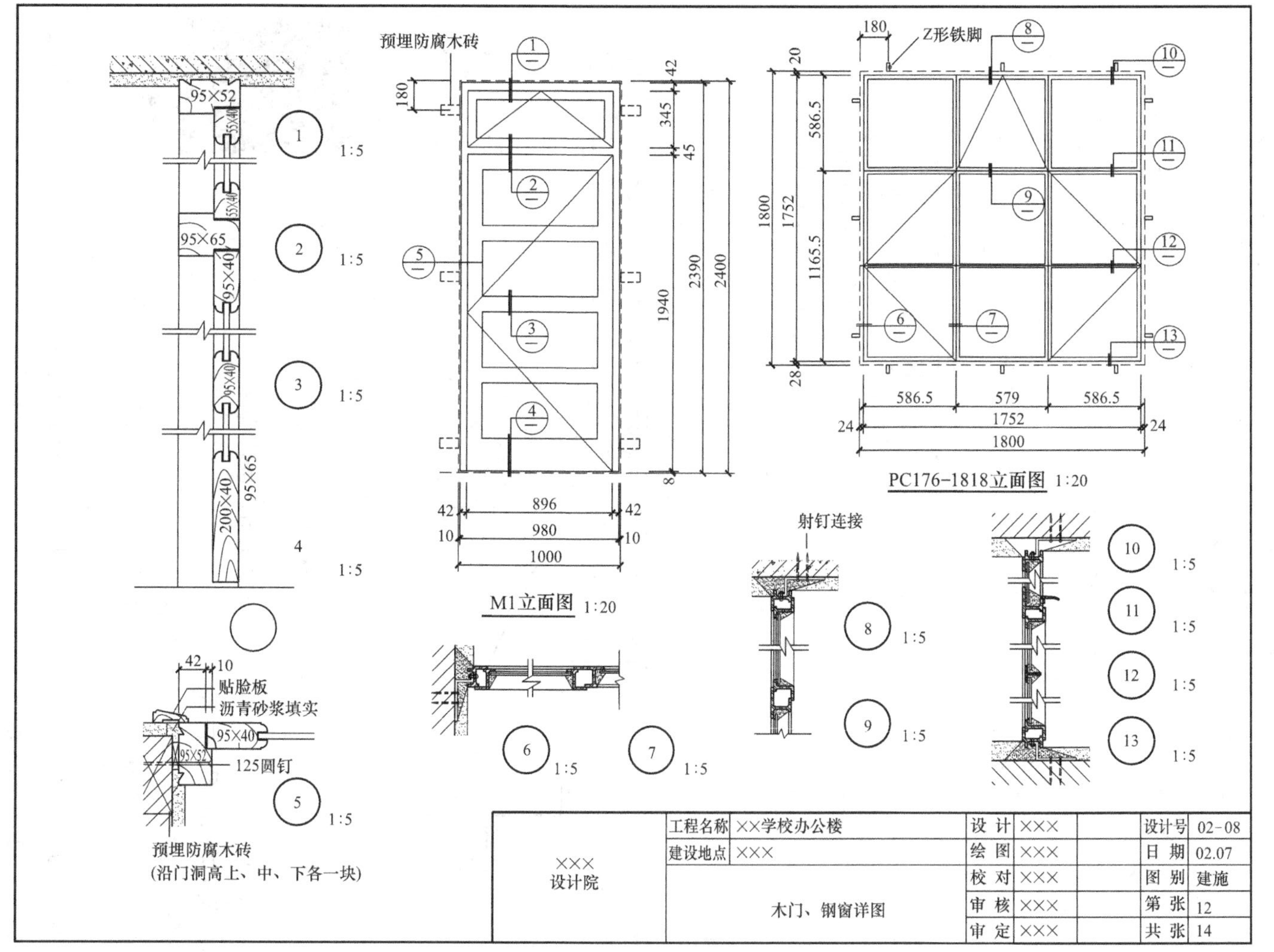
预埋防腐木砖
M1立面图 1:20
Z形铁脚
PC176-1818立面图 1:20
射钉连接
贴脸板
沥青砂浆填实
125圆钉
预埋防腐木砖
(沿门洞高上、中、下各一块)
×××
设计院
工程名称 ××学校办公楼
建设地点 ×××
木门、钢窗详图
设计 ×××
绘图 ×××
校对 ×××
审核 ×××
审定 ×××
设计号 02-08
日期 02.07
图别 建施
第张 12
共张 14
图 9-17 木门、钢窗详图

（3）标准层楼层节点构造。主要反映标准层梁、板等构件的位置及其与墙体的联系，构件表面抹灰、装饰等内容。

（4）檐口部位节点构造。主要反映檐口部位，包括封檐构造（如女儿墙或挑檐）、圈梁、过梁、屋顶泛水构造、屋面保温、防水做法和屋面板等结构构件。

（5）图中的详图索引符号等。

2. 墙身详图的阅读举例

（1）如图 9-18 所示，该墙体为Ⓐ轴外墙，比例 1∶20。

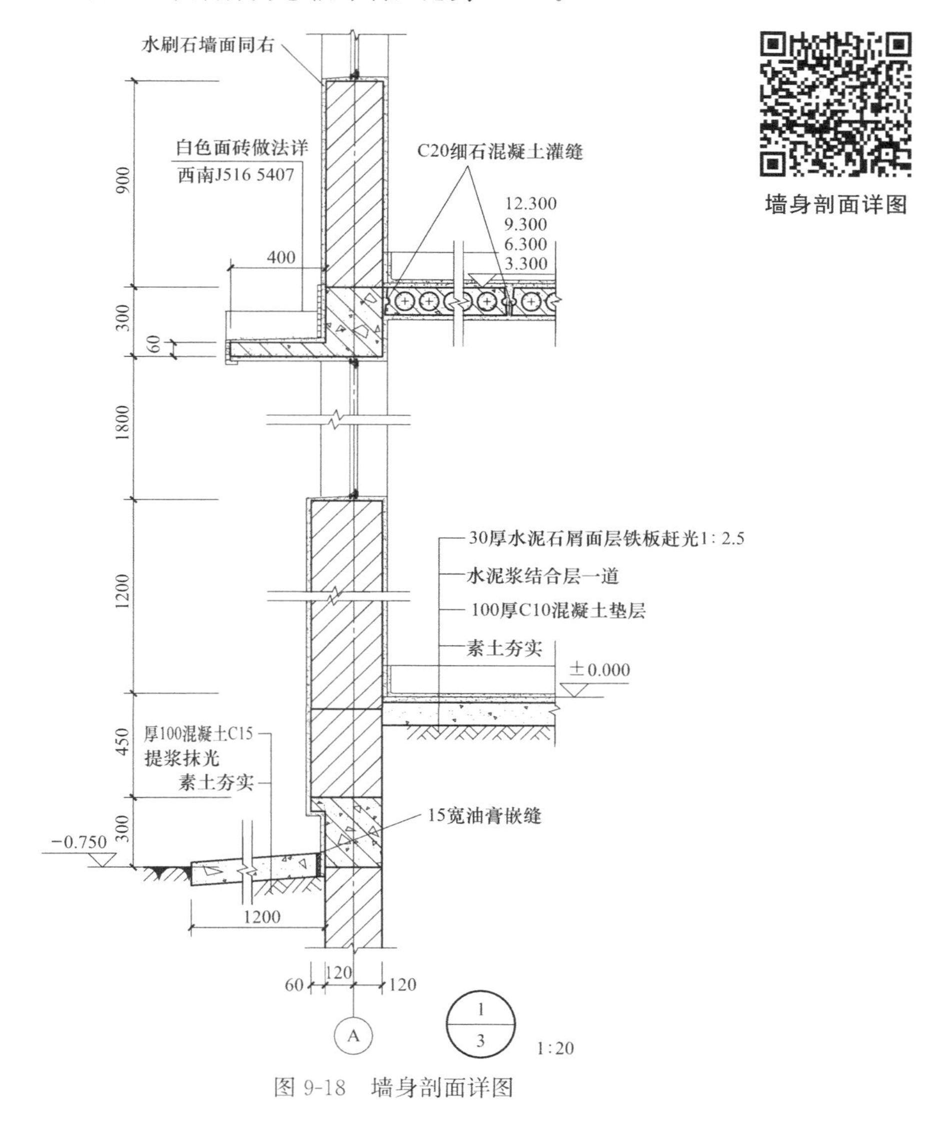

图 9-18　墙身剖面详图

（2）室内外高差、墙身防潮层的做法、室内地面、楼层地面做法、顶层构造与具体做法等，同时还要表明室内外各部位标高与分段尺寸及详图索引等。表明建筑物外墙、内墙、门过梁、楼地面的具体做法、装修要求、标高、剖面情况等。

（3）建筑物地下基础部分的墙体厚度为 240mm。墙身中的圈梁为现浇钢筋混凝土，其余部分为砖。外墙首层窗下墙厚为360mm，平面定位轴线与外墙内缘距离为120mm，二层以上墙厚为240mm，定位轴线中分墙身。内墙墙厚均为240mm，对称内收，定位轴线中分墙身。

（4）还应结合其他详图阅读以下内容：室外－0.750以下的地面做法，±0.000以下地面处理方法，室内楼地面面层做法，楼板采用预应力钢筋混凝土空心板的做法，空心板灌缝要求，外墙水刷石做法，厕所内面砖排砖要求，现浇混凝土楼地面的做法，门过梁处配筋、与圈梁楼面交接处做法，顶棚装修做法等。墙身节点图详细地说明了上述内容的做法及所选用的标准图集，应仔细阅读，并注意相应的文字说明。

【知识拓展】

一幢建筑物从施工到建成，需要有全套建筑施工图纸作指导。简单的建筑物可能有几张或十几张图纸，复杂的建筑物要画几十张或几百张施工图纸。阅读这些施工图纸要先从大方面看，然后再依次阅读细小部位，先粗看后细看；简单地说就是要先从建筑平面图看起。要看清一幢建筑物的具体位置、标高和朝向。对于单个建筑物要看清平面图占地面积，对照立面图看外观及材料做法，配合剖面图看内部分层结构，最后看详图直到细部构造和具体尺寸与做法。阅读结构施工图也要由粗到细，互相对照，仔细阅读，不可忽略每一个细部构造，如预留孔洞、预留支架等。如果在阅读建筑施工图和结构施工图过程中发现矛盾时，要以结构图中的尺寸为依据，以保证建筑物的强度和施工质量。

【本章小结】

本章是重点章节，主要介绍了建筑施工图的形成、用途及图示内容，是前面章节知识的具体应用；本章知识应用性、实践性强，能否掌握本章知识，将关系到后续有关课程的学习。

【思考与习题】

（1）一套完整的施工图，一般包含哪些内容？

（2）总平面图有哪些内容？所标注的尺寸以什么为单位？

（3）建筑平面图有哪些内容？它的轴线是如何编号的？

（4）建筑立面图如何命名？它图示哪些内容？

（5）从哪种图上可以找到建筑剖面图的剖切位置和投射方向？

（6）建筑详图有哪些特点？

第 10 章　结构施工图

(1) 结构施工图概述、分类、内容。

(2) 识读结构施工图、钢筋结构施工图、房屋结构施工图。

10.1　结构施工图概述

房屋设计不仅需要施工图设计，还需要进行结构施工图设计。结构施工图是指表达承重构件的布置、形状、大小、内部详细构造及使用材料的工程图样，是承重构件以及其他受力构件施工的依据。图纸目录应按图纸序号排列，先列新绘制图纸，后列选用的重复利用图和标准图。

10.1.1　结构施工图的作用和内容

结构施工图主要表示建筑物基础、梁、板、柱、承重墙等承重构件的布置、形状、大小、构造、相互关系、材料等，它还要表达出建筑、给水排水、暖通、电气等对建筑结构的要求。结构施工图主要作为施工放线、开挖基槽、支模板、绑扎钢筋、设置预埋件和预留孔洞、浇捣混凝土、安装结构构件以及编制施工预算和施工组织设计的依据。一般包括以下几个部分。

1. 结构设计总说明

结构设计总说明的内容包括防火和抗震要求、地基和基础、地下室、钢筋混凝土等选用的材料类型、规格、强度等级及施工中应遵循的施工规范和注意事项等。

2. 结构平面图

(1) 基础平面图：

基础平面图需要绘出定位轴线、基础构件的位置、大小、标高、编号等。

(2) 结构平面布置：

结构平面布置图主要表达建筑结构构件的平面布置，包括各层结构平面图及屋面结构平面图。

3. 构件详图

结构构件详图一般与平面布置图绘制于一张图纸上，主要表达单个构件的构造、形状、材料、尺寸以及施工工艺等。

(1) 现浇梁、板、柱及墙等详图：

① 纵剖面、长度、定位尺寸、标高及配筋、梁和板的支座；现浇的预应力混凝土构件应盘出预应力筋定位图并提出锚固要求。

② 横剖面、定位尺寸、配筋。

③ 一般现浇结构的梁、柱、墙可采用“平面整体表示法”绘制。

（2）预制构件详图：

① 构件模板图：应标明模板尺寸、轴线关系、预留洞及预埋件位置、尺寸、预埋件编号、必要的标高等；后张预应力构件尚需标明预留孔道的定位尺寸、张拉端、锚固端等。

② 构件配筋图：纵剖面表示出钢筋形式、箍筋直径与间距。横剖面注明断面尺寸、钢筋规格、位置、数量等。

10.1.2 绘制结构施工图的规定和基本要求

1. 常用构件代号

房屋结构的基本构件，为了图示简便，《建筑结构制图》GB/T 50105—2010中对常用构件分别规定了代号，部分构件代号见表10-1。

常用构件代号 **表10-1**

名称	代号	名称	代号	名称	代号
板	B	吊车梁	DL	地沟	DG
屋面板	WB	单轨吊车梁	DDL	柱间支撑	ZC
空心板	KB	轨道连接	DGL	垂直支撑	CC
槽型板	CB	车档	CD	水平支撑	SC
折板	ZB	圈梁	QL	梯	T
密肋板	MB	过梁	GL	雨篷	YP
楼梯板	TB	连系梁	LL	阳台	YT
盖板或沟盖板	GB	基础梁	JL	梁垫	LD
挡雨板或檐口板	YB	楼梯梁	TL	预埋件	N-
吊车安全走道板	DB	框架梁	KL	天窗端壁	TD
墙板	QB	框支梁	KZL	钢筋网	W
天沟板	TGB	屋面框架梁	WKL	钢筋骨架	G
梁	L	檩条	LT		
屋面梁	WL	屋架	WJ		

2. 图线

结构施工图中各种图线的选用见表10-2。

结构施工图中图线的选用 **表10-2**

名称	线宽	一般用途
粗实线	b	螺栓、主钢筋线，结构平面布置图中单线结构构件线及钢、木支撑线，图名下横线、剖切线
中实线	$0.5b$	结构平面图中及详图中剖切到或可见的墙身轮廓线、基础轮廓线、钢木结构轮廓线、箍筋线、板钢筋线
细实线	$0.25b$	可见的钢筋混凝土构件的轮廓线、尺寸线、标注引出线，标高符号，索引符号
粗细线	b	不可见的钢筋、螺栓线，结构平面图中不可见的单线结构构件线及钢、木支撑线

续表

名称	线宽	一般用途
中虚线	0.5b	结构平面图中不可见的构件、墙身轮廓线及钢、木构件轮廓线
细虚线	0.25b	基础平面图中管沟轮廓线，不可见的钢筋混凝土构件轮廓线
粗单点长画线	b	垂直支撑、柱间支撑
细单点长画线	0.25b	中心线、对称线、定位轴线
粗双点长画线	b	预应力钢筋线
折断线	0.35b	断开界线
波浪线	0.35b	断开界线

注：表中 b 为基本线宽，根据构件的复杂程度和比例确定。

3. 比例

结构施工图的选用比例见表 10-3，当构件的纵、横向断面尺寸相差悬殊时，可以在同一详图的纵、横方向选用不同的比例。

结构施工图的比例　　表 10-3

图　　名	常用比例	可用比例
结构平面布置图 基础平面图	1∶50，1∶100 1∶150，1∶200	1∶60
圈梁平面图、总图中管沟、地下设施等	1∶200， 1∶500	1∶300
详图	1∶10，1∶20	1∶5，1∶25，1∶40

10.1.3　绘制结构施工图的基本步骤

结构施工图分为基础平面图、构件详图、其他详图等，绘制结构施工图时，一般按照以下步骤进行：

（1）分析图形；

（2）选择图幅、绘图比例；

（3）绘制基准线；

（4）绘制底稿；

（5）检查描深；

（6）标注尺寸、添加文字说明等；

（7）填写标题栏等。

绘图案例参见第 12 章 AutoCAD 绘制专业工程图等。

10.2　钢筋混凝土构件图

1. 钢筋混凝土基本知识

混凝土将石子、沙、水泥和水，必要时掺入化学外加剂和矿物掺和料，按适当比例配合，经过均匀搅拌、密实成型及硬化而成的人造石材。混凝土受压性能好，但受拉性能差，容易受拉伤而断裂。为了增加混凝土的抗拉性能，常在混凝土内加入一定数量的钢筋，与混凝土粘结成一个整体，共同承受应力或拉力，这种配有钢筋的混凝土称为钢筋混凝土。

钢筋混凝土构件分为现浇和预制两种，在建筑施工现场浇制的构件称为现浇构件；预先在工厂把构件制作好，再运到工地安装，或者在工地上预制后安装的构件称为预制构件。

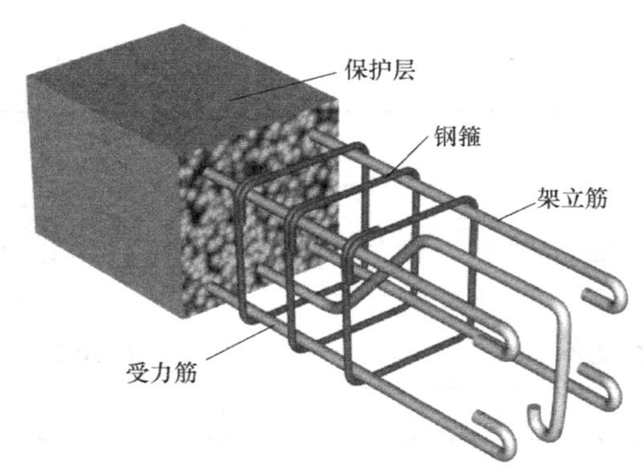

图 10-1　钢筋混凝土梁配筋

2. 钢筋的分类和作用

图 10-1 中，钢筋混凝土里配置的钢筋，按其作用可分为以下几种：

（1）架立筋：用以固定梁内钢箍的位置，构成梁内的钢筋骨架。

（2）受力筋，也叫主筋，是指在混凝土构件中，主要用来承受由荷载引起的拉应力或者压应力的钢筋，其作用是使构件的承载力满足结构功能要求。

（3）钢箍（箍筋）：用来满足斜截面抗剪强度，并连结受力主筋和受压区钢筋骨架的钢筋。承受一部分斜拉应力，并固定受力筋的位置，多用于梁和柱内。

（4）分布筋：分布筋用于板类构件中，与板内的受力筋垂直布置。其作用是将承受的重量均匀地传给受力筋，并固定受力筋的位置，与受力筋一起构成钢筋网。

（5）构造筋：构造筋用于因构件在构造上的要求或施工安装需要配置的钢筋。

钢筋混凝土构件的钢筋需要一定厚度的混凝土作为保护层，起到保护钢筋、防腐蚀、防火及加强混凝土与钢筋黏结力的作用。

在钢筋混凝土设计规范中，钢筋等级按其抗拉强度和品种划分，并分别具有不同的符号，以便标注与识别，表 10-4 中列出不同钢筋的种类、代号、强度等。

3. 钢筋混凝土构件图示方法

钢筋混凝土构件图由模板图、配筋图等组成。模板图主要用来表示构件的外形和尺寸，以及预埋件、预埋洞口的大小与位置，模板图是模板制作与安拆的依据。配筋图主要用来表示构件内部配筋的形状与配置状态，在构件的立面图及断面图上，通常情况下轮廓用细实线标出，钢筋用粗实线和黑原点表示。

4. 钢筋代号

在建筑施工中，为了方便识别和标注钢筋，国家相关标准对国产建筑用钢按其产品种类等级分别给出了不同代号，钢筋有光圆钢筋和带纹钢筋两种。

《混凝土结构设计规范》GB 50010—2010 规定对国产建筑用热轧钢筋，按其产品种类强度值等级和直径范围不同，分别用不同符号表示、标注及识别，见表 10-4。

5. 钢筋表示方法

绘制结构施工图时，通常用单根的粗实线表示钢筋的立面，用黑圆点表示钢筋的横断面，钢筋的常见画法如表 10-5 所示。

建筑用钢代号、强度标准值（N/mm^2）　　表 10-4

	牌号	种类	符号	公称直径 d(mm)	屈服强度标准值	极限强度标准值
热轧钢筋	HRB300	光圆钢筋	Φ	6～22	300	420
	HRB335	带肋钢筋	Φ	6～50	335	455
	HRB400	带肋钢筋	Φ	6～50	400	540
	RRB400	热处理钢筋	$Φ^R$	6～50	400	540

常用钢筋表示方法　　表 10-5

序号	名称	图例
1	钢筋横断面	•
2	无弯钩钢筋端部	
3	带半圆形弯钩的钢筋端部	
4	带直钩的钢筋端部	
5	带丝扣的钢筋端部	
6	无弯钩的钢筋搭接	
7	带半圆弯钩的钢筋搭接	
8	带直钩的钢筋搭接	
9	花篮螺丝钢筋接头	
10	机械连接的钢筋接头	

6. 钢筋标注方法

钢筋标注应包括钢筋编号、数量、符号、直径、间距及所在位置。编号时先标注主筋再标注分布筋，图 10-2 中编号采用直径为 5～6mm 的细线圆，圆中注写阿拉伯数字表示钢筋的编号，并用平行线从钢筋引向编号，在引出线上对钢筋进行标注。图 10-2 中表示钢筋的编号为 8，有 3 根直径为 ϕ12、间距为 100mm。

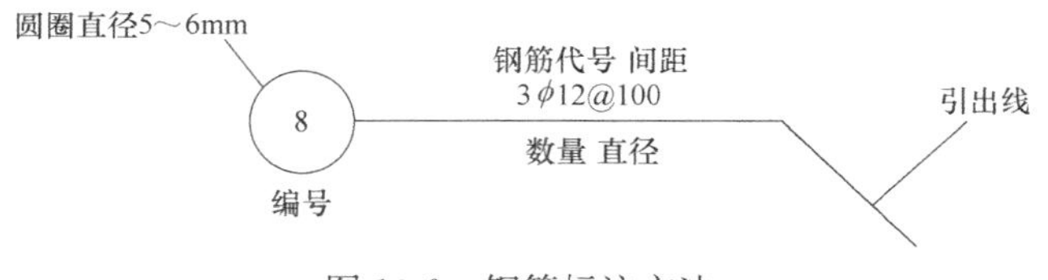

图 10-2　钢筋标注方法

10.3　结构平面图

建筑物各构件平面布置的图样，称为结构平面图。结构平面图包括基础平面图、房屋结构平面图、屋面结构平面图等。

1. 基础平面布置图的图示内容及特点

基础平面图表示的是基槽未回填土时基础平面布置情况的图样，是假设用一水平面沿地面将房屋切开，移去上面部分和周围土层，向下投影所得的全剖面图。

为了能够与建筑平面图对照阅读，基础平面图绘图的比例应该与建筑平面图的比例相同。其定位轴线及编号也应与建筑平面图一致。梁和柱应该用代号表示。

在图线方面，剖切到的墙应用粗实线表示，可见的基础轮廓和基础梁用中实线表示，钢筋混凝土柱需要涂黑。

基础平面布置图一般包括以下内容：

(1) 图名和比例；

(2) 定位轴线和编号；

(3) 尺寸和标高；

(4) 基础、基础梁、柱、构造柱的水平投影以及相应的编号；

(5) 基础详图的剖切符号及编号；

(6) 预留孔洞、预埋件等；

(7) 基础设计的有关说明。

2. 基础详图的图示内容及特点

基础平面图中仅画出基础的平面布置，各部分的形状、大小材料、构造及埋置深度等均未表示，所以需要用基础详图进行补充说明。

基础详图比例通常为 1∶20 或 1∶30。定位轴线的编号与基础平面图一致。基础墙和垫层等都应画上相应的材料图例。另外在尺寸标注方面需要标注基础上各部分的尺寸、钢筋的规格、室内外地面及基础底面标高等。

如附录中图 10-3 所示，基础详图包括以下内容：

(1) 图名和比例；

(2) 定位轴线和编号；

(3) 基础的断面形状、尺寸、材料图例和配筋等；

(4) 尺寸和标高；

(5) 防潮层的位置、做法；

(6) 施工说明。

基础布置详图

3. 基础施工图的识读

图 10-3 是××学院主楼基础平面图（图纸详见附录），比例为 1∶150，为筏板基础。轴线两侧的粗实线是墙边线，细线是基础底边线。以轴线 3-1 为例，在 3-A～3-B 间，左右墙边到轴线的定位尺寸均为 400，也就是其墙厚 800；基础底边线距离轴线定位尺寸为 1100；在 3-C～3-D 间有一处挑板节点，标注表明节点详图在本页，编号 03。以 3-2 轴线为例，在 3-C～3-D 间有一处电梯井，底标高为−2.250m；在 3-A～3-B 间有一处洞口，底标高为−3.950m；3-5 轴右侧的填充部分为后浇带。

图 10-4 是裙楼的一类独立基础详图，断面图清晰地反映了基础是由垫层、基础、基础柱三部分构成。基础底部为 $A \times B$ 的矩形，基础高 h 并向四边逐渐降低形成四棱台形状，具体尺寸参考一类基础配筋表。

在基础底部配置了双向钢筋。基础下面用混凝土做垫层，垫层高 100mm，每边宽出基础 100mm。基础上部是基础柱，尺寸见配筋表。柱内放置 4 根钢筋，钢筋下端直接伸到基础内部。图 10-5 为基础配筋表。

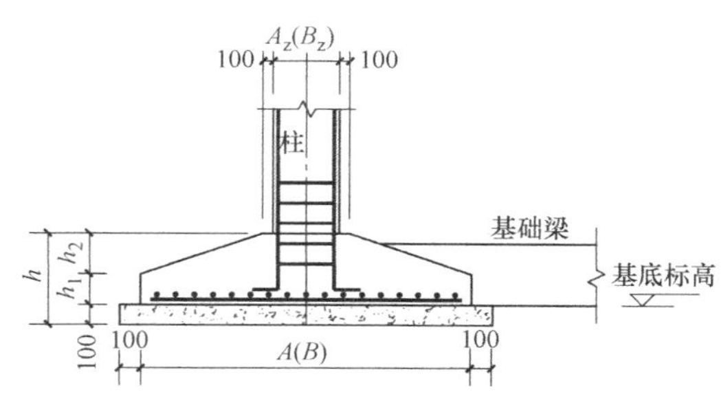

基础模型

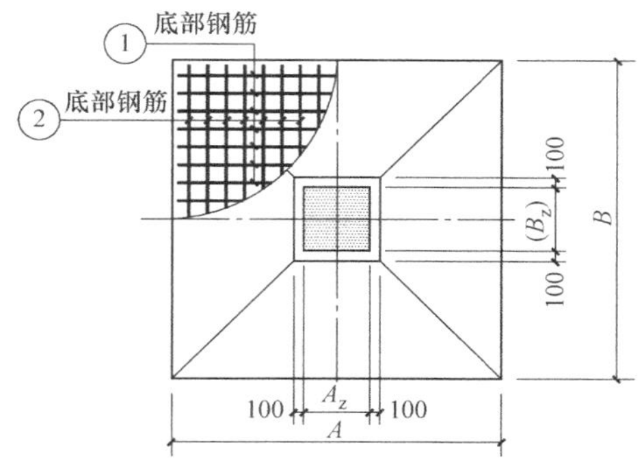

一类基础详图1:20

图 10-4　基础详图

编号	基础型式		翼缘外形尺寸				基础底面配筋	
		基底标高F	A	B	h_1	h_2	①	②
DJA1	单柱型	详平面各区	1600	1600	700	0	Ⅳ14@140	Ⅳ14@140
DJA2	单柱型	详平面各区	1800	1800	350	350	Ⅳ14@140	Ⅳ14@140
DJA3	单柱型	详平面各区	2000	2000	350	350	Ⅳ14@140	Ⅳ14@140
DJA4	单柱型	详平面各区	2200	2200	350	350	Ⅳ14@140	Ⅳ14@140
DJA5	单柱型	详平面各区	2400	2400	350	350	Ⅳ14@140	Ⅳ14@140
DJA6	单柱型	详平面各区	2600	2600	350	350	Ⅳ14@140	Ⅳ14@140
DJA7	单柱型	详平面各区	2800	2800	350	350	Ⅳ14@140	Ⅳ14@140
DJA8	单柱型	详平面各区	3000	3000	350	350	Ⅳ14@140	Ⅳ14@140
DJA9	单柱型	详平面各区	3200	3200	350	350	Ⅳ14@140	Ⅳ14@140
DJA10	单柱型	详平面各区	3400	3400	350	350	Ⅳ14@140	Ⅳ14@140
DJA11	单柱型	详平面各区	3600	3600	350	350	Ⅳ14@140	Ⅳ14@140
DJA12	单柱型	详平面各区	3800	3800	350	350	Ⅳ16@150	Ⅳ16@150
DJA13	单柱型	详平面各区	4000	4000	350	350	Ⅳ16@150	Ⅳ16@150
DJA14	单柱型	详平面各区	4200	4200	400	400	Ⅳ16@150	Ⅳ16@150
DJA15	单柱型	详平面各区	4400	4400	400	400	Ⅳ16@150	Ⅳ16@150
DJA16	单柱型	详平面各区	4600	4600	450	450	Ⅳ18@150	Ⅳ18@150
DJA17	单柱型	详平面各区	4800	4800	450	450	Ⅳ18@150	Ⅳ18@150
DJA18	单柱型	详平面各区	5000	5000	500	500	Ⅳ18@150	Ⅳ18@150
DJA19	单柱型	详平面各区	5200	5200	500	500	Ⅳ18@150	Ⅳ18@150
DJA20	单柱型	详平面各区	5400	5400	550	550	Ⅳ20@150	Ⅳ20@150
DJA21	单柱型	详平面各区	5600	5600	550	550	Ⅳ20@150	Ⅳ20@150
DJA22	单柱型	详平面各区	5800	5800	550	550	Ⅳ20@150	Ⅳ20@150
DJA23	单柱型	详平面各区	6000	6000	600	600	Ⅳ20@150	Ⅳ20@150
DJA24	单柱型	详平面各区	6200	6200	600	600	Ⅳ20@150	Ⅳ20@150
DJA24	单柱型	详平面各区	6400	6400	600	600	Ⅳ20@150	Ⅳ20@150
DJA26	单柱型	详平面各区	4800	4000	350	350	Ⅳ20@150	Ⅳ20@150

图 10-5　基础配筋表

10.4 楼层平面结构图

1. 楼层结构平面图的图示内容及特点

楼层结构平面图是假设用一个剖切平面沿着楼板上皮水平剖开后，移走上部建筑物后作水平投影所得到的图样。主要表示该层楼面中梁、板的布置、构件代号及构造做法等。钢筋混凝土楼板又分为预制预应力钢筋混凝土空心板和现浇钢筋混凝土板两种，一般分房间按区域表示。现浇构件或局部现浇构件应在图内画出钢筋的布置情况，每种钢筋只需要画一根或只画主筋，其他钢筋可从节点详图中查阅。

预制楼板通常采用建筑构件厂制作的定型预应力空心板，其结构平面布置有两种表示方法：

（1）在结构单元范围内（每一开间），按实际投影用细实线分块画出各预制板的实际布置情况，直接表示板的铺设方向，并注明板的数量、代号和编号。

（2）在每一结构单元范围内，用细实线画一对角线，并沿对角线方向注写铺板的数量、代号和编号。

楼层结构平面图一般包括以下内容：

（1）标注出与建筑平面图一致的轴线网及轴线间的尺寸，梁、柱、墙等的位置及编号。

（2）在现浇楼板的平面图上画出钢筋的配置，并标注预留孔洞的位置和大小。

（3）在预制楼板的平面图上标注出各构件的名称编号和布置。

（4）注写出圈梁或门窗洞过梁的编号。

（5）注写出各种板、梁的结构标高，注写出梁的结构标高和梁的断面尺寸。

（6）标注出有关剖切符号或详图索引符号。

（7）说明各种材料的强度等级、板内分布筋的代号、直径、间距及其他要求等。

2. 楼层平面结构图识读

图10-6为实训楼楼层板平面布置图（图纸详见附录），结合该图阐述板结构平面图的识读。

（1）识读图名及比例。图中所示为二层板平面布置图，绘图比例同建筑施工图。

（2）识读定位轴线和尺寸标注。该层定位轴线和轴线尺寸及总尺寸与标准层建筑平面图相同。

（3）承重墙、柱子和梁。在结构图中，为了反映剪力墙、柱和梁等构件的关系，仍然需要画出这些构件的轮廓线，其中未被楼面板挡住的部分用中实线表示，而被楼面板挡住的部分用中虚线表示，所有混凝土柱一般涂黑表示。本案例为框架结构，无剪力墙。

（4）识读现浇板和配筋。

（5）楼梯洞口。楼梯构件在建筑图和结构图中均有详图，在板结构平面布置图中则需要将开洞处用对角线或阴影表示。

10.5 结构构件详图

楼层板结构布置图

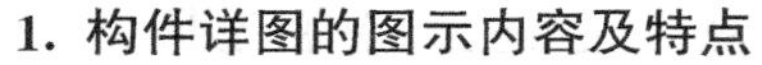

1. 构件详图的图示内容及特点

钢筋混凝土构件详图由模板图、配筋图、预埋件详图和钢筋表组成，配筋图包括配筋立面图、断面图和钢筋大样图。这些图样表示构件长度、断面形状和尺寸，以及钢筋直径、数量、规格、配置情况等，是安装模板、加工和绑扎钢筋、制作构件的施工依据。

配筋图是假设构件为透明体而绘制的，因此在立面图和断面图上能看到钢筋。立面图是构件的纵向剖切投影图，它反映构件立面形状及钢筋上下排列位置。绘图时钢筋用粗实线表示，构件轮廓线用细实线表示，箍筋只反映其侧面，当直径、类型和间距相同时，可以只画一部分。

断面图是构件的横向剖切投影图，它反映钢筋的上下、前后排列关系和箍筋形状及钢筋连接关系。一般在构件断面形状或钢筋数量、位置变化处，需画出一个断面图。通常支座、跨中均应作剖切，并在立面图上画出剖切位置线。立面图、断面图应注明一致的钢筋编号直径、数量、间距，并留出规定的保护层。

有关梁、板、基础等的结构详图已在上文中介绍，此处只着重阐述楼梯的结构详图。

2. 楼梯结构平面图

楼梯结构平面图和楼层结构平面图一样，表示楼梯段、楼梯梁和平台板的平面布置、代号、尺寸及结构标高。多层房屋应表示出底层、中间层和顶层楼梯结构平面图。

楼梯结构平面图中的轴线编号应和建筑平面图一致，楼梯剖面图的剖切符号通常在底层楼梯结构平面图中表示。

为了表示楼梯梁、楼梯板和平台板的布置情况，楼梯结构平面图的剖切位置通常放在层间楼梯平台的上方。例如一层楼梯结构平面图的剖切位置在一、二层之间楼梯平台的上方，与建筑平面图的剖切位置略有不同，如附录中图 10-6 中 LT1 为一层层面详图，投影得到的是向上的第一梯段、楼梯平台以及第二梯段的一部分，第一梯段（TB-1）一端支承在楼梯基础上，另一端支承在楼梯梁（TL-1）上。图中标准层和十一层楼梯结构平面图的表示方法与一层相同，此处不再赘述。在楼梯结构平面图中，除了要标注出平面尺寸，通常还应标注出各梁底和板的厚度尺寸。由于标准层楼梯结构平面图需表示若干相同布置的楼梯结构平面，对于不同楼层楼梯梁的梁底标高则按同一位置不同标高的方法顺序注写。

楼梯结构平面图通常采用比例 1∶50 画出，也可采用比例 1∶20、1∶25、1∶30 等画出。钢筋混凝土楼梯的可见轮廓线用中实线表示，不可见轮廓线用中虚线表示，剖切到的砖墙轮廓线也用中实线表示，钢筋混凝土楼梯的楼梯梁、梯段板、楼板和平台板的重合断面，可直接画在平面图上。

3. 楼梯结构剖面图

楼梯结构剖面图表示楼梯承重构件的竖向布置、构造和连接情况，楼梯结构剖面图可兼作配筋图。当在楼梯结构剖面图中不能详细表示楼梯板和楼梯梁的配筋时，可用较大比例另外画出配筋图。

从图 10-6 中 LT1 1-1 剖面图可知，被剖切的梯段为 TB-1 和 TB-2。楼梯梁和楼梯平台，由于中间层的梯段布置相同，因此在 1-1 剖面图中，只画出了部分梯段，中间用折线段断开。在 1-1 剖面图下方注写平台板的厚度为 120mm，布置双层双向钢筋，采用直径 8 的三级钢筋，间距 150 布置。右下角为节点详图，介绍了该节点的配筋情况。

10.6 钢结构图

1. 钢结构概述

钢结构与木结构、钢筋混凝土结构一样，也是建筑工程中常用的结构类型之一。钢结构主要是由各种型钢和钢板组成的结构构件。钢结构具有质量轻、强度高、耐腐蚀、抗震性能好、施工速度快、造价低、外形优美等诸多优点，常用于各种大跨度结构、重型厂房结构、桥梁、钢架、网架以及高耸的塔桅结构，有时还可作为屋架、柱子、吊车梁、柱间支撑构件。

钢结构施工图主要包括系统施工图和构件图。系统施工图与钢筋混凝土结构布置图相仿，从整体上表达钢结构的位置和尺寸；而构件图则更多的是从细节上表达型钢的种类、尺寸、链接方式等，此外，还有一部分构件图需要标记各种符号、代号、图例等。以某工业厂房为例，介绍钢结构构件图示方法和特点。

2. 型钢类型及标注方法

型钢作为钢结构中最主要的承重构件，比较常见的型钢有角钢、工字钢、槽钢、方钢等，图10-7为常见型钢的截面表示以及标注方法。

序号	名称	截面	标注	说明
1	等边角钢	∟	∟ $b \times t$	b 为肢宽 t 为肢厚
2	不等边角钢	B ∟	∟ $B \times b \times t$	B 为长肢宽 b 为短肢宽 t 为肢厚
3	工字钢	I	I N　Q I N	轻型工字钢加注Q字
4	槽钢	[	[N　Q [N	轻型槽钢加注Q字
5	方钢	▨ b	□ b	—
6	扁钢	b	— $b \times t$	—
7	钢板	——	— $\frac{-b \times t}{L}$	$\frac{宽 \times 厚}{板长}$
8	圆钢	⊘	ϕd	
9	钢管	○	$\phi d \times t$	d 为外径 t 为壁厚

图10-7　常见型钢的标注方法

序号	名称	截面	标注	说明
10	薄壁方钢管	□	B□ $b\times t$	薄壁型钢加注 B 字 t 为壁厚
11	薄壁等肢角钢	∟	B∟ $b\times t$	
12	薄壁等肢卷边角钢	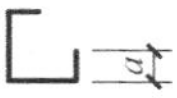 a	B $b\times a\times t$	
13	薄壁槽钢	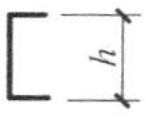 [h	B[$h\times b\times t$	
14	薄壁卷边槽钢	 a	B $h\times b\times a\times t$	
15	薄壁卷边 Z 型钢	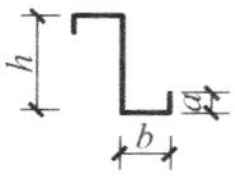 h b a	B $h\times b\times a\times t$	
16	T型钢	T	TW ×× TM ×× TN ××	TW 为宽翼缘 T 型钢 TM 为中翼缘 T 型钢 TN 为窄翼缘 T 型钢

图 10-7　常见型钢的标注方法（续图）

3. 型钢的连接方式

钢结构构件的连接通常有焊接、螺栓连接和铆接三种方式，其中铆接在房屋建筑中采用较少，而焊接不削弱杆件截面，凭借其施工方便且简单的优点，是钢结构施工中最主要的连接方式。

1）焊接连接

（1）焊缝代号：

钢结构通常采用焊接的方法将型钢连接起来，由于设计时对焊接连接方式有不同的要求，产生了不同的焊缝形式，因此在焊接的钢结构施工图中，按照现行国家标准《焊缝符号表示方法》GB/T 324—2008 和《建筑结构制图标准》GB/T 50105—2010 的规定，必须要将焊缝的位置、形式、尺寸用焊缝代号标记出来。焊接代号主要由带箭头的引出线图形符号、焊缝尺寸和辅助符号组成。

（2）焊缝的标注：

常用的焊缝符号画法见表 10-6。

焊缝的图形符号　　　　**表 10-6**

焊缝名称 基本符号	焊缝形式	一般图示法	符号表示法标注示例
I 形焊缝 ‖	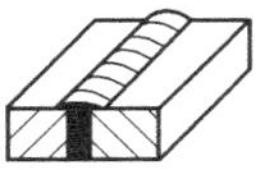	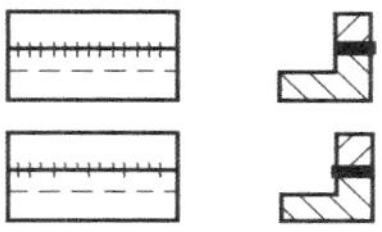	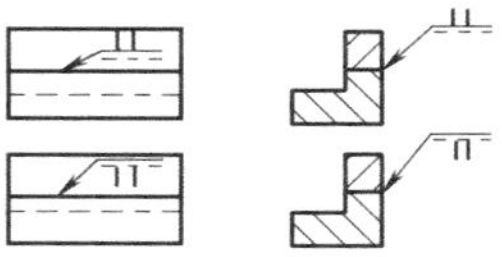

续表

焊缝名称 基本符号	焊缝形式	一般图示法	符号表示法标注示例
V形焊缝			
角焊缝			
点焊缝			

（3）焊接钢构件中关于焊缝的其他规定：

① 单面焊缝的标注：单面焊缝中，当箭头指向焊缝所在的一面时，图形符号和尺寸应标注在横线的上方，如图 10-8（a）所示；反之，当箭头指向焊缝所在的另一面（相对应的那面）时，图形和尺寸应标注在横线的下方，如图 10-8（b）所示。

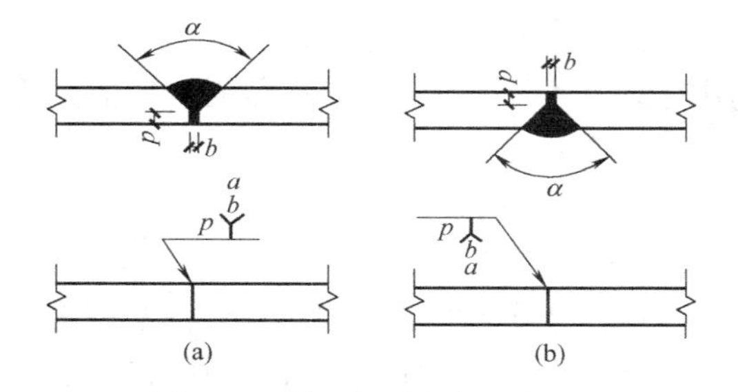

图 10-8　单面焊缝的标注方法

② 双面焊缝的标注：横线的上、下都应该标注符号和尺寸，上方表示箭头一面的符号和尺寸，下方表示另一面的符号和尺寸，如图 10-9（a）所示；当两面的焊缝尺寸相同时，只需在横线上方标注焊缝的符号和尺寸，如图 10-9（b）所示。

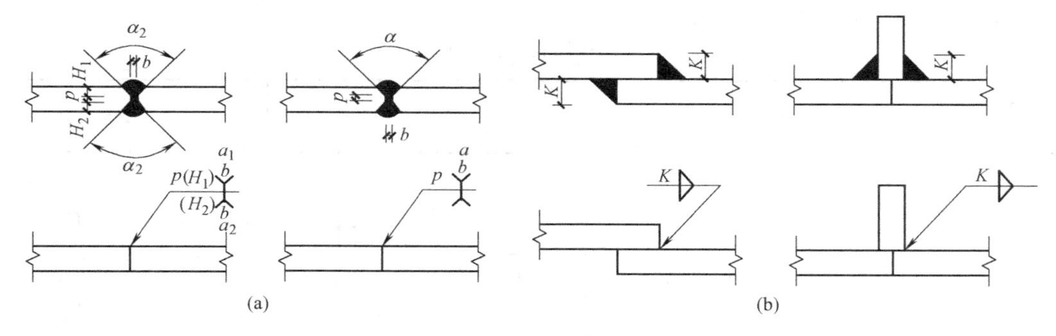

图 10-9　双面焊缝的标注方法

③ 三个及以上焊件相互焊接的焊缝的标注：值得注意的是，这种情况下不得作为双面焊缝标注，其焊缝符号和尺寸应该分别标注，如图 10-10 所示。

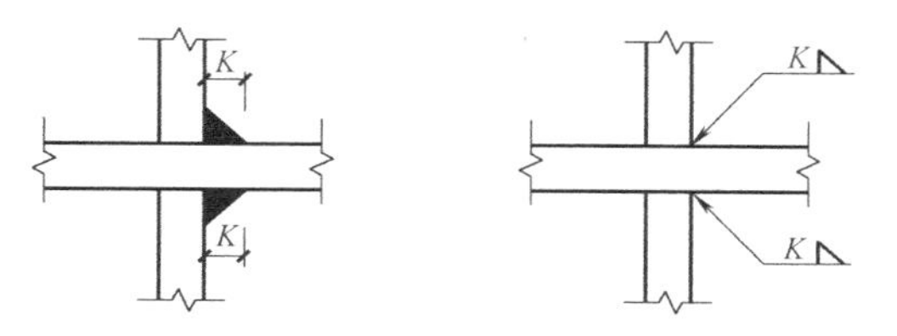

图 10-10　三个及以上焊件的焊缝的标注方法

④ 其他：在具有相同的焊缝形式、剖面尺寸和辅助要求的图形中，可只选择一处标注，并在引出线的转折处加注 3/4 圆弧作为“相同焊缝符号”；在具有多种相同的焊缝时，可以对焊缝采用分类编号标注，在同一类焊缝中可选择一处标注代号，分类编号采用 A、B、C……

2）螺栓连接

螺栓连接拆装方便，操作简单，一组螺栓连接包括螺栓杆、螺母和垫圈，图 10-11 为孔、螺栓和铆钉的表示方法。

序号	名称	图　例	说　明
1	永久螺栓	M ϕ	细“＋”线表示定位线； M 表示螺栓型号； ϕ 表示螺栓孔直径； d 表示膨胀螺栓、电焊铆钉直径； 采用引出线标注螺栓时，横线上标注螺栓规格，横线下标注螺栓孔直径
2	高强螺栓	M ϕ	
3	安装螺栓	M ϕ	
4	胀锚螺栓	d	
5	圆形螺栓孔	ϕ	
6	长圆形螺栓孔	ϕ b	
7	电焊铆钉	d	

图 10-11　孔、螺栓和铆钉的表示方法

10.7 绘制基础施工图

本案例选用××学院实训楼主楼的筏板基础进行阐述。

绘制基础施工图时，一般按照以下顺序进行：设置绘图环境，绘制轴线、墙体构造柱、梁，标出楼梯间的位置，绘制及标注现浇板带、预制板、现浇板，标注梁配筋、尺寸，添加文字说明等。

【本章小结】

本章主要介绍了结构施工图的概念、作用，绘制结构施工图的规定和基本要求，钢筋混凝土构件图、楼层平面结构图、结构构件详图、钢结构图等内容。

【思考与习题】

（1）什么是结构施工图？其作用是什么？

（2）常见的结构施工图有哪些？

第五篇

计算机绘图

第 11 章　计算机绘图

（1）AutoCAD 2018 绘图、编辑、工程标注等基本命令。

（2）AutoCAD 2018 图块的创建及应用。

11.1　AutoCAD 基础知识

11.1.1　AutoCAD 2018 简介

AutoCAD 是由美国 Autodesk 公司于 1982 年开发的自动计算机辅助设计软件，它是计算机领域中具有影响力的软件之一，也是目前我国应用较为广泛的绘图软件。其主要用于二维绘图、设计文档和基本三维设计。因为其界面简单、实践性强且不需要专业人员操作的特性，一直深受广大技术人员的青睐。AutoCAD 也在不断地更新和完善，使其功能更全面、操作更简单。目前，AutoCAD 已广泛应用于工程设计、土木建筑、装饰装修、电工电子等多个领域。

11.1.2　AutoCAD 2018 基本功能和新增功能

1. 基本功能

AutoCAD 软件能够以多种方式创建点、直线、圆、圆弧、轨迹、多义线、椭圆、多边形、样条曲线、三维面、填充物体、三维实心体等基本图形对象；同时 AutoCAD 软件还提供了强大的绘图辅助工具，利用正交、极轴、对象捕捉、对象追踪、光栅等辅助绘图；还允许以多种方式修改和标注图形；不仅可以绘制二维平面图形，还可以创建 1D 实体及表面模型，能对实体进行编辑。除此之外，AutoCAD 软件提供了多种图形图像交换格式及相应命令，并且允许用户定制菜单栏和工具栏，还能利用内嵌语言 Autolisp、Visual Lisp、VBA、ADS、ARX 等进行二次开发。

2. 新增功能

AutoCAD 2018 是 Autodesk 公司推出的较新版本的绘图软件，对计算机的硬件、软件系统要求较低。AutoCAD 2018 较以前的版本增加了视图和视口、三维图形性能、外部参照图层特性、PDF 输入、三维图形性能等功能的改进，可以让用户绘图的速度更快、精确度更高、使用更加高效和便捷。

11.2　AutoCAD 2018 图形绘制和编辑

熟练掌握 AutoCAD 图形绘制和编辑的基本命令、操作方法与技巧，是学习掌握 AutoCAD 的关键，另外还需要注意的就是绘图的技巧，有效运用这些技巧可以帮助我们快速、准确地完成设计。

11.2.1　AutoCAD 2018 工作界面

启动 AutoCAD 2018 后，进入工作界面，如图 11-1 所示。

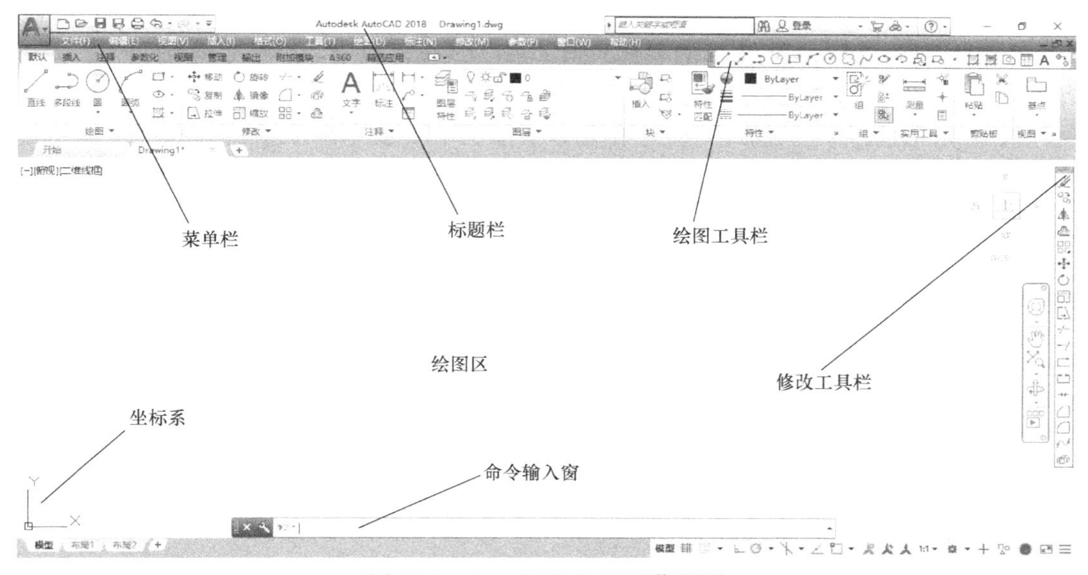

图 11-1　AutoCAD 2018 工作界面

1. 标题栏

标题栏显示了软件的名称（AutoCAD 2018）和当前打开的图形文件名称。如果刚启动了 AutoCAD 或当前图形文件尚未保存，系统默认为 Drawing1。在标题栏的左侧，是标准 Windows 应用程序的控制按钮以及对该文件的操作按钮。在标题栏的最右侧，有一个“缩小窗口”按钮、一个“还原窗口”按钮和一个“关闭应用程序”按钮，这三个按钮与 Windows 其他应用程序相似。

2. 菜单栏

菜单栏位于标题栏下方，共有文件、编辑、视图、插入、格式、工具、绘图、标注、修改、参数、窗口、帮助 12 个菜单，每个下拉菜单包含若干工具，如文件中的菜单中有用于管理图形文件的工具，如新建、打开、保存、打印、输入和图形特性等。

3. 绘图工具栏

绘图工具栏包括直线、多段线、构造线、多边形、矩形、圆弧、圆、样条曲线等基本绘图命令。

4. 修改工具栏

修改工具栏包括拉伸、复制、镜像、修剪、阵列、移动、旋转、缩放等命令。

5. 绘图区

绘图区无边界，利用缩放功能可使绘图区无限增大或减小。

6. 坐标系

坐标系是为用户提供精确定位的辅助工具。

7. 命令输入窗口

命令输入窗口位于绘图区的下方，该窗口由命令历史窗口和命令行两部分组成，在命令行中输入命令按回车键后即可执行相关的动作。

11.2.2 绘图工具条

AutoCAD软件中，当鼠标在某个图标（菜单）上停留时间达2s时，系统会自动弹出浅黄色的对话框，提示当前图标的名称。图11-2为绘图工具条，共有20种命令。

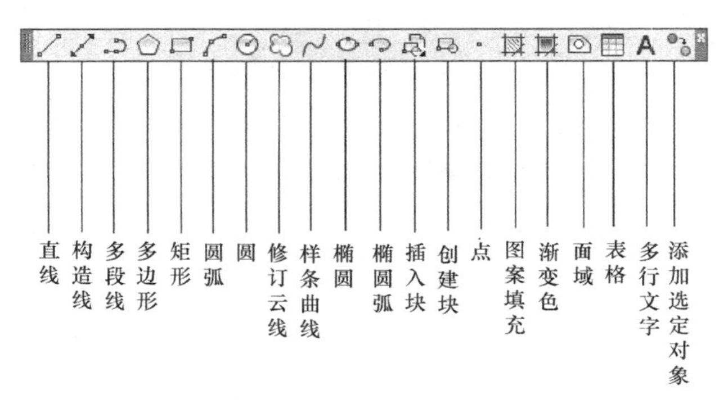

图11-2 绘图工具条

1. 直线

命令：Line；图标：。

快捷命令是L。执行画线命令Line，给出起点和终点来绘出直线段，一次可以画一条线段，也可以连续画多条线段，其中每一条线段都彼此相互独立。

AutoCAD中命令调用：可通过在“命令行”中输入命令单词、单击“工具栏”中的相应图标或在下拉菜单中点击相应菜单这三种方法之一启动命令，如绘制直线来启动命令的三种方法：

（1）在屏幕下方的命令行中下输入“Line（快捷命令L）”，按<Enter>键。

（2）工具栏：“绘图”→“直线”——在“绘图”工具栏上单击“直线”按钮。

（3）菜单：“绘图”→“直线”——单击“绘图”菜单中的“直线”命令。

【例11-1】 用画线Line命令绘出长200、宽100的长方形。

解：（1）工具栏：“绘图”→“直线”按钮。

（2）命令：_line指定第一点：确定起点，在屏幕任意位置点取一点作为A点。

（3）指定下一点或[放弃（U）]：@200，0输入相对坐标，确定B点。

（4）指定下一点或[放弃（U）]：@0，100输入相对坐标，确定C点。

（5）指定下一点或[闭合(C)/放弃(U)]：@−200，0输入相对坐标，确定D点。

（6）指定下一点或[闭合(C)/放弃(U)]：c输入C（Close），将最后端点和最初起点连接形成一闭合的折线。

绘图结果如图11-3所示。

2. 构造线

命令：Xline；图标：。

快捷命令是 XL。构造线是向两端无限延伸的直线，一般用来作为三视图中长对正、高平齐、宽相等的辅助线。具体操作方法有多种，用户可以根据情况自行选择。

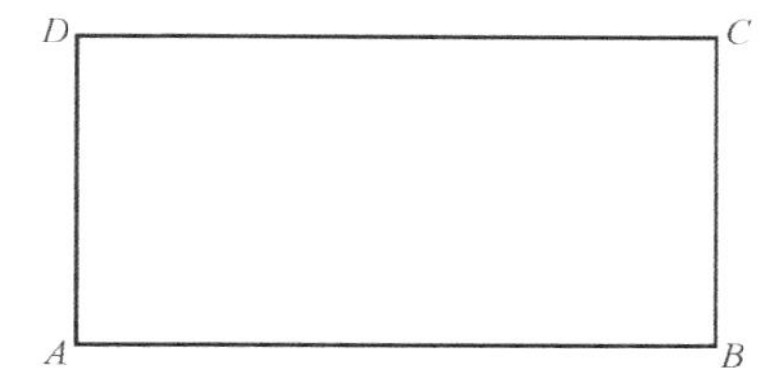

图 11-3　用 Line 命令绘制长方形

3. 多段线

命令：Pline；图标：。

快捷命令是 PL。多段线是由多个直线段和圆弧相连而成的单一对象。整条多段线是一个实体，可以统一对其进行编辑。另外，多段线中各段线条还可以有不同的线宽，这对于绘图尤其是建筑图样非常有利。

4. 多边形

命令：Polygon；图标：。

快捷命令是 POL。使用此命令最多可以绘出具有 1024 条边的正多边形。注意：在绘制多边形时要先输入边数，再选择按边或者按中心绘制。绘制正多边形有以下三种方式：

（1）用内接法画正多边形。用内接法画正多边形是假设有一个圆，要绘制的正多边形内接于其中，即正多边形的每一个顶点都落在这个圆周上。操作完毕后，圆本身并不画出来。这种方法要提供正多边形的 3 个参数：边数；正多边形中心点；外接圆半径，即正多边形中心至每个顶点的距离。

（2）用外切法画正多边形。用外切法画正多边形是假设有一个圆，要绘制的正多边形与之外接，即正多边形的各边均在假设圆之外，且各边与假设圆相切。这种方法要提供正多边形的 3 个参数：正多边形边数、内切圆圆心、内切圆半径。

（3）由边长确定正多边形。如果需要画一个正多边形，使其一角通过某一点，则适合采用由边长确定正多边形的方式。如果正多边形的边长已知，用这种方法就非常方便。这种方法需提供两个参数：正多边形边数和边长。

5. 矩形

命令：Rectang；图标：。

快捷命令是 REC。确定矩形的两个对角点便可绘出矩形。对角点的确定，可以通过十字光标直接在屏幕上点取，也可输入坐标。对角点的选择没有顺序，即用户可以从左到右，也可以从右到左选取。如图 11-2 所示的图形采用 Rectang（矩形）命令绘制，只需要三步即可：单击图标后，在屏幕上选一点作为 A 点，再输入相对坐标@200，100 的对角点作为 C 点，按<Enter>键即可完成矩形绘制。采用直线命令和矩形命令绘制的矩形大小一样，不过在 AutoCAD 系统中，用直线命令绘制的矩形四条边各为独立的对象，要分别对其进行操作；而采用矩形命令绘制的矩形四条边为一个对象，没有分解前，对其中一条边进行操作编辑，系统认为对整个矩形进行操作。

6. 圆弧

命令：Arc；图标：。

快捷命令是 A。绘制圆弧时需要注意 AutoCAD 提供了三点画弧（3 Point）；用起点、中心点、终点方式画弧（Start，Center，End）；用起点、中心点、包角方式画弧（Start，

Center，Angle)；用起点、中心点、弦长方式画弧（Start，Center，Length)；用起点、终点、包角方式画弧（Start，End，Angle)；用起点、终点、半径方式画弧（Start，End，Radius)；用起点、终点、方向方式画弧（Start，End，Direction)；用中心点、起点、终点方式画弧（Center，Start，End)；用中心点、起点、包角方式画弧（Center，Start，Angle)；用中心点、起点、弦长方式画弧（Center，Start，Length)；从一段已有的弧开始继续画弧（Continue）等11种绘制圆弧的方法，用户可根据自己的需求选择合适的方式。在实际绘图时，为了绘图更为快捷、方便，在绘制时往往采用绘制圆来代替圆弧。

7. 圆

命令：Circle；图标：。

快捷命令是C。圆在工程图中可以用来表示柱、轴、轮、孔等。AutoCAD 2018提供了六种画圆的方式，这些方式是根据圆心、半径、直径和圆上的点等参数控制的。以下是六种绘制圆的方式：

（1）用圆心和半径画圆（Center，Radius)。这种方式要求用户输入圆心的位置和半径，圆心的位置可以采用捕捉屏幕点或输入圆心坐标的方式确定，半径也可以采用捕捉屏幕点，系统自动以捕捉点到圆心的距离作为半径绘制圆。

（2）用圆心和直径画圆（Center，Diameter)。这种方式要求用户输入圆心和直径，圆心和直径的确定同用圆心和半径画圆，只不过输入的值为圆的直径。

（3）两点画圆（2 Points)。这种方式要求用户输入圆周上的两点，这两点将作为圆的直径两端点，这两点连线的中点将作为绘制圆的圆心。

（4）三点画圆（3 Points)。这种方式要求用户输入圆周上的任意三点，也相当于绘制的圆外接于以这1点为顶点的三角形。

（5）用切点、切点、半径方式画圆（Tan，Tan，Radius)。这种方式可画两个实体的公切圆，要求用户确定与公切圆相切的两个实体以及公切圆的半径大小。

（6）用切点、切点、切点方式画圆（Tan，Tan，Tan)。这种方式可画三个实体的公切圆，要求用户确定与这三个实体相切的公切圆的相切点。

8. 修订云线

命令：Revcloud；图标：。

无快捷命令。修订云线命令用来创建由连续圆弧组成的多段线。在检查或者用红线圈阅图形时，可以使用修订云线功能亮显标记，以提高工作效率。

9. 样条曲线

命令：Spline；图标：。

快捷命令是SPL。样条曲线是根据给定的一些点拟合生成的光滑曲线，它可以是二维曲线，也可以是三维曲线。样条曲线最少有三个顶点，在机械图样中常用来绘制波浪线、凸轮曲线等。

10. 椭圆

命令：Ellipse；图标：。

快捷命令是EL。椭圆是一种圆锥曲线（也称为圆锥截线)。它的形状是由长轴和短轴的长度决定的，因此绘制椭圆时需设置的参数也与此相关。在 AutoCAD 的绘图中，椭圆的形状主要用中心、长轴和短轴三个参数描述。

（1）通过定义中心和两轴端点绘制椭圆（Center）。当用户定义椭圆的中心点后，椭圆的位置随之确定，再为椭圆两轴各定义一个端点来确定椭圆的形状。

（2）通过定义两轴绘制椭圆。用户要先定义一个轴的两端点，即确定椭圆的一根轴，再定义第三点来确定椭圆的第二根轴的长度。

11. 椭圆弧

命令：Ellipse；图标：。

快捷命令是 EL。绘制方式有两种，第一种是直接在绘图工具栏上点击椭圆弧按钮，第二种是在绘图菜单下单击椭圆弧命令。椭圆弧绘制方法是按照命令栏提示绘制，顺时针方向是图形去除的部分，逆时针方向是图形保留的部分。绘制椭圆弧使用起点和端点角度绘制。

12. 插入块

命令：Insert；图标：。

快捷命令是 I。插入块是将块或图形插入当前图形中。可以点击“插入块”命令，或者点击“插入”，下拉第一个“块”点击即可。点击“插入块”命令后出现对话框，这时输入对应的块名称，插入点处打钩，点击“确定”，然后鼠标在绘图区点击任意一点，块就会插入在该点，如图 11-4 所示。在插入块时，可以设置插入块的比例，比如将 X 方向的比例输入为 0.5，那么，块图形在 X 方向就会缩小到原来的 0.5。还有旋转角度，假如输入 10°，那么插入的块就会按照原图方向逆时针旋转 10°。

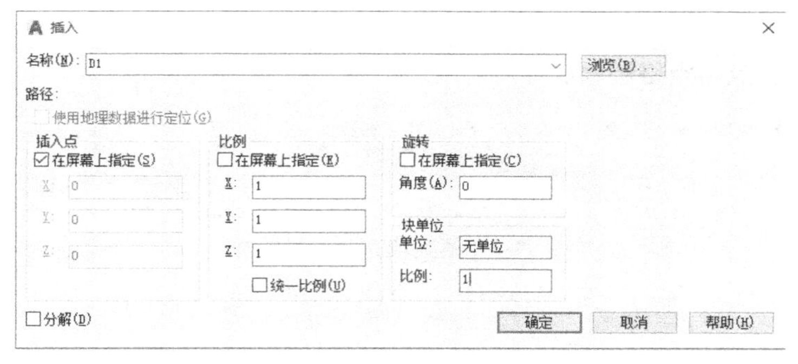

图 11-4　插入块命令对话框

13. 创建块

命令：Block；图标：。

快捷命令是 B。创建块是将图形创建一个整体形成块，方便在作图时插入同样的图形。不过这个块只相对于这个图纸，其他图纸就不能插入此块。创建块可以点击“命令”，也可以点击“绘图”，下拉后在“块”中有“创建块”。点击命令后，会出现对话框，如图 11-5 所示。首先要对块命名，然后点击“拾取点”回到图形界面，在图形上点击一个参照点。点击参照点后又回到窗口，这时点击选择图形，然后鼠标框选图形后回车，点击“确定”，块就创建好了。块创建好后就可以插入块了。

图 11-5　创建块命令对话框

14. 点

命令：Point；图标：。

快捷命令是 PO。在绘图工具条中，找到点命令，根据所绘制的点的要求，插入点即可。执行点命令后，在绘图界面任意点一下，即可完成创建。一般绘制点是用来创建线的。

15. 图案填充

命令：Hatch；图标：。

快捷命令是 H。图案填充即使用填充图案、实体填充或渐变填充来填充封闭区域或选定对象。在绘图工具栏的下拉菜单里面有“图案填充”命令，打开填充对话框，如图 11-6 所示，可以对填充样式进行设置，设置完成后单击拾取点，在想要填充的图案内部单击鼠标左键拾取一个点，再点击空格键确认即可完成。

图 11-6　图案填充命令对话框

16. 渐变色

命令：Gradient；图标：。

快捷命令是 GD。图案填充即使用填充图案、实体填充或渐变填充来填充封闭区域或选定对象。在绘图版块，点击填充系列里的渐变色，直接选择封闭对象，即可填好渐变颜色。边界里面，拾取点是针对封闭对象，选择是针对不封闭对象。图案可以选择不同颜色风格，颜色不是固定的，也可以在特性里面设置颜色。同时可以给颜色设置角度、明暗度，设置完成后，就可以点击关闭图案填充，创建关闭。

17. 面域

命令：Region；图标：。

快捷命令是 REG。面域是使用形成闭合环的对象创建的二维闭合区域。环可以是直线、多段线、圆、圆弧、椭圆、椭圆弧和样条曲线的组合。组成环的对象必须闭合或通过与其他对象共享端点而形成闭合的区域。面域命令可以点击工具栏的面域命令，也可以点击绘图下拉的“面域”。

18. 表格

命令：Table；图标：。

快捷命令是 TB。创建空的表格对象，表格是在行和列中包含数据的复合对象。可以通过空表格或表格样式创建空的表格对象，还可以将表格链接至 Microsoft Excel 电子表格中的数据。将显示“插入表格”对话框。如果在功能区处于活动状态时选择表格单元，将显示“表格”功能区上下文选项卡。

19. 多行文字

命令：Mtext；图标：。

快捷命令是 MT。创建多行文字对象，可以将若干文字段落创建为单个多行文字对象。使用内置编辑器，可以格式化文字外观、列和边界。如果功能区处于活动状态，指定对角点后，将显示“文字编辑器”功能区上下文选项卡。如果功能区未处于活动状态，则将显示在位文字编辑器。如果指定其他某个选项，或在命令提示下输入-mtext，则 Mtext 将忽略在位文字编辑器并显示其他命令提示。

20. 添加选定对象

命令：Addselected；图标：。

无快捷命令。创建一个新对象，该对象与选定对象具有相同的类型和常规特性，但具有不同的几何值。选择对象后，系统将提示为新对象指定几何值，例如新起点、大小和位置。例如，如果选择一个圆，则新圆将采用选定圆的颜色和图层，但需要指定新的中心点和半径。

11.2.3　修改工具条介绍

前面介绍了一些基本绘图命令与使用方法，在绘图中还经常需要对已有的图形进行修改。通过人机对话，对图形进行编辑与修改会给绘图、设计带来很多方便，还可以大大提高绘图速度和质量。AutoCAD 提供了方便、实用、丰富的编辑与修改功能。修改工具条由删除、复制、镜像、偏移、矩形阵列、移动、旋转、缩放、拉伸、修剪、延伸、打断于点、打断、合并、倒角、圆角、光顺曲线、分解等命令组成，如图 11-7 所示。

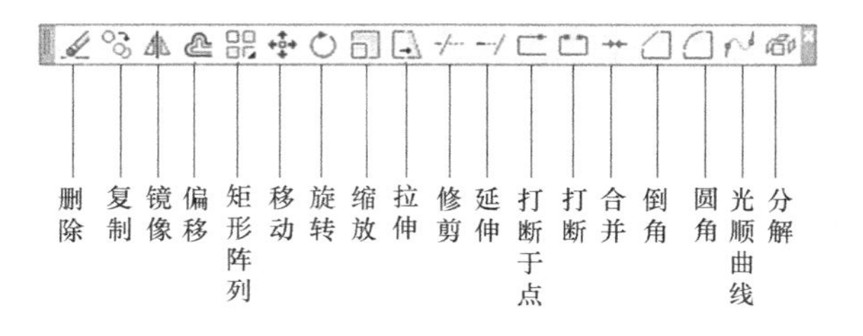

图 11-7　修改工具条

1. 删除

命令：Erase；图标：。

快捷命令是E。删除对象是一个基本操作，基本操作是在激活命令后，需要选择删除对象，然后按<Enter>键结束对象选择，即可完成对象删除。

2. 复制

命令：Copy；图标：。

快捷命令是CO。复制命令可以将一个对象进行一次或者多次复制，并且复制生成的每个对象都是独立的。

3. 镜像

命令：Mirror；图标：。

快捷命令是MI。镜像命令是将目标对象按照指定的轴线作对称复制，原目标对象可保留也可删除。

4. 偏移

命令：Offset；图标：。

快捷命令是O。偏移命令能够对直线、圆、圆弧或者曲线作等距离偏移。

5. 矩形阵列

命令：Array；图标：。

快捷命令是AR。阵列复制是用阵列形式复制多个对象，有矩形阵列和环形阵列两种方式。矩形阵列是行列形式，有M行和N列，可以复制M×N个对象。矩形阵列操作可以控制行和列的数目以及它们之间的距离。环形阵列是圆周形式。对于环形阵列，可以控制对象副本的数目并决定是否旋转副本。对于创建多个确定间距的对象，阵列比复制要快。复制后原对象也成为复制阵列中的一员。

6. 移动

命令：Move；图标：。

快捷命令是M。移动命令能在指定方向上按指定距离移动对象。

7. 旋转

命令：Rotate；图标：。

快捷命令是RO。旋转命令能将对象在平面上绕指定基点旋转一个角度。

8. 缩放

命令：Scale；图标：。

快捷命令是SC。缩放命令能将被选择对象相对于基点比例放大或者缩小。

9. 拉伸

命令：Stretch；图标：。

快捷命令是S。拉伸命令可以拉伸或移动对象。注意：在拉伸对象时，选择窗口内的部分被移动，窗口外的部分原地不动，但移动部分和不移动部分依然相连。若选择对象全部在窗口内，则对象整体被移动。

10. 修剪

命令：Trim；图标：。

快捷命令是TR。修剪命令与延伸命令类似，只是边界不是用于延伸而是用于剪切。

剪切边界可以是直线、圆弧、圆、多义线、椭圆、样条曲线等。

被修剪的对象可以是圆弧、圆、椭圆弧、直线、开放的二维和三维多义线、射线和样条曲线等。选择被修剪对象时要注意拾取位置，靠近拾取位置一侧的部分被剪切掉。使用修剪命令，可以修剪对象，使其精确地终止于由其他对象定义的边界。

11. 延伸

命令：Extend；图标：--/。

快捷命令是 EX。延伸命令能延伸对象，使它们精确地延伸至有其他对象的边界，或将对象延伸到它们将要相交的某个边界上。

12. 打断于点

命令：Break；图标：。

快捷命令是 BR。打断和打断于点的快捷键都是 BR。如果用了 BR 后在同一点上点两下，就是打断于点，这时一条线段会变成两条线段，但端点重合；如果点在不同的两点上，就是打断，这时一条线段会分成两条分开的线段。

13. 打断

命令：Break；图标：。

快捷命令是 BR。打断命令提示用户在对象上指定两个点，然后删除两点之间的部分，如果两点距离很近或者位置相同，则在该位置将对象切开成两个对象。打断是指删除对象的一部分或将对象分成两部分。能够打断的对象有直线、圆弧、圆、多段线、椭圆、样条曲线、圆环等。

14. 合并

命令：Join；图标：。

快捷命令是 J。将对象合并形成一个完整的对象。注意：源对象的选择可以是一条直线、多段线、圆弧、椭圆弧、样条曲线或螺旋线。

15. 倒角

命令：Chamfer；图标：。

快捷命令是 CHA。倒角是在两条不平行的直线相交处倒出斜角。两条直线不相交时，AutoCAD 延伸直线倒出斜角。倒角的对象只能是直线、多义线，也可以是三维实体倒角。

16. 圆角

命令：Fillet；图标：。

快捷命令是 F。圆角命令是用一条圆弧光滑地连接两个对象。进行圆角处理的对象可以是直线、多义线的直线段、样条曲线、构造线、射线、圆、圆弧和椭圆，还可以是三维实体倒圆角。

17. 光顺曲线

命令：Blend；图标：。

无快捷命令。所谓光顺曲线，实际上是样条曲线，通过光顺曲线，可以将两个对象的端点进行光顺地连接起来，目标对象可以是直线、圆弧、多段线等，创建的光顺曲线默认是以相切的形式连接两个图形对象。

18. 分解

命令：Explode；图标：。

快捷命令是 X。分解对象是指将多义线、标注、图案填充、图块或三维实体等有关联性的合成对象分解为单个元素，又称为“炸开对象”。

11.3 工程标注

图纸或屏幕上的图形用来表达零件的形状，而零件上各部分的真实大小及相对位置，则靠标注尺寸确定。标注是向图形中添加测量注释的过程。AutoCAD 提供多种标注对象及设置标注格式的方法，可以在各个方向上为各类对象创建标注，也可以方便快速地以一定格式创建符合行业或项目标准的标注。

标注显示对象的测量值、对象之间的距离或角度或特征自指定原点的距离。AutoCAD 提供了三种基本的标注类型：线性、半径和角度。标注可以是水平、垂直、对齐、旋转、坐标、基线或连续，如图 11-8 所示。

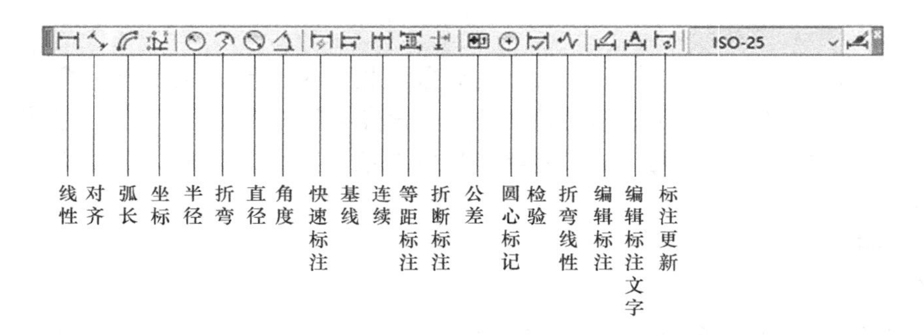

图 11-8　标注工具条

1. 线性标注

命令：Dimlinear；图标：。

快捷命令是 DLI。线性标注用于标注水平两点间的尺寸和垂直两点间的尺寸。

2. 对齐标注

命令：Dimaligned；图标：。

快捷命令是 DAL。对齐标注的尺寸线平行于由两条尺寸界线起点确定的直线。

3. 弧长标注

命令：Dimarc；图标：。

快捷命令是 DAR。弧长标注就是直接标注圆弧的长度。

4. 坐标标注

命令：Dimordinate；图标：。

快捷命令是 DOR。坐标标注就是标注指定点的坐标值，是沿着一条简单的引线显示点的 X 或 Y 坐标。

5. 半径标注

命令：Dimradius；图标：。

快捷命令是 DRA。该标注用于标注圆或圆弧的半径。

6. 折弯标注

命令：Dimjogged；图标：。

快捷命令是 DJO。如果一个圆弧半径很大，在图上标注半径时尺寸线很长，不是很美观，这时就要用到折弯标注。

7. 直径标注

命令：Dimdiameter；图标：。

快捷命令是 DDI。直径标注用于标注圆或圆弧的直径。

8. 角度标注

命令：Dimangular；图标：。

快捷命令是 DAN。角度标注用于标注两条直线之间的夹角、圆弧的弧度或者三点间的角度。

9. 快速标注

命令：Qdim；图标：。

无快捷命令。快速标注命令可以实现尺寸的交互式、动态标注。使用 Qdim 快速创建或编辑一系列标注。创建系列基线、连续标注，或为一系列圆或圆弧创建标注时，此命令特别有用。

10. 基线标注

命令：Dimbaseline；图标：。

快捷命令是 DBA。基线标注是以已经标注的一个尺寸界线为公共基准生成的多次标注，因此在基线标注前，必须已经存在标注。基线标注可以应用于线性标注、角度标注。

11. 连续标注

命令：Dimcontinue；图标：。

快捷命令是 DCO。连续标注和基线标注一样，不是基本的标注类型，是一个由线性标注或角度标注所组成的标注族。与基线标注不同的是，后标注尺寸的第一条尺寸界线为上一个标注尺寸的第二条尺寸界线。

12. 等距标注

命令：Dimspace；图标：。

无快捷命令。等距标注用于调整线性标注或角度标注之间的间距。平行尺寸线之间的间距将设为相等，也可以通过使用间距值 0 使一系列线性标注或角度标注的尺寸线齐平。

13. 折断标注

命令：Dimbreak；图标：。

无快捷命令。折断标注是指在标注和尺寸界线与其他对象的相交处打断或恢复标注和尺寸界线。可以将折断标注添加到线性标注、角度标注和坐标标注等。

14. 公差

命令：Tolerance；图标：。

快捷命令是TOL。创建包含在特征控制框中的形位公差显示“形位公差”对话框。形位公差表示形状、轮廓、方向、位置和跳动的允许偏差。特征控制框可通过引线使用Tolerance、Leader或Qleader进行创建。

15. 圆心标记

命令：Dimcenter；图标：。

快捷命令是DCE。创建圆和圆弧的圆心标记或中心线。注意：圆心标记有小十字和中心线两种。

16. 检验

命令：Diminspect；图标：。

无快捷命令。为选定的标注添加或删除检验信息。检验标注用于指定应检查制造的部件的频率，以确保标注值和部件公差处于指定范围内。

17. 折弯线性

命令：Dimjogline；图标：。

快捷命令是DJL。在线性标注或对齐标注中添加或删除折弯线。标注中的折弯线表示所标注的对象中的折断。标注值表示实际距离，而不是图形中测量的距离。

18. 编辑标注

命令：Dimedit；图标：。

快捷命令是DED。对标注对象上的尺寸文本、尺寸线及尺寸界限进行编辑。

19. 编辑标注文字

命令：Dimtedit或Dimted；图标：。

无快捷命令。用来移动和旋转标注文字。

20. 标注更新

命令：Dimstyle；图标：。

快捷命令是DST。使用当前的标注样式更新所选标注原有的标注样式。

11.4 图块与图库

应用AutoCAD进行设计和绘图时，常用的图形符号做成块可以大幅度提高设计效率，节省图形存储空间。熟练掌握图块特性和使用图块绘图，提高计算机绘图与设计的效率很有意义。

11.4.1 图块的特点

图块具有以下特点：

（1）图块是一个复杂的图形对象，它有名字、基点和成员。成员可以是直线、圆、圆弧等简单的图形对象，也可以是多义线、文本等复杂的图形对象，还可以是其他图块。

（2）用“Insert”命令可以调用内部或外部图块，可以根据实际需要将图块按给定的比例和旋转角度方便地插入到指定的位置。

（3）图块可以保存为单独的块文件，作为文件处理。图块可分为内部图块和外部图块，内部图块只能够在当前文件中使用，而外部图块可以被任何的 AutoCAD 文件调用，外部图块以“.dwg”类型的图形文件保存。

（4）利用图块可以节省存储空间，插入图块与复制（Copy）命令很相似，它们的根本区别在于：每复制一次，AutoCAD 会将复制对象的全部实体信息都复制一遍，相同部件很多时，复制将占用大量的存储空间；而插入图块仅增加一些引用信息，减少存储空间。

（5）可以给图块附加属性，属性是附加在图块上的文本说明，用于表示图块的非图形信息。

（6）在工程绘图中，使用大量图块生成各种标准原件库、符号库等，可大幅度提高绘图效率。

（7）图块具有组成对象图层的继承性，在图块插入时，图块中 0 层上的对象改变到图块的插入层，图块中非 0 层上的对象图层不变。

（8）图块组成对象颜色、线型和线宽的继承性，在 Bylayer（强制对象的属性转换为“ByLayer”）块插入后，图块中各对象的颜色、线型和线宽与图块插入后各对象所在图层的设置，即图层颜色、图层线型和图层线宽一致，而不是与图块插入后各对象所在图层的当前设置，即当前颜色、当前线型和当前线宽一致。

11.4.2　块的属性定义

在 AutoCAD 中，使用块可以提高绘图速度、节省存储空间、便于修改图形，并且还能为块添加属性。

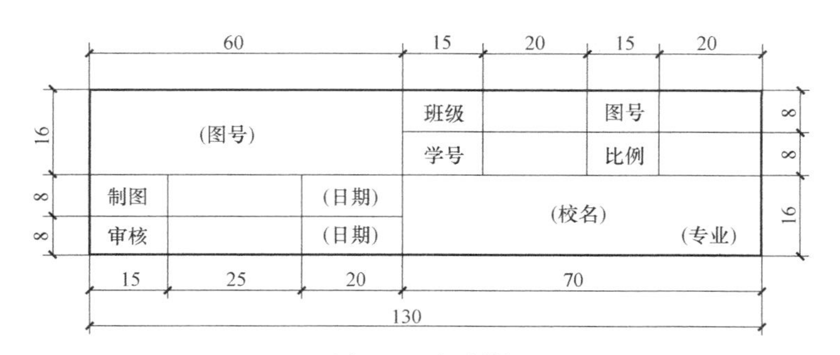

图 11-9　标题栏

图 11-9 所示的标题栏为院校简化标题栏。标题栏中的文字方向为看图方向，标题栏中有一些内容需要填写，如图纸的名称、制图（设计者）的名称、制图日期、班级、学号等内容也是经常变化的，为了绘图的快捷，可将标题栏图形定义为图块。以此为例介绍图块的创建方法。

首先绘制并设置好图 11-9 中的线及线型，在命令行中输入 text 或 mtext 命令（单击绘图工具条中的 A 图标），输入标题栏中如“制图”等汉字，再在制图的名称等位置进行属性定义。

要创建属性，首先创建包含属性特征的属性定义。特征包括标记（标识属性的名称）、插入块时显示的提示、值的信息、文字格式、块中的位置和所有可选模式（不可见、常数、验证、预置、锁定位置和多线）。如果计划提取属性信息在零件列表中使用，可能需要保留所创建的属性标记列表。以后创建属性样板文件时，将需要此标记信息。

命令调用：顺序单击“绘图”→“块”→“属性定义…”，或在命令行中输入 Attdef 命令，弹出如图 11-10 所示“属性定义”对话框，可以给块属性特征的属性定义。“属性定义”对话框中各选项为：

图 11-10　属性特征的属性定义

（1）不可见：指定插入块时不显示或打印属性值。

（2）固定：在插入块时赋予属性固定值。

（3）验证：插入块时提示验证属性值是否正确。

（4）预设：插入包含预设属性值的块时，将属性设置为默认值。

（5）锁定位置：锁定块参照中属性的位置。解锁后，属性可以相对于使用夹点编辑的块的其他部分移动，并且可以调整多行属性的大小。

（6）多行：指定属性值可以包含多行文字。选定此选项后，可以指定属性的边界宽度。注意在动态块中，由于属性的位置包括在动作的选择集中，因此必须将其锁定。

（7）属性：设置属性数据。

（8）标记：标识图形中每次出现的属性。使用任何字符组合（空格除外）输入属性标记，小写字母会自动转换为大写字母。

（9）提示：指定在插入包含该属性定义的块时显示的提示。如果不输入提示，属性标记将用作提示。如果在“模式”区域选择“常数”模式，“属性提示”选项将不可用。

（10）默认：指定默认属性值。

（11）“插入字段”按钮（图标为![]）：显示“字段”对话框。可以插入一个字段作为属性的全部或部分值。

（12）插入点：指定属性位置。输入坐标值或者选择“在屏幕上指定”，并使用定点设备根据与属性关联的对象指定属性的位置。

（13）在屏幕上指定。关闭对话框后将显示“起点”提示。使用定点设备相对于要与属性关联的对象指定属性的位置。X 指定属性插入点的 X 坐标；Y 指定属性插入点的 Y 坐标；Z 指定属性插入点的 Z 坐标。

（14）文字设置：设置属性文字的对正、样式、高度和旋转。

（15）对正：指定属性文字的对正。关于对正选项的说明，请参见 Text。

（16）文字样式：指定属性文字的预定义样式。显示当前加载的文字样式。要加载或创建文字样式，请参见 Style。

（17）注释性：指定属性为 Annotative。如果块是注释性的，则属性将与块的方向相匹配。单击信息图标以了解有关注释性对象的详细信息。

（18）文字高度：指定属性文字的高度。输入值，或选择“高度”用定点设备指定高度。此高度为从原点到指定位置的测量值。如果选择有固定高度（任何非 0.0 值）的文字样式，或者在“对正”列表中选择了“对齐”，“高度”选项不可用。

（19）旋转：指定属性文字的旋转角度。输入值，或选择“旋转”用定点设备指定旋转角度。此旋转角度为从原点到指定位置的测量值。如果在“对正”列表中选择了“对齐”或“调整”，“旋转”选项不可用。

（20）边界宽度：换行前，请指定多行属性中文字行的最大长度。值 0.000 表示对文字行的长度没有限制。此选项不适用于单行属性。

（21）在上一个属性定义下对齐：将属性标记直接置于定义的上一个属性的下面。如果之前没有创建属性定义，则此选项不可用。

可以多次给标题栏中的不同的单元格里面的内容进行属性定义，形成块库。定义完的标题栏如图 11-11 所示。图中的字母部分即为块的属性定义部分，在定义属性的时候，可以给经常不变的填写内容项预先赋值，避免设计时的重复工作。

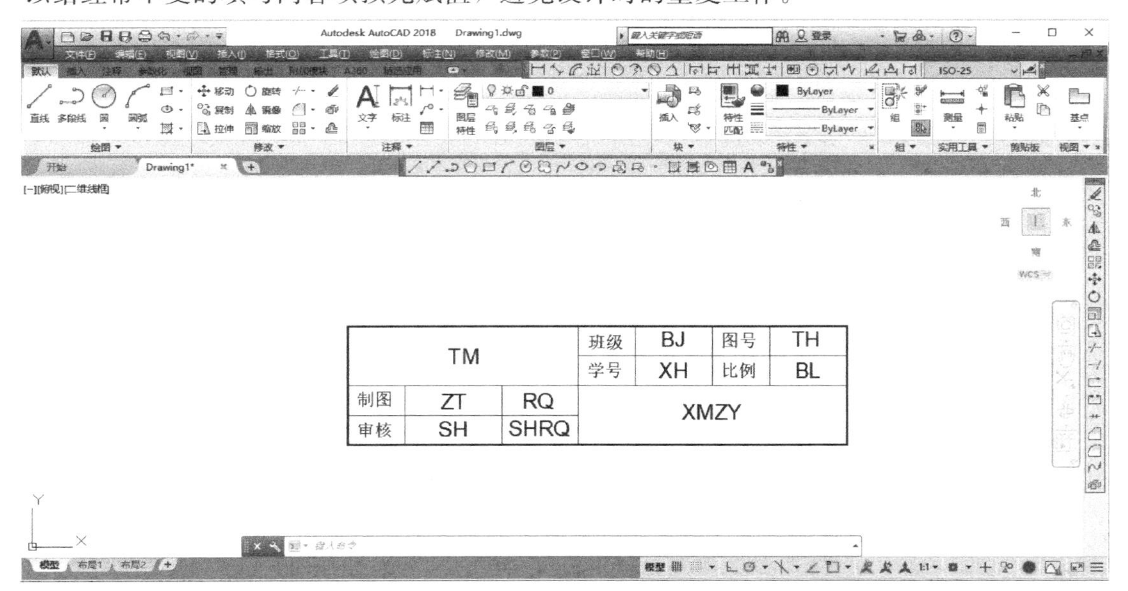

图 11-11　标题栏块的属性定义

11.4.3 图块的保存（Wblock）

命令说明： Block 命令所定义的图块如果在其他 AutoCAD 文件中也要用到，或者是交给其他人使用，就需要将定义的图块作为单独的文件保存，要达到这个目的，就应该使用 Wblock 命令，将已经定义的图块以单个文件的形式保存，或新定义图块并将其以文件形式保存到磁盘上。

在命令行中输入 Wblock 命令并按回车键，此时弹出“写块”对话框，如图 11-13 所示。“写块”对话框将显示不同的默认设置，这取决于是否选定对象、是否选定单个块或是否选定非块的其他对象。该对话框的说明如下：

（1）源：指定块和对象，将其保存为文件并指定插入点。

（2）块：指定要保存为文件的现有块。从列表中选择名称。

（3）整个图形：选择当前图形作为一个块。

（4）对象：可指定块的基点和选择作为块的对象。

（5）基点：指定块的基点。默认值是（0，0，0）。

（6）拾取点：暂时关闭对话框以使用户能在当前图形中拾取插入基点。X 指定基点的 X 坐标值；Y 指定基点的 Y 坐标值；Z 指定基点的 Z 坐标值。

（7）对象：设置用于创建块的对象上的块创建的效果。

（8）保留：将选定对象保存为文件后，在当前图形中仍保留它们。

（9）转换为块：将选定对象保存为文件后，在当前图形中将它们转换为块。块指定为“文件名”中的名称。

（10）从图形中删除：将选定对象保存为文件后，从当前图形中删除它们。

（11）＜选择对象＞按钮：临时关闭该对话框以便可以选择一个或多个对象保存至文件。

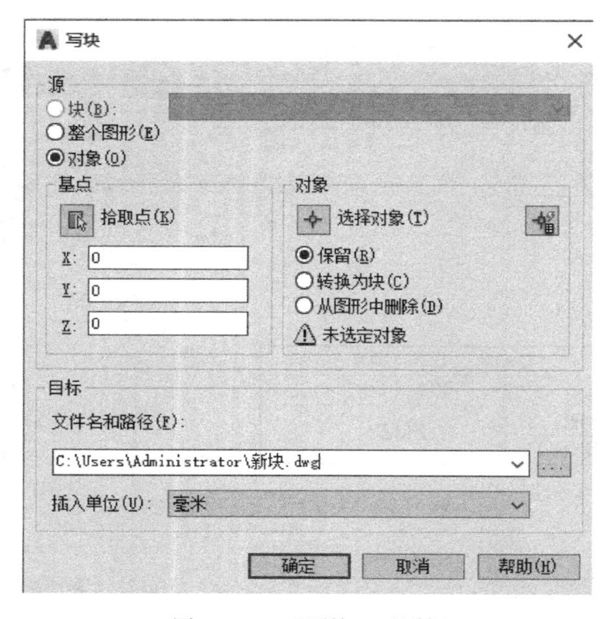

图 11-12 “写块”对话框

（12）选定的对象：指示选定对象的数目。

（13）目标：指定文件的新名称和新位置以及插入块时所用的测量单位。

（14）文件名和路径：指定文件名和保存块或对象的路径。显示“标准文件选择”对话框。

（15）插入单位：指定从 DesignCenter™（设计中心）拖动新文件或将其作为块插入到使用不同单位的图形中时用于自动缩放的单位值。如果希望插入时不自动缩放图形，请选择“无单位”。

先选择图 11-12“写块”对话框中的＜对象＞按钮，单击图标（拾取点）图标，AutoCAD 软件暂时关闭“写块”对话框，用鼠标捕捉图 11-12 中标题栏的右下角点作为插入图块的基点。AutoCAD 软件再次返回到“写块”对话框，单击图标（选择对象），软件暂时关闭“写块”对话框，将图 11-12 中标题栏的图线及文字、属性定义标记等都选上，单击鼠标右键返回到“写块”对话框。在文件名和路径的文本框中输入保存块的路径及块的名称。“插入单位”设置为毫米，再单击<确定>按钮，完成 Wblock 命令创建的块。

11.4.4　图块的使用

Insert 命令插入块：

命令说明：定义好图块后，单击绘图工具条下的图标（插入块）或在命令行中输入 Insert 命令并按回车键，或顺序单击“插入”下拉菜单中的“块…”。可将图块或整个图形文件插入到当前图形中，并可指定插入点、缩放比例和旋转角度。执行此命令后，将弹出如图 11-13 所示对话框，说明如下：

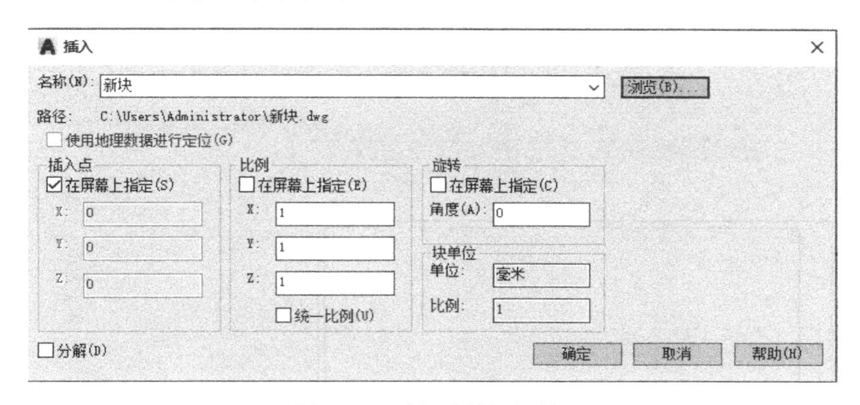

图 11-13　插入图块对话框

（1）名称：指定要插入块的名称，或指定要作为块插入的文件的名称。

（2）浏览：打开“选择图形文件”对话框（标准文件选择对话框），从中可选择要插入的块或图形文件。

（3）路径：指定块的路径。

（4）插入点：指定块的插入点。

在屏幕上指定：用定点设备指定块的插入点。X 设置 X 坐标值；Y 设置 Y 坐标值；Z 设置 Z 坐标值。

（5）比例：指定插入块的缩放比例。如果指定负的 X、Y 和 Z 缩放比例因子，则插入块的镜像图像。

在屏幕上指定：用定点设备指定块的比例。X 设置 X 比例因子；Y 设置 Y 比例因子；Z 设置 Z 比例因子。

（6）统一比例：为 X、Y 和 Z 坐标指定单一的比例值。为 X 指定的值也反映在 Y 和 Z 的值中。

（7）旋转：在当前 UCS 中指定插入块的旋转角度。

在屏幕上指定：用定点设备指定块的旋转角度。

(8) 角度：设置插入块的旋转角度。

(9) 块单位：显示有关块单位的信息。

(10) 单位：指定插入块的 Insunits 值。

(11) 因子：显示单位比例因子，该比例因子是根据块的 Insunits 值和图形单位计算的。

(12) 分解：分解块并插入该块的各个部分。选定“分解”时，只可以指定统一比例因子。

本案例中，浏览并确定“标题栏”块文件后，单击“确定”按钮，AutoCAD 软件命令行提示插入块的基点，对于标题栏来说一般选择图纸中的图框线右下角点，命令行中顺序提示要输入“标题栏”块的各属性值，也可以将块文件复制到工具选项板中，使用直接拖曳至绘图区即可，如图 11-14 所示。粗糙度、零件序号、明细表等都可以通过创建块、插入块等命令完成。

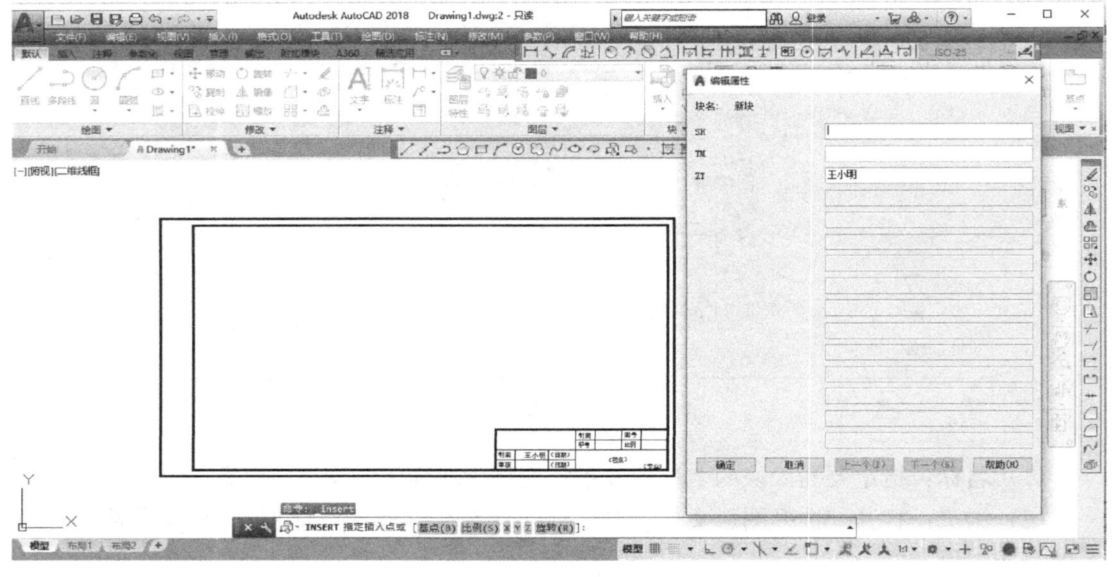

图 11-14　插入标题栏块

【本章小结】

本章主要介绍了 AutoCAD 2018 绘图、编辑、工程标注等工具条的图标基本命令等内容。

【思考与习题】

(1) 简述 AutoCAD 2018 界面组成。

(2) AutoCAD 2018 中草图设置有哪些？

(3) AutoCAD 2018 中选择对象有哪些？

第 12 章　AutoCAD 绘制专业工程图

（1）AutoCAD 绘制建筑平面图。

（2）AutoCAD 绘制建筑立面图。

（3）AutoCAD 绘制建筑剖面图。

12.1　AutoCAD 绘制建筑平面图

12.1.1　绘制的方法与步骤

本节以附录中图 12-1 ××学院管理工程实训楼二层建筑平面图（图纸详见附录）为例，介绍使用 AutoCAD 2018 绘制建筑平面图的过程。一般建筑平面图的绘制步骤为：

（1）设置绘图环境。

（2）绘制定位轴线。

（3）绘制墙体。

（4）绘制门窗。

（5）绘制柱子。

（6）绘制各个建筑细部（如楼梯等）。

（7）标注文字和尺寸。

二层建筑平面图

12.1.2　绘图实例

1. 设置绘图环境

（1）新建图形文件。

启动计算机，打开 AutoCAD 2018 软件，单击快速访问工具栏中的新建命令按钮，弹出“选择样板”对话框，如图 12-2 所示，可选择默认样板文件“acadiso. dwt”，单击“打开”按钮，进入 AutoCAD 2018 绘图界面。

（2）设置绘图区域。

在菜单栏中点击“格式”→“图形界限”，或者在命令行输入“limits”，按回车键确认，由此设置图幅范围。命令行中出现“指定左下角点”，默认值为（0，0）点，直接按回车键确认。命令行中出现“指定右上角点”，例中采用 1∶1 的比例绘图，按 0 号图纸 1∶100 的比例出图，所以设置绘图范围为＜118900，84100＞，输入“118900，84100”，按回车键确认。

（3）新建图层及设置。

图层可以快速查看某一图层上的图形，设置不同图层中不同的线形、线宽以及颜色，

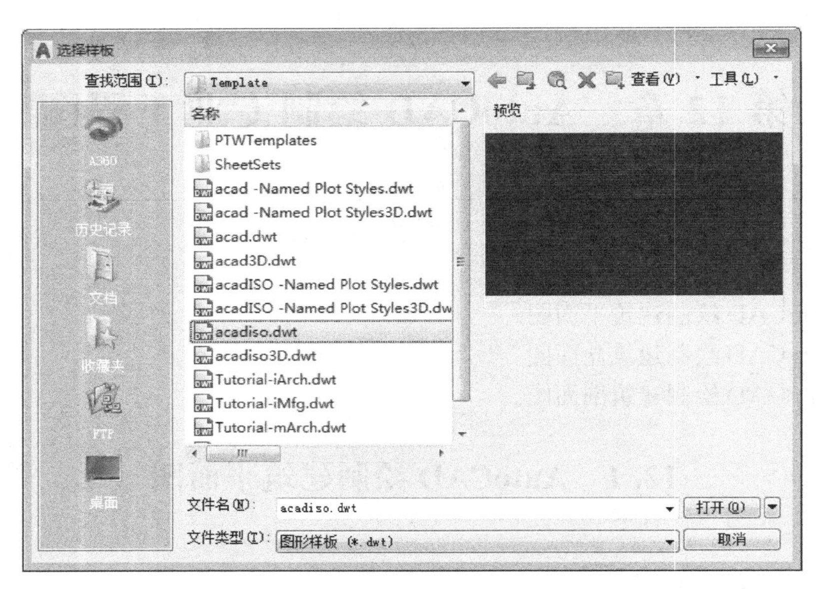

图 12-2 “选择样板”窗口

控制某一图层的图形是否打印等。

首先新建图层，单击“图层”面板中的图层特性按钮，弹出“图层特性管理器”窗口，然后点击新建按钮，新建“轴线”“墙体”“门窗”“柱子”“楼梯”“标题栏”“尺寸标注”“其他”图层，如图 12-3 所示。图层的状态、名称、图层开关、颜色、线型、线宽等特性都可以单击进行修改。

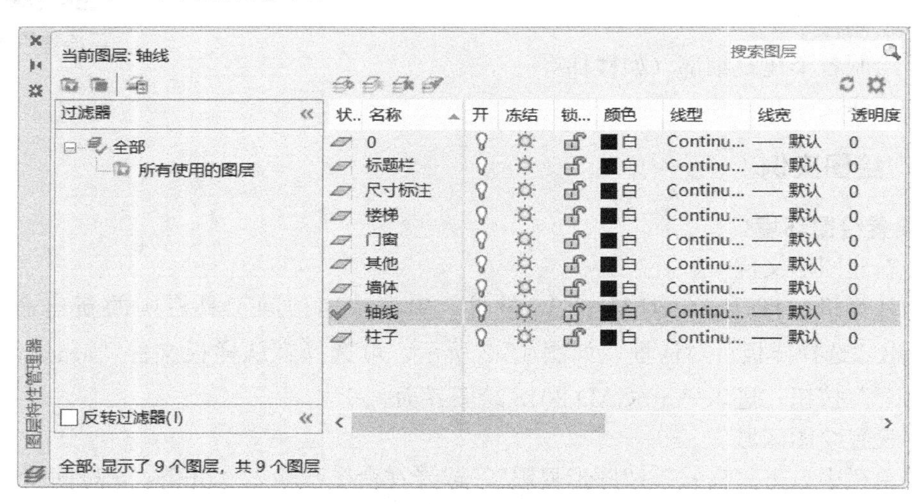

图 12-3 图层特性管理器

(4) 设置文字样式和标注样式。

文字样式和标注样式相当于一个模板，使用该模板的样式均相同，通过“文字样式管理器”和“标注样式管理器”可以快速指定文字和标注的格式，提高绘图效率。

文字样式和标注样式的修改，单击菜单栏中的“格式”→“文字样式”命令按钮，出现“文字样式”窗口，如图 12-4 所示。点击“格式”→“标注样式”命令按钮，出现“标注样式管理器”窗口，可以新建样式或修改样式，如图 12-5 所示。

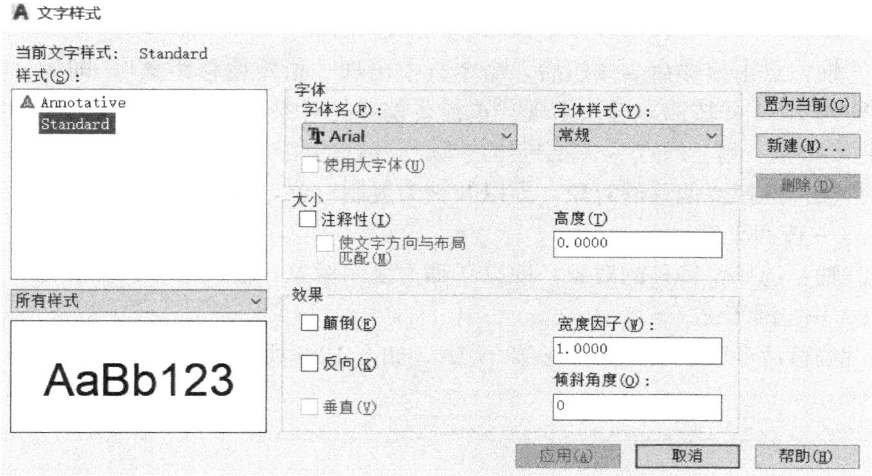

图 12-4　文字样式修改

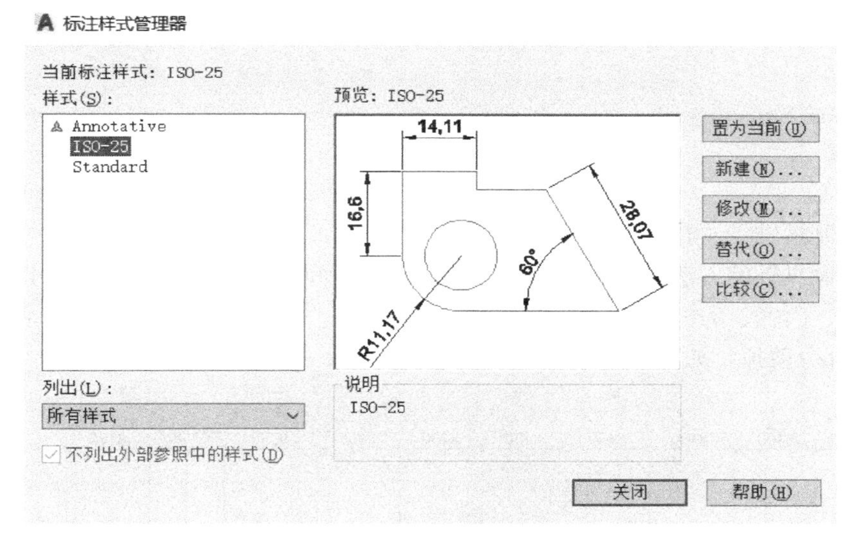

图 12-5　标注样式新建或修改

2. 绘制轴线

将“轴线”层设置为当前图层，打开状态栏中的“极轴追踪”按钮、“对象捕捉追踪”按钮、“对象捕捉”按钮。

（1）绘制纵轴Ⓐ～Ⓓ。

① 绘制Ⓐ轴线：

单击“绘图”面板中的直线命令按钮。命令行中出现“指定第一点”，在绘图区左下角位置单击鼠标左键，或者直接输入第一点值后按回车键。命令行中出现“指定下一点”，输入暂定的轴线长度 100000mm，按回车键。再次按回车键结束直线命令，如图 12-6 所示。

② 绘制Ⓑ、Ⓒ、Ⓓ轴线。

通过<修改>面板中的偏移命令按钮，绘制出Ⓑ、Ⓒ、Ⓓ轴线。

绘制Ⓑ轴：点击偏移命令按钮后，命令行中出现“指定偏移距离”，即Ⓐ、Ⓑ轴之间的距离，输入 7500 并按回车键；出现“选择要偏移的对象”，即以Ⓐ轴为复制对象；出现“指定要偏移的那一侧上的点”，即绘制的Ⓑ轴与Ⓐ轴的相对位置，Ⓑ轴处于Ⓐ轴上侧。

绘制Ⓒ轴：选择要偏移的对象，即以Ⓑ轴为复制对象，输入Ⓑ、Ⓒ轴间的“指定偏移距离”3300 并按回车键。

绘制Ⓓ轴：选择要偏移的对象，即以Ⓒ轴为复制对象，输入Ⓒ、Ⓓ轴间的“指定偏移距离”8400 并按回车键。

利用“偏移命令”绘制出附加轴线 1/0A，如图 12-6 所示。

图 12-6　绘制纵轴

（2）绘制横轴①～⑪。

按照绘制纵轴的方法，绘制出①～⑪轴线，轴线间的距离分别为 4050、4350、8400、8400、8400、8400、8400、8400、9250、3900、3650、8400。运用修剪命令将附加轴线 1/0A 多余部分剪掉，如图 12-7 所示。

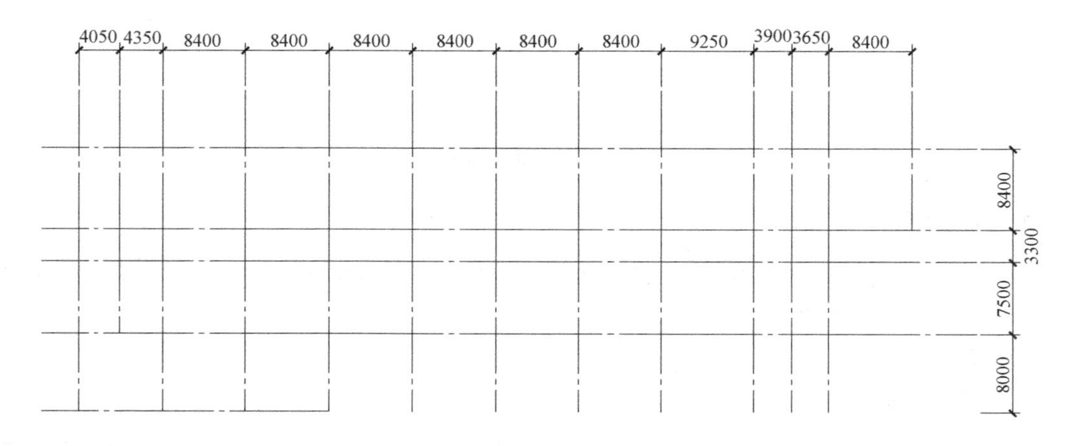

图 12-7　绘制横轴

（3）绘制轴号。

轴号的绘制首先需要在空白处绘制几何图形圆，然后在圆内输入轴号编号，最后将轴号移动到指定位置。

单击“绘图”面板中的圆命令按钮，指定圆的圆心，在空白处点击鼠标左键，出现指定圆的半径，输入半径值 500。

单击“注释”面板中的单行文字命令按钮，按回车键后出现“指定文字的中间点”，在命令行中选择“对正”，选择“正中”，出现“指定文字的中间点”，鼠标左键捕捉圆的圆心，输入文字高度 900 后按回车键，进入输入文字状态，输入数字 1 后按回车键，再次按回车键结束。

选中绘制好的轴号，单击“修改”面板中的移动命令按钮，将编号为 1 的轴号移动到轴线位置。出现“指定基点”，即轴号移动的起点，以圆的象限点为起点，出现“指定第二个点”，即轴号与轴线连接的位置，捕捉 1 号轴线下端，如图 12-8 所示。

结果如图 12-9 所示。

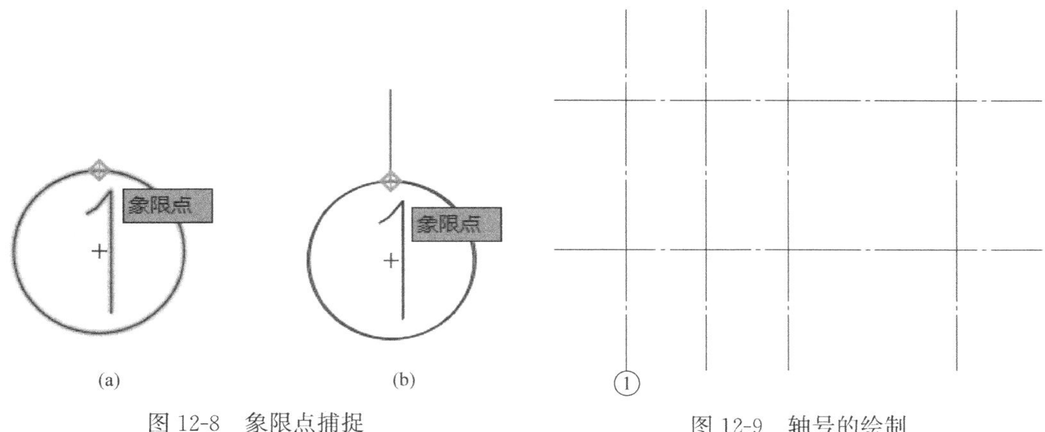

图 12-8　象限点捕捉

（a）轴号移动起点；（b）轴号与轴线连接位置

图 12-9　轴号的绘制

其他轴号的绘制，可以直接复制轴号 1 到对应的轴线下端。选中轴号 1，单击“修改”面板中的复制命令，出现“指定基点”，选择轴号 1 的象限点，出现“指定第二个点”，单击 2 号轴线的下端，出现“指定第二个点”，单击 3 号轴线的下端，直至将所有轴号绘制完毕，如图 12-10 所示。

将复制后的轴号依次进行修改，在命令行中输入文字编辑命令 ed，出现“选择注释对象”，点击要修改的数字，输入 2 按回车键，出现“选择注释对象”，点击要修改的数字，输入 3 按回车键，直至所有轴号修改完毕，如图 12-11 所示。

3. 绘制墙体

（1）选择当前层。

将绘制好的“轴线”层锁定，点击“图层”面板中的锁定按钮，然后更换“墙体”层为当前层。

（2）绘制墙体。

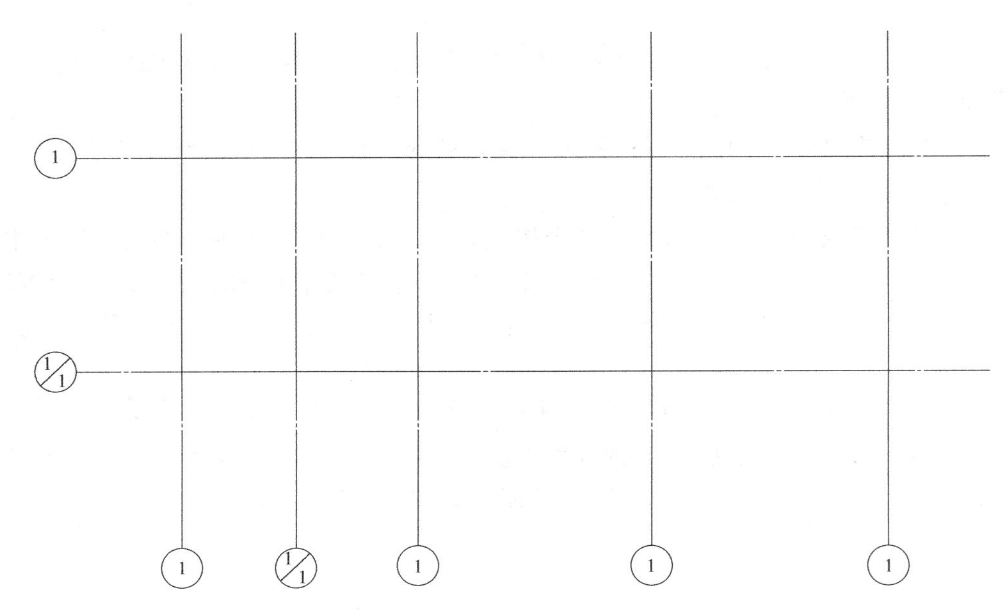

图 12-10　复制轴号

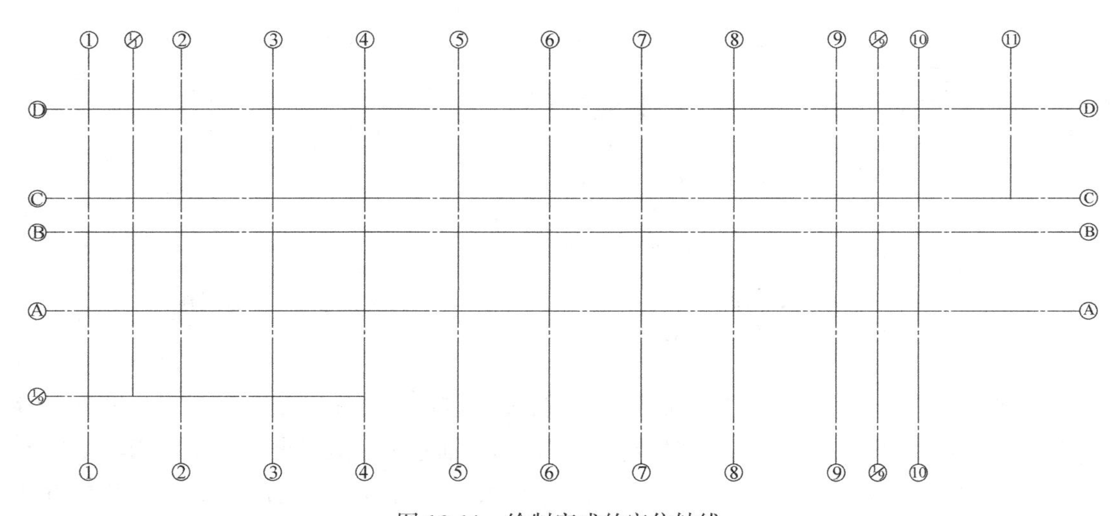

图 12-11　绘制完成的定位轴线

绘制墙体，首先需要设置好墙体厚度和偏移值，其次绘制外墙，然后绘制内墙，最后修剪门窗洞口。

① 设置多线样式：

单击下拉菜单栏中的“格式”→“多线样式”命令，新建多线样式命名为200，点击“继续”出现“新建多线样式”窗口，偏移值修改为300和100，如图12-12所示。

② 绘制外墙：

使用多线命令按照顺时针方向绘制外墙，单击菜单栏中的“绘图”→“多线”命令，出现“指定起点或［对正（J）/比例（S）/样式（ST）］”，在命令行点击“样式”，输入刚建

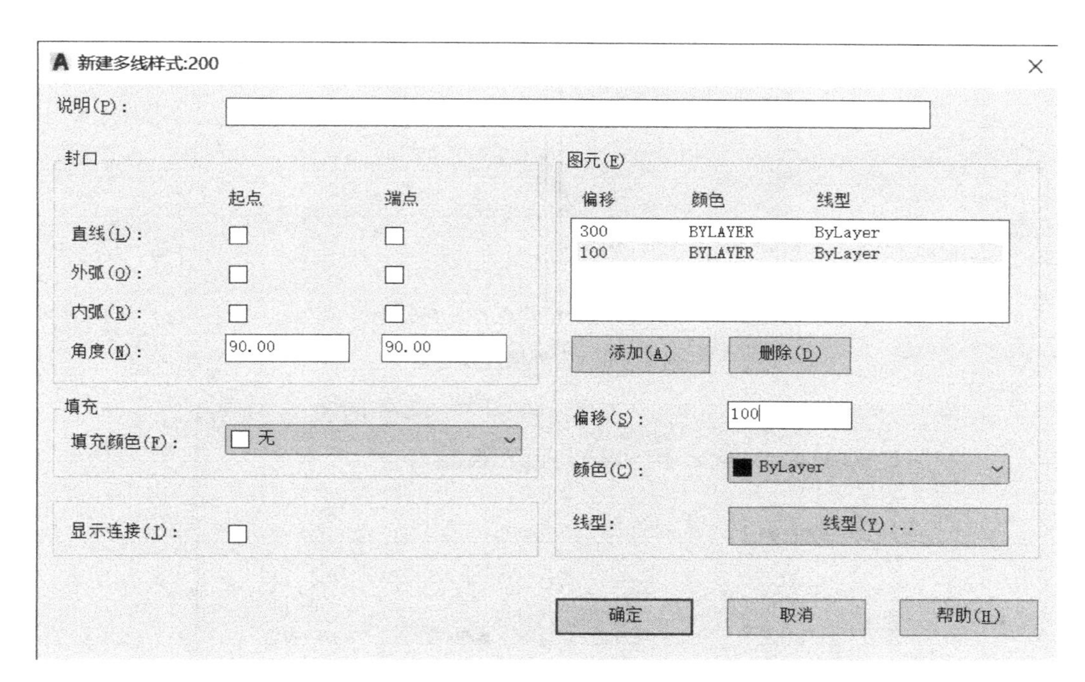

图 12-12　“200”墙体多线样式的设置

立名称为“200”的墙体并按回车键，鼠标左键依次单击捕捉外墙的每一个拐点，直至形成封闭多线后输入闭合“C”，按回车键结束命令，如图 12-13 所示。

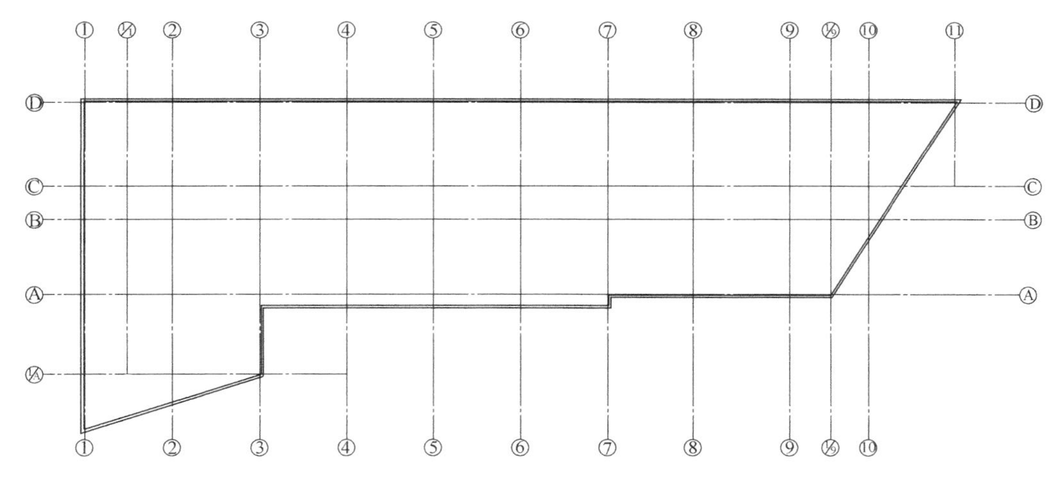

图 12-13　绘制外墙

③ 绘制内墙：

使用多线命令绘制内墙，操作方法与绘制外墙一致。内墙绘制完成后，会发现在内墙与外墙连接的位置有缝隙，如图 12-14 所示，可以使用菜单栏中的“修改”→“对象”→“多线”命令进行修正，弹出的“多线编辑工具”窗口（图 12-15），根据需要可选择 T 形打开、角点结合等工具。修改完成后的内外墙体如图 12-16 所示。

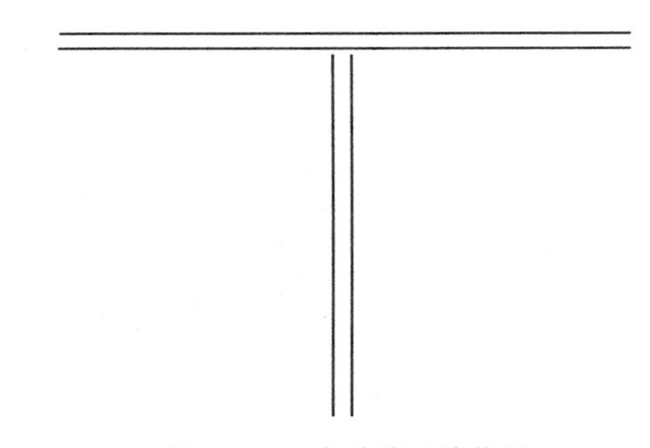

图 12-14 内外墙连接位置

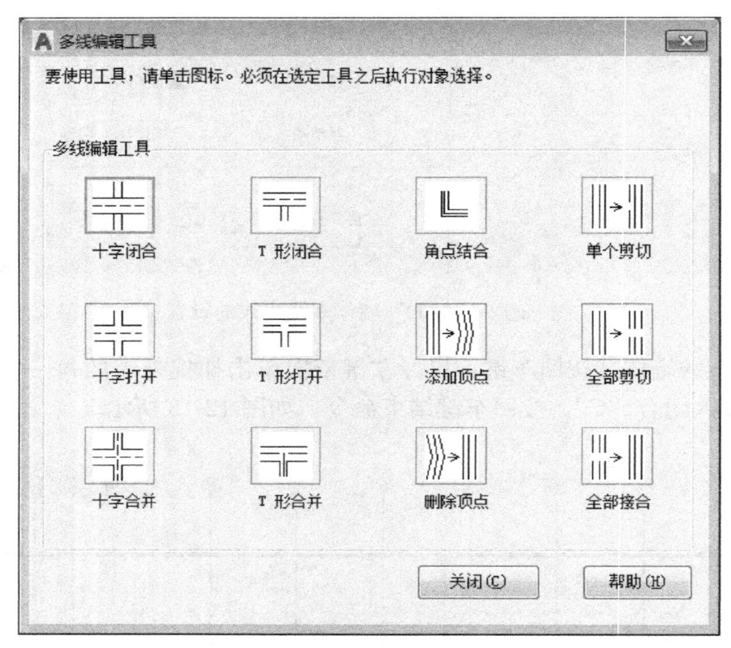

图 12-15 多线编辑工具窗口

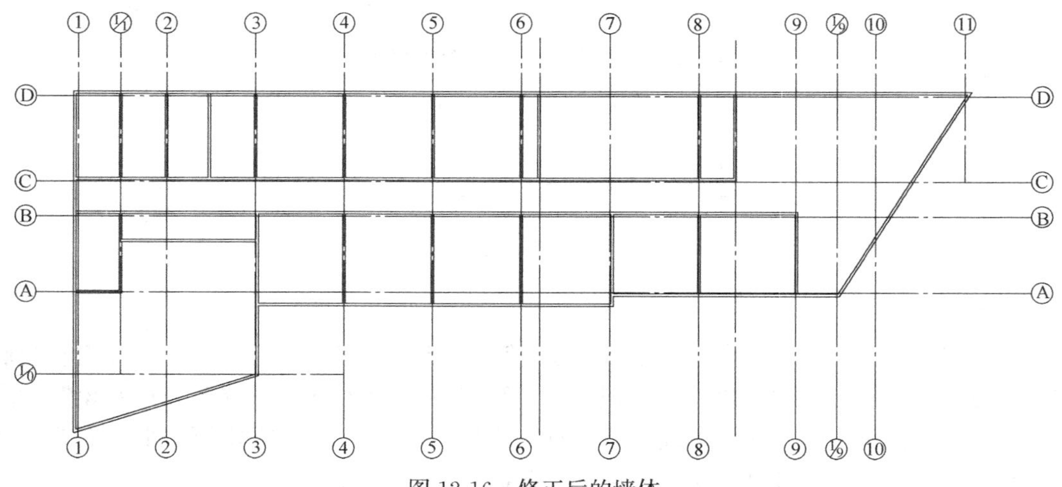

图 12-16 修正后的墙体

（3）修剪门窗洞口：

修剪门窗洞口主要是为了预留出绘制门窗的位置或其他需要修剪的洞口。

首先需要绘制门窗洞口一端的墙线，单击“绘图”面板中的直线命令按钮，出现“指定第一个点”，鼠标移至起点然后水平向右移动，输入 1350 并按回车键确定直线第一个点，捕捉墙线的另一个点，单击鼠标左键完成。

完成一条墙线后，利用“修改”面板中的偏移命令，绘制出其他位置门窗洞口两端的墙线。

最后，使用“修改”面板中的修剪命令，修剪门窗洞口，结果如图 12-17 所示。

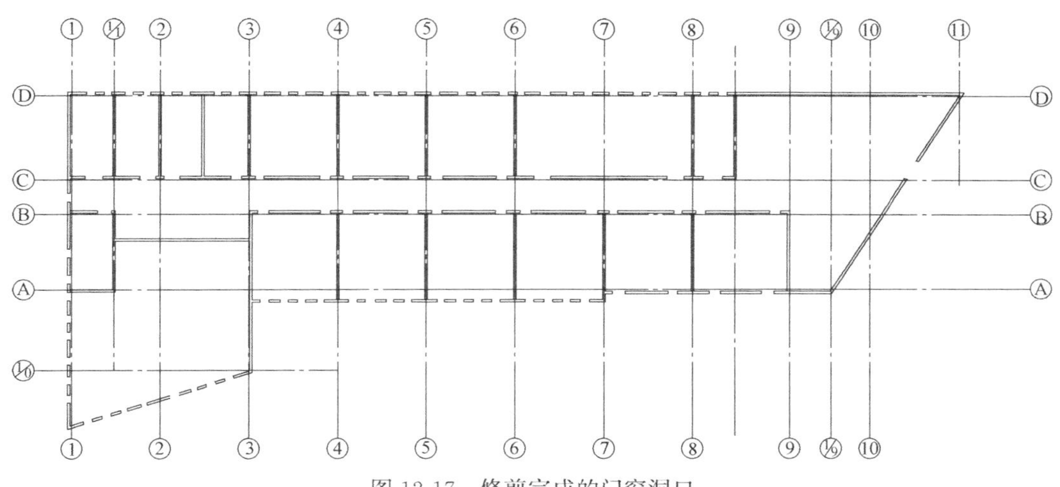

图 12-17　修剪完成的门窗洞口

4. 绘制门、窗

窗的绘制，首先要绘制出由直线组成的一个窗块整体，然后插入绘制好的窗块，最后把窗块复制到指定位置。窗块便于修改、定义且使用方便。

（1）绘制窗。

选择“门窗”层为当前层，运用矩形命令在任意空白位置绘制一个长 800、宽 200 的矩形，单击“修改”面板中的偏移命令按钮，将窗线绘制出来，如图 12-18 所示。

图 12-18　绘制窗图形块

将由各直线组成的窗图形块合并为整体，使用“块”面板中的创建命令按钮，名称输入“窗”，单击“选择对象”按钮，此时块定义窗口消失，鼠标左键选择所有组成窗的对象，单击鼠标右键重新弹出“块定义”窗口，显示已选择 3 个对象，是一个矩形和两条窗线。在“块定义”窗口中，点击“拾取点”命令，此时块定义窗口消失，选择窗块右下角为基点。点击“确定”按钮，块命令结束，如图 12-19 所示。

图 12-19　“块定义”对话框

插入窗图形块，单击“块”面板中的插入块命令按钮，选择绘制好的窗图形块，将窗块放置在对应位置，如图 12-20 所示。

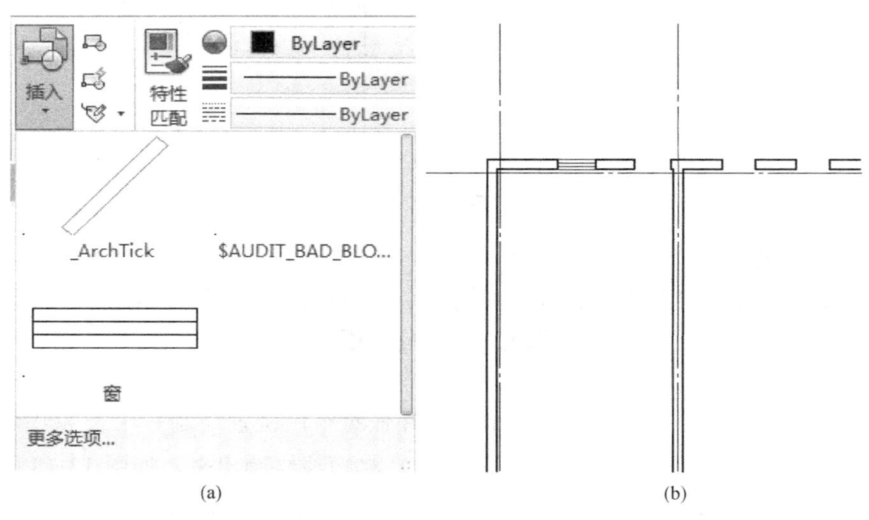

图 12-20　绘制窗

(a) 插入窗图形块；(b) 窗块放置位置

将已经绘制好的窗复制到指定位置，选中窗块，单击“修改”面板中的复制命令按钮，选择左上角为基点，依次将所有窗绘制完毕。复制结果如图 12-21 所示。

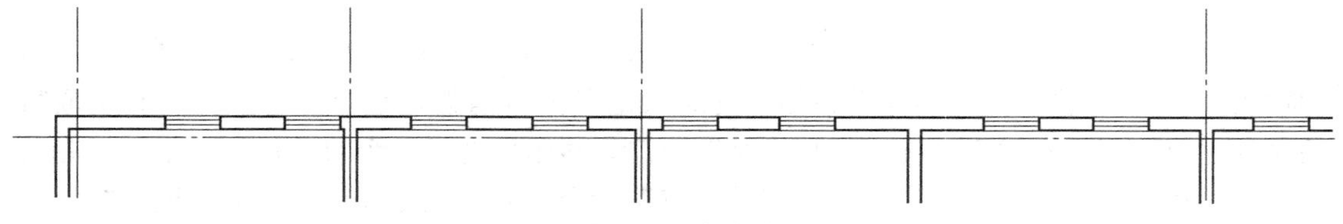

图 12-21　复制窗

(2) 绘制门。

门图形主要由直线和圆弧组成，可以做成 45°的圆弧。点击状态栏中极轴追踪旁的三角号 ▾，点击“正在追踪设置”，弹出窗口“草图设置”，如图 12-22 所示，将极轴增量角设置为 45°。

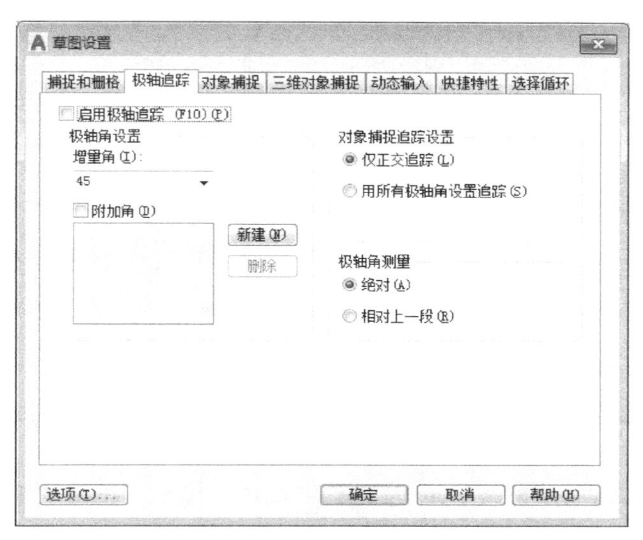

图 12-22　极轴增量角的设置

绘制门的组成部分之一——直线，单击“绘图”面板中的直线命令按钮，出现“指定第一点”，以 A 点为第一点。出现“指定下一点”，门是向房间内开启的，所以沿 135°极轴方向输入门的直线长度 1000 并按回车键，再次按回车键结束直线命令，如图 12-23 所示。

绘制门的另一个组成部分——圆弧，单击“绘图”面板中的“圆弧”命令按钮下侧的三角号，选择 起点、圆心、端点(S) 选项，出现“指定圆弧的起点”，捕捉 B 点，出现“指定圆弧的圆心”，捕捉 A 点，出现“指定圆弧的端点”，捕捉 C 点，按回车键结束圆弧命令，如图 12-23 所示。

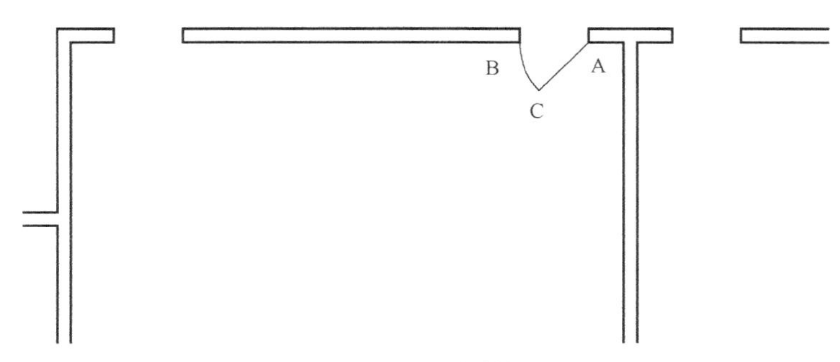

图 12-23　绘制门

如此，一扇门就绘制完成了，再将门选中，把同一型号的门都复制到指定位置。同理，运用直线和圆弧命令将其他门绘制并复制完毕，绘制结果如图 12-24 所示。

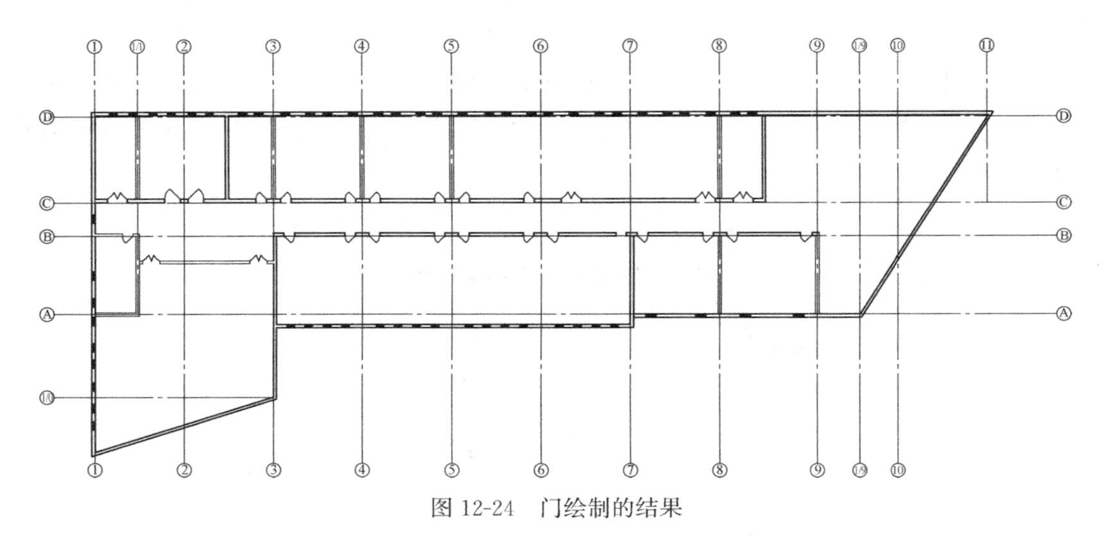

图 12-24　门绘制的结果

5. 绘制柱

绘制柱首先需要绘制出轮廓线，然后将柱填充颜色，最后将绘制好的柱复制到指定位置直至所有柱绘制完毕。

将“柱子”图层置为当前。锁定“门窗”“墙体”图层。单击“绘图”面板中的矩形命令按钮，命令行出现“指定第一个角点”，在任意位置单击鼠标左键，出现“指定另一个角点”，鼠标左键在命令行中点击“尺寸”，输入柱长 550 后按回车键，输入柱宽 550 后按回车键，点击鼠标左键结束命令。

将绘制好的矩形填充为黑色，单击“绘图”面板中的图案填充命令，出现如图 12-25 所示的“图案填充创建”选项卡栏，图案选择“SOLID”，然后点击<选择>命令选中绘制好的矩形，关闭图案填充创建。

图 12-25　图案填充创建

将绘制好的柱移动到指定位置，并复制柱到其他位置直至所有柱绘制完毕，如图 12-26 所示。

6. 绘制楼梯

楼梯的绘制主要包括梯段、梯井、扶手、折断线、方向箭头几部分内容。

（1）梯段。

将“楼梯”层设置为当前层，锁定“柱子”图层。在状态栏中将对象捕捉设置为“端点”“中点”“交点”“范围”捕捉方式。

单击“绘图”面板中的直线命令按钮，将鼠标放置在 A 点，出现“端点”字样，鼠标沿墙向下并输入 2200（即 A 点到楼梯第一个梯段的距离），按回车键，继续输入梯段宽度 1800 并按回车键，再次按回车键结束命令，如图 12-27 所示。

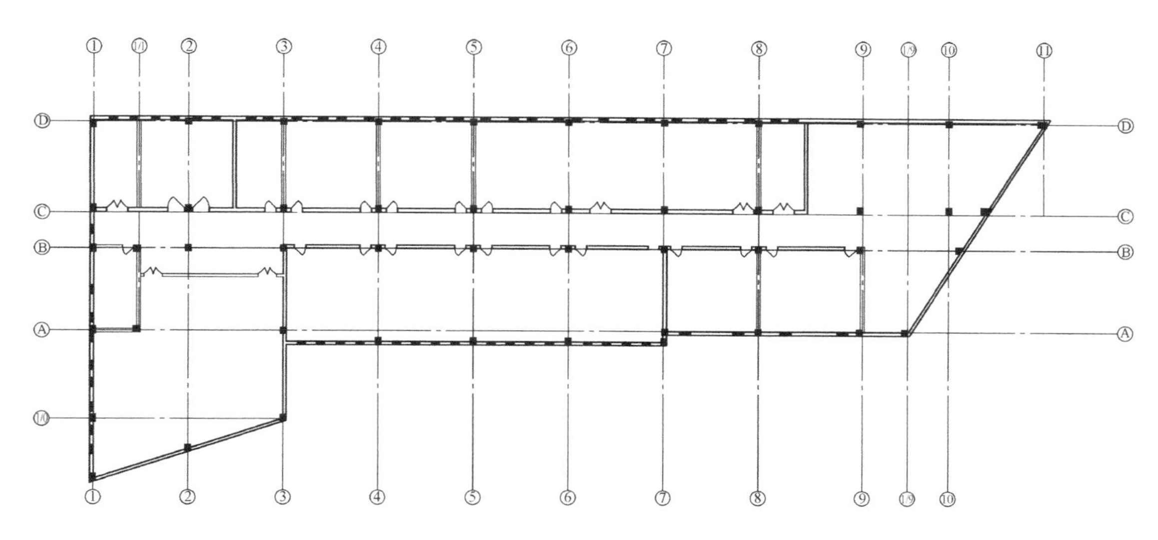

图 12-26　绘制完成的柱

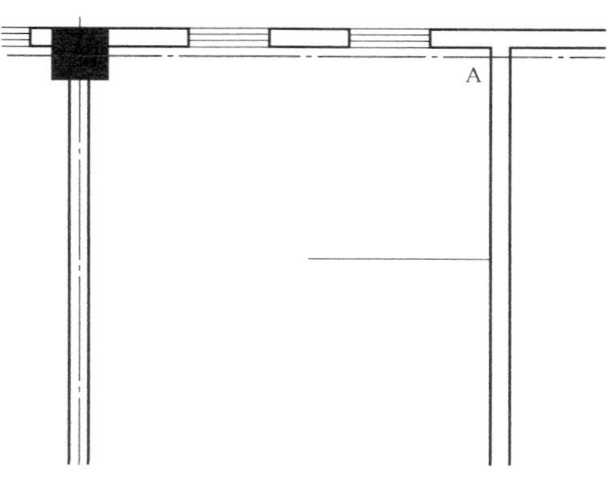

图 12-27　楼梯梯段的直线绘制

绘制一侧的梯段，通过“修改”面板中的阵列命令按钮，将刚绘制的直线变成一侧梯段，在这一步中，需要设置梯段的台阶数、列数、每个台阶间的距离等参数。选中刚绘制的直线按回车键，命令行中出现“选择夹点以编辑阵列或［关联（AS）/基点（B）/计数（COU）/间距（S）列数（COL）/行数（R）/层数（L）/退出（X）］”，选择“行数”选项输入 13 按回车键，出现“指定行数之间的距离”，输入－300 并按回车键，出现“选择夹点以编辑阵列或［关联（AS）/基点（B）/计数（COU）/间距（S）列数（COL）/行数（R）/层数（L）/退出（X）］”，选择“列数”选项输入 1 并按回车键，继续按回车键阵列命令结束，结果如图 12-28 所示。

将一侧梯段通过“修改”面板中的镜像命令镜像到另外一侧，选中绘制好的一侧梯段按回车键，出现“指定镜像线的第一点”，即镜像的对称轴，捕捉该点后按回车键，出现“指定镜像线的第二点”，鼠标点击对称轴左侧方向，按回车键结束命令，选中梯段进行适当修改，结果如图 12-29 所示。

（2）绘制梯井。

绘制梯井，使用“绘图”面板中的矩形命令按钮绘制梯井，如图 12-30 所示。

（3）绘制扶手和折断线。

使用直线、偏移、修剪命令绘制楼梯的扶手和折断线，绘制结果如图 12-31 所示。

注意绘制的梯段阵列是一个整体，可以用分解（快捷键 X）命令分开后再进行修剪。

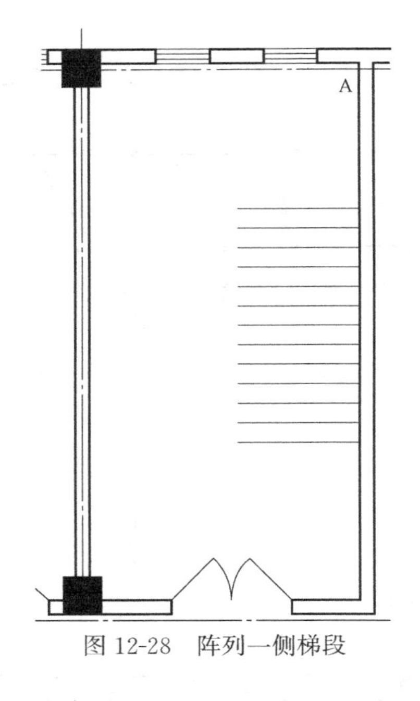

图 12-28　阵列一侧梯段

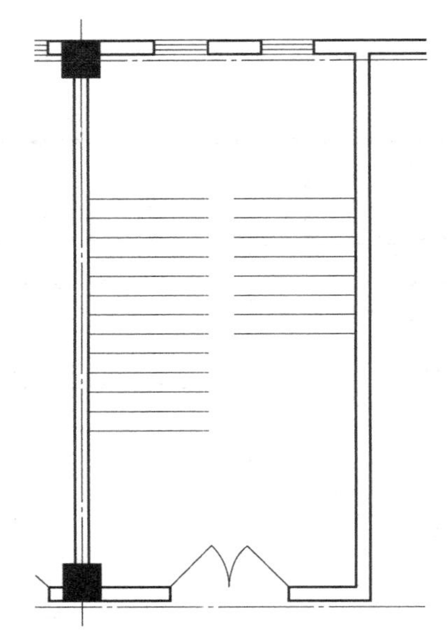

图 12-29　镜像另一侧梯段

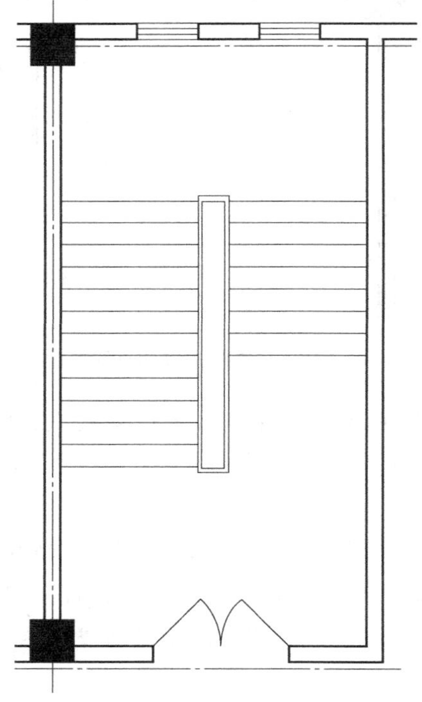

图 12-30　绘制梯井

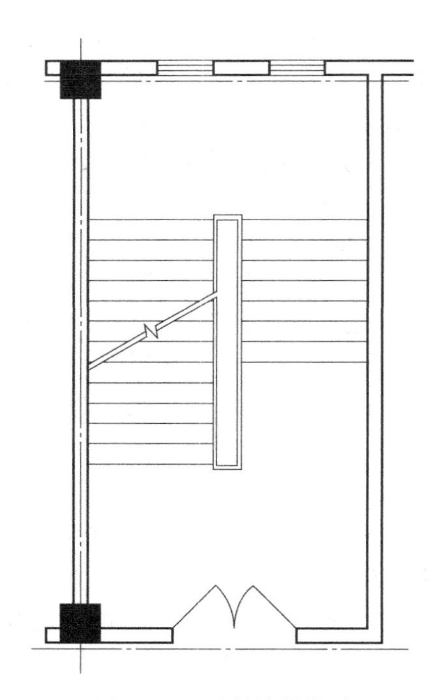

图 12-31　绘制楼梯扶手

(4) 绘制楼梯方向。

使用"绘图"面板中的多段线命令，按照楼梯方向确定起点后单击鼠标左键，垂直显示合适位置确定第二个点，水平向左合适位置确定第三个点，垂直向下在折断线上部一定距离确定第四个点，然后绘制方向箭头，输入 W 后出现"指定起点宽度"输入 100

并按回车键，出现“指定端点宽度”输入 0，单击鼠标左键方向箭头绘制完毕，如图 12-32 所示。

（5）标注楼梯方向的文字。

使用“注释”面板中的单行文字命令 A 标注楼梯方向的文字，文字样式设置为“汉字”，使用仿宋字体，字体高度 350，结果如图 12-33 所示。

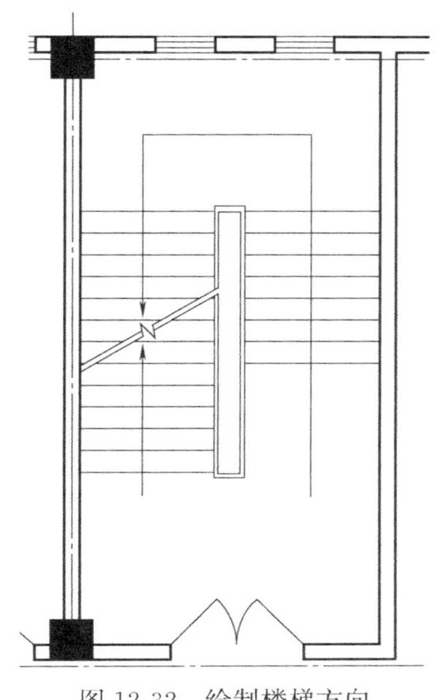

图 12-32　绘制楼梯方向

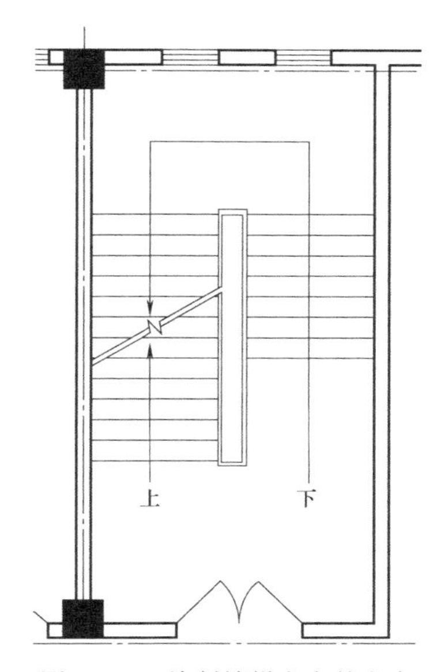

图 12-33　绘制楼梯方向的文字

7. 标注文本

在平面图绘制完成后需要标注门窗型号、文字说明等内容，首先将“文本”层设置为当前层，锁定绘制好的其他层，在“注释”面板中将文字样式设置为“数字”。单击“注释”面板中的单行文字命令按钮 A，命令行中出现“指定文字的中间点”，在空白位置单击鼠标左键，出现“指定高度”，输入文字高度 400 并按回车键，出现“指定文字的旋转角度<0>”，按回车键默认旋转角度为 0，出现“输入文字”，输入窗的编号 C-1 并按回车键，再次按回车键结束命令，再通过移动命令将“C-1”放置在指定位置。按照此方法将所有的门窗编号绘制完成，文字修改可以通过<特性>面板进行编辑，如图 12-34 所示。

图 12-34　文字特性面板

门窗文本绘制结果如图 12-35 所示。

在“注释”面板中将文字样式设置为“汉字”，运用单行文字命令编辑其他需要标注的文字，如教研室、普通教室、卫生间、教师休息室等，字高 500，再用移动和复制命令完成相同的内容，结果如图 12-36 所示。

8. 标注尺寸

尺寸的标注包括外部尺寸、内部尺寸、标高等内容。将“尺寸标注”层设置为当前

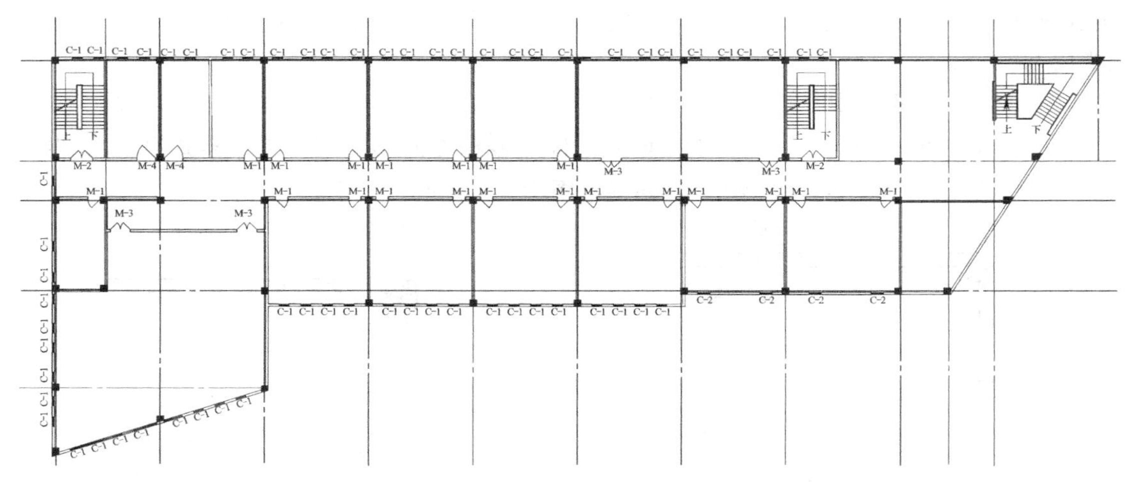

图 12-35　门窗编号标注结果

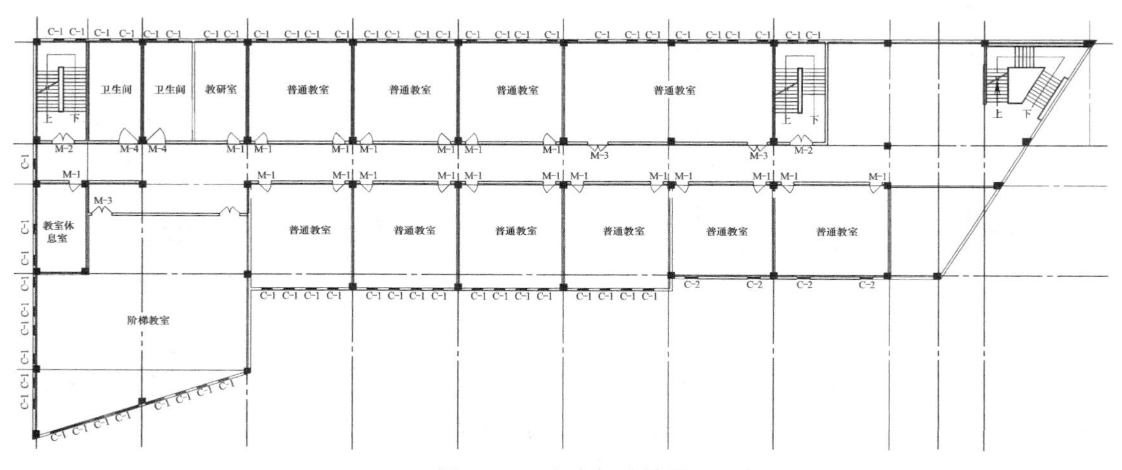

图 12-36　文字标注结果

层，锁定其他层，在“注释”面板中将标注样式改为“建筑”标注样式。

(1) 外部尺寸。

单击“注释”选项卡，在“标注”面板中单击线性命令按钮├─┤，见图 12-37。出现“指定第一个尺寸界线原点”，捕捉图 12-38 (a) 中的点，鼠标放置该点显示“交点”时单击鼠标左键。出现“指定第二条尺寸界线”，捕捉图 12-38 (b) 中的点，鼠标放置该点显示“交点”时单击鼠标左键。出现“指定尺寸线位置”，将尺寸标注放置在合适位置后单击鼠标左键，结果如图 12-39 所示。

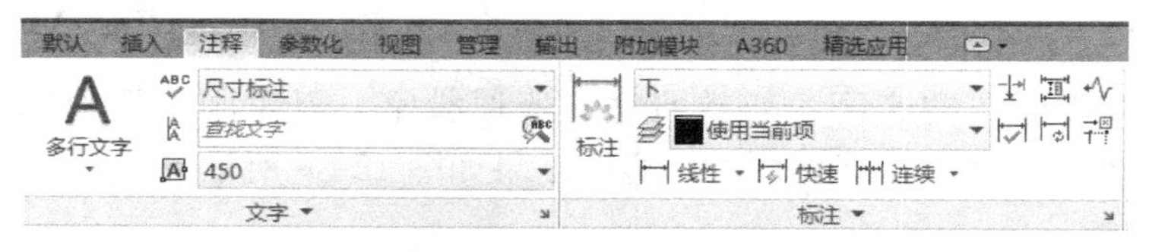

图 12-37　线性命令按钮

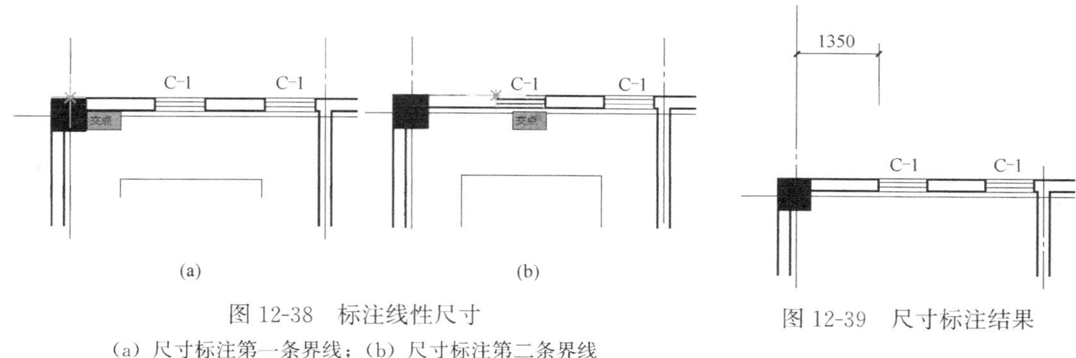

图 12-38　标注线性尺寸

(a) 尺寸标注第一条界线；(b) 尺寸标注第二条界线

图 12-39　尺寸标注结果

绘制完一个尺寸后，单击“标注”面板中的连续命令按钮，捕捉交点单击鼠标左键继续绘制其他尺寸线，结果如图 12-40 所示。在绘制过程中，文字位置、箭头大小、尺寸线和尺寸界线的参数等，都可以在“注释”面板中的标注样式或者“特性”面板中进行修改。

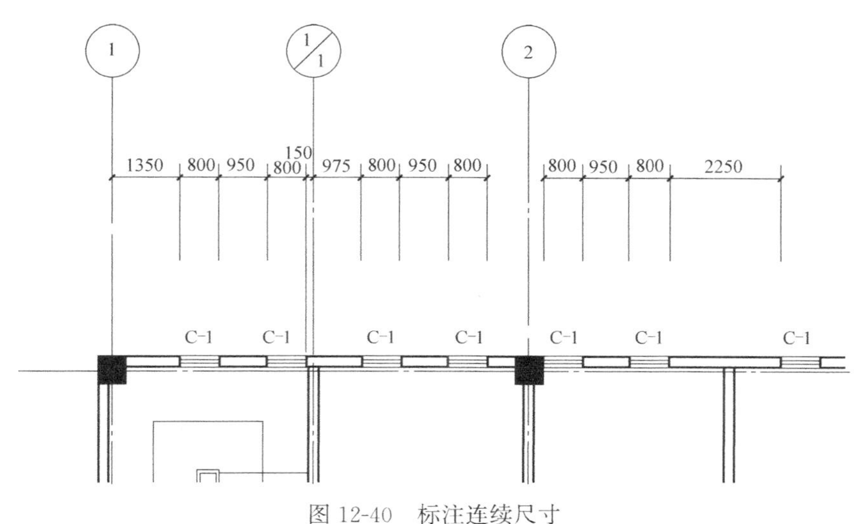

图 12-40　标注连续尺寸

同理，运用线性标注命令、连续标注命令以及拉伸命令，标注和调整其他尺寸线及位置，部分标注如图 12-41 所示。

(2) 内部尺寸。

内部尺寸可以使用线性标注命令、连续标注命令以及拉伸命令，同时结合移动命令，标注和调整其他尺寸线及位置。

(3) 标高。

标高的绘制可以使用单行文字、直线、极轴追踪等命令完成。

(4) 标注图名。

设置当前层为“文本”，运用单行文字命令在绘制完成的平面图下侧标注图名“二层平面图”和比例“1∶150”，字高 650，文字样式均为“汉字”。再使用直线命令在图名下侧绘制 0.5mm 的粗实线。

××学院管理工程实训楼二层建筑平面图绘制结果如图 12-42 所示。

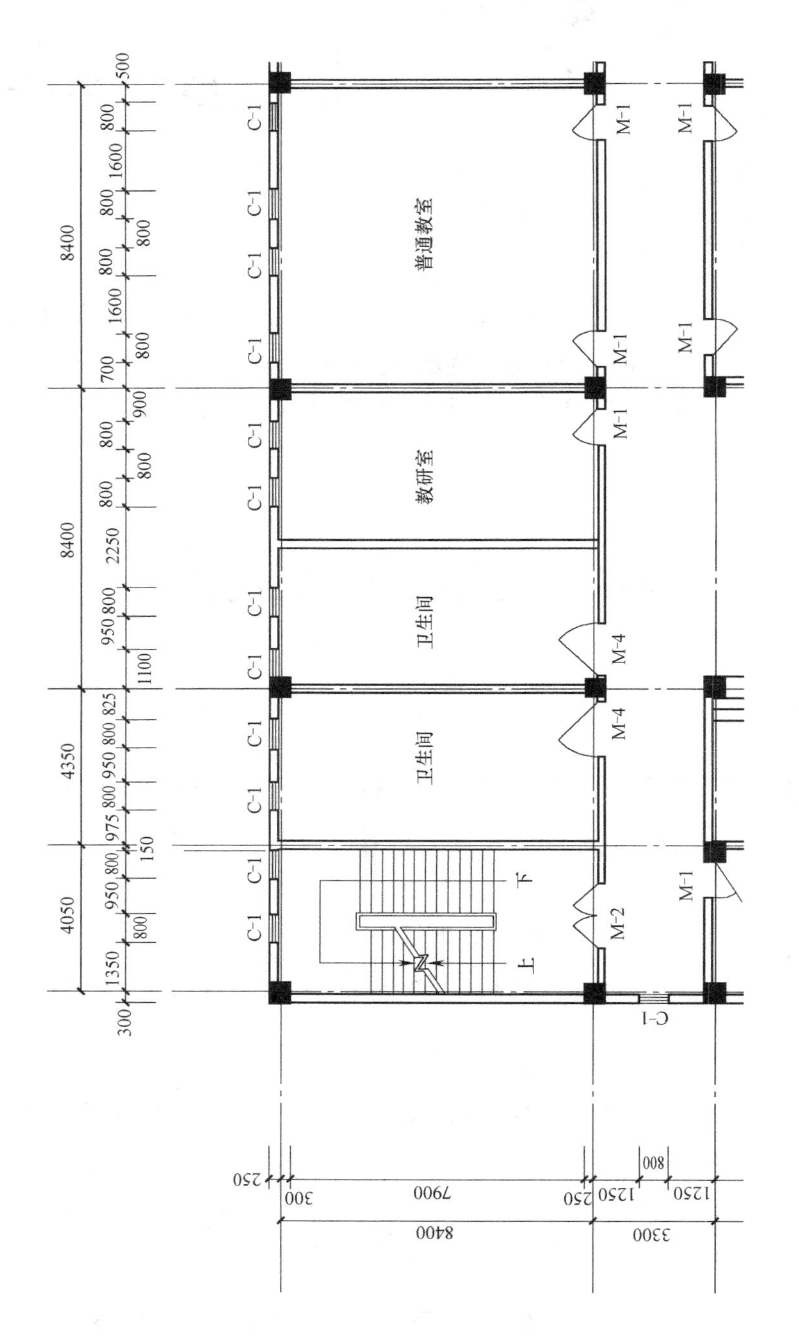

图 12-41 外部尺寸标注结果

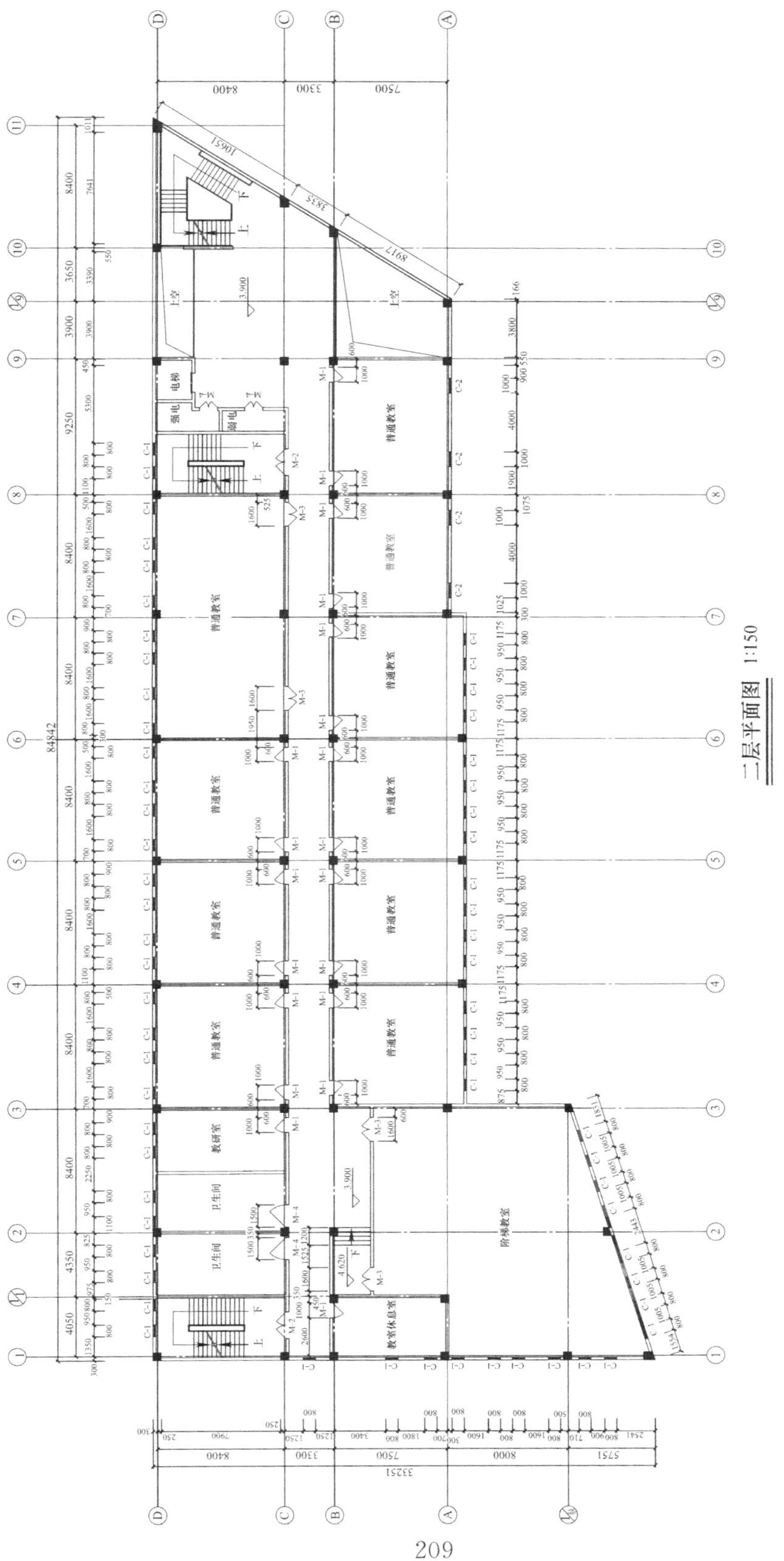

二层平面图 1:150

图 12-42　平面图最终绘制结果

12.2 AutoCAD 绘制建筑立面图

12.2.1 绘制方法与步骤

本节以附录中图 12-43 ××学院管理工程实训楼建筑立面图（图纸详见附录）为例，介绍使用 AutoCAD 2018 绘制建筑立面图的过程。一般建筑立面图的绘制步骤为：

（1）设置绘图环境。

（2）绘制定位轴线、地坪线、轮廓线及辅助线。

（3）绘制门窗。

（4）标注室外装修做法。

（5）标注尺寸及标高、必要的文字说明等内容。

建筑立面图

12.2.2 绘图实例

1. 设置绘图环境

（1）新建图形文件。

启动计算机，打开 AutoCAD 2018 软件，单击快速访问工具栏中的新建命令按钮，弹出“选择样板”窗口，可选择默认样板文件“acadiso. dwt”，单击“打开”按钮，进入 AutoCAD 2018 绘图界面。

（2）设置绘图区域。

在菜单栏中点击“格式”→“图形界限”，或者在命令行输入 Limits，按回车键确认，由此设置图幅范围。

提示“指定左下角点”，默认值为（0，0）点，直接按回车键确认。

提示“指定右上角点”，例中采用 1∶1 的比例绘图，按 0 号图纸 1∶100 的比例出图，所以设置绘图范围为＜118900，84100＞，输入“118900，84100”，按回车键确认。

（3）新建图层及设置。

首先新建图层，单击“图层”面板中的图层特性按钮，弹出“图层特性管理器”窗口，然后点击新建按钮，新建“轴线”“文字”“填充”“门窗”“轮廓线”“辅助线”“尺寸标注”图层，如图 12-44 所示。图层的状态、名称、图层开关、颜色、线型、线宽等特性都可以单击进行修改。

（4）设置文字样式和标注样式。

文字样式设置有两种，分别是数字和汉字。数字样式采用“Simplex. shx”字体，汉字使用仿宋字体。标注样式设置为“建筑”。文字样式和标注样式的其他设置，均可以在菜单栏中的“格式”或“注释”面板进行修改。

2. 绘制轴线

将“轴线层”设置为当前图层，打开状态栏中的极轴追踪按钮、对象捕捉追踪按钮、对象捕捉按钮，对象捕捉方式为“端点”“交点”“象限点”“垂足”“中点”。

（1）绘制轴线。

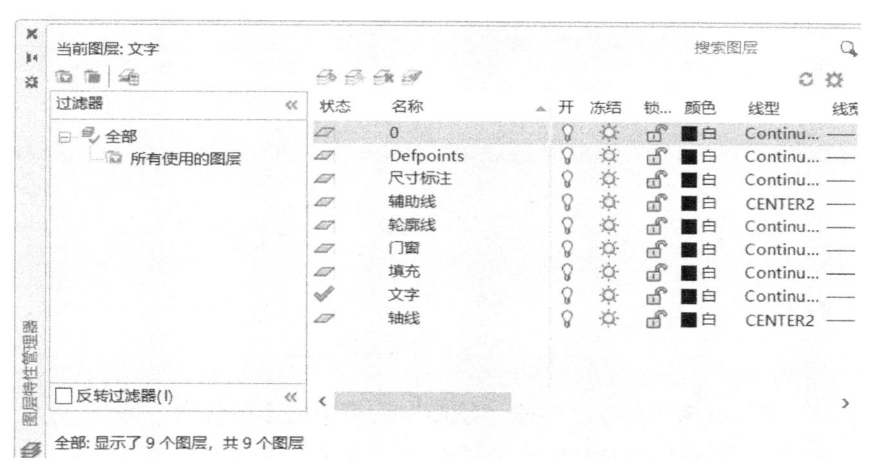

图 12-44 新建图层

本案例⑪~①轴立面图中，只需绘制出⑪、①两根轴线即可。

① 绘制⑪轴：单击"绘图"面板中的直线命令按钮。命令行中出现"指定第一点"，在绘图区左下角位置单击鼠标左键，或者直接输入第一点值后按回车键。命令行中出现"指定下一点"，输入轴线长度 45000mm，按回车键。再次按回车键结束直线命令。

② 绘制①轴：通过"修改"面板中的偏移命令按钮，绘制出①轴线。点击偏移命令按钮后，命令行中出现"指定偏移距离"，即⑪、①轴之间的距离，输入 84000 并按回车键；出现"选择要偏移的对象"，即以⑪轴为复制对象；出现"指定要偏移的那一侧上的点"，即绘制的①轴与⑪轴的相对位置，①轴位于⑪轴右侧。绘制结果如图 12-45 所示。

图 12-45 ⑪、①轴线绘制结果

(2) 标注轴号。

轴号的绘制首先需要在空白处绘制几何图形圆，然后在圆内输入轴号编号，最后将轴号移动到指定位置。

单击"绘图"面板中的圆命令按钮，指定圆的圆心，在空白处单击鼠标左键，出现指定圆的半径，输入半径值 500。

单击"注释"面板中的单行文字命令按钮，按回车键后命令行出现"指定文字的中间点"，在命令行中选择"对正"，选择"正中"，出现"指定文字的中间点"，鼠标左键捕捉圆的圆心，输入文字高度 900 后按回车键，进入输入文字状态，输入数字 1 后按回车键，再次按回车键结束。

选中绘制好的轴号，单击"修改"面板中的移动命令按钮，将编号为⑪的轴号移动到轴线位置，结果如图 12-46 所示。

3. 绘制地坪线和轮廓线

(1) 绘制地坪线。

图 12-46 定位轴线绘制结果

将“立面”图层设为当前层。单击“绘图”面板中的多段线命令按钮，命令行出现“指定起点”，在⑪轴左侧下方单击鼠标左键，出现“指定下一个点或［圆弧（A）/半宽（H）/长度（L）/放弃（U）/宽度（W）］”，选择“宽度”，出现“指定起点宽度”，输入80 按回车键，出现“指定端点宽度”，输入 80 按回车键，出现“指定下一个点”沿水平方向在①轴右侧单击鼠标左键，按回车键结束命令。绘图结果如图 12-47 所示。

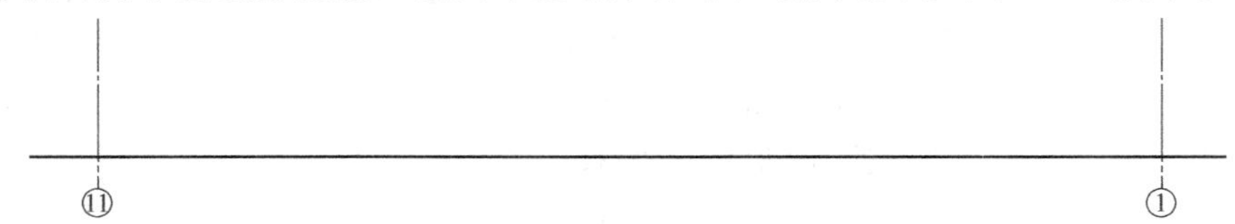

图 12-47 绘制地坪线

（2）绘制轮廓线。

单击“绘图”面板中的多段线命令按钮，命令行出现“指定起点”，鼠标放置在⑪轴与地坪线的交点，然后鼠标向左水平追踪 542 并按回车键，确定 A 点。出现“指定下一个点或［圆弧（A）/半宽（H）/长度（L）/放弃（U）/宽度（W）］”，选择“宽度”，出现“指定起点宽度”，输入 50 按回车键，出现“指定端点宽度”，输入 50 按回车键。出现“指定下一个点”，沿垂直方向向上输入 20100 按回车键，确定 B 点。出现“指定下一个点”，沿水平方向向右输入 16192 按回车键，确定 C 点。出现“指定下一个点”，沿垂直方向向下输入 3900 按回车键，确定 D 点。出现“指定下一个点”，沿水平方向向右输入 68650 按回车键，确定 E 点。出现“指定下一个点”，沿垂直方向向下捕捉与地坪线的交点，确定 F 点，如图 12-48 所示。

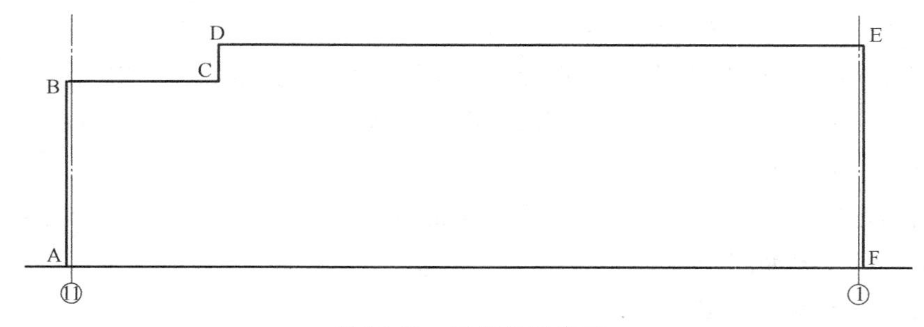

图 12-48 绘制外轮廓线

4. 绘制窗

窗户是建筑立面图上的重要图形之一，通过识图可以发现该案例只有一种窗户，所以先绘制出一个窗户，其他窗户可以使用复制或阵列命令完成。

（1）绘制辅助线。

将“辅助线”层设置为当前层，通过“绘图”面板中的直线命令按钮 绘制辅助线，地坪线的高度为−0.300，在±0.000 位置绘制第一条辅助线。点击直线命令后，鼠标放置在⑪轴和地坪线的交点，出现“交点”字样后，鼠标垂直向上移动，输入 300 按回车键，确定第一点。命令行出现“指定下一点”，鼠标沿水平方向向右移动，在①轴右侧空白处单击鼠标左键并按回车键，确定第二点。

使用“修改”面板中的偏移命令，复制出其他 6 条辅助线。点击偏移命令后，命令行中出现“指定偏移距离”，输入 3900 并按回车键。出现“选择要偏移的对象”，鼠标左键选择刚才绘制的第一条辅助线。出现“指定要偏移的那一侧上的点”，在辅助线的上方单击鼠标左键，第二条辅助线绘制完毕。此时偏移命令还未结束，命令行中出现“选择要偏移的对象”，鼠标左键选择第二条辅助线，出现“指定要偏移的那一侧上的点”，在辅助线上方单击鼠标左键，第三条辅助线绘制完毕。按照此方法继续绘制出其他辅助线，绘制结果如图 12-49 所示。

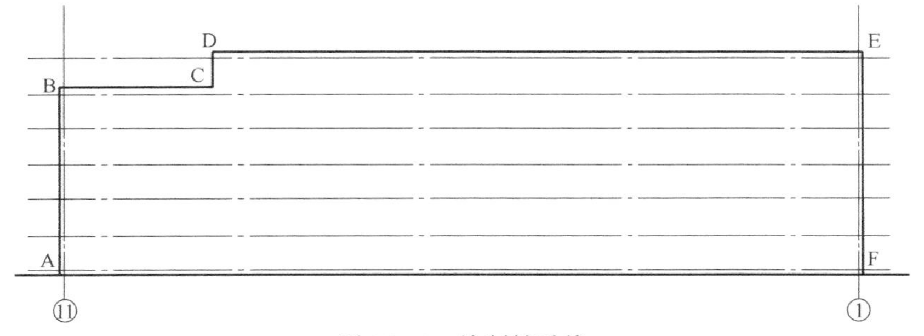

图 12-49　绘制辅助线

（2）绘制窗。

将“轮廓线”层锁定，“门窗”层设为当前层。首先绘制窗户的外轮廓，单击“绘图”面板中的矩形命令按钮，命令行出现“指定第一个角点”，在空白位置单击鼠标左键。出现“指定另一个角点或［面积（A）/尺寸（D）/旋转（R）］”，点击“尺寸”，出现“指定矩形的长度”，输入 800 并按回车键，出现“指定矩形的宽度”，输入 3000 并按回车键。出现“指定另一个角点”，单击鼠标左键完成窗外轮廓的绘制。

继续使用矩形命令、直线命令等绘制窗内部图形。

除此之外还需绘制窗的开启方向，线条三角尖处为合页位置（铰链），相反是窗的开启处，绘图结果如图 12-50 所示。

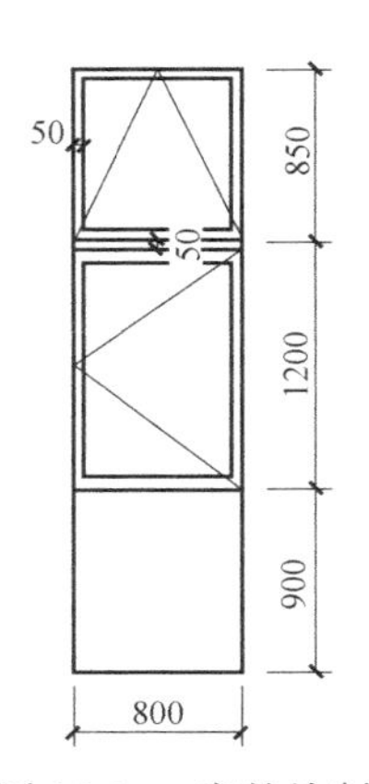

图 12-50　窗的绘制

将由各直线组成的窗图形块合并为整体，使用“块”面板中的创建命令按钮，名称输入“窗”，单击“选择对象”按钮，此时块定义窗口消失，鼠标左键选择所有组成窗的对象，单击鼠标右键重新弹出“块定义”窗口，显示已选择 11 个对象。在“块定义”窗口中，点击“拾取点”命令，此时块定义窗口消失，选择窗块右下角为基点。点击“确定”按钮，块命令结束，如图 12-51 所示。

图 12-51　窗的“块定义”

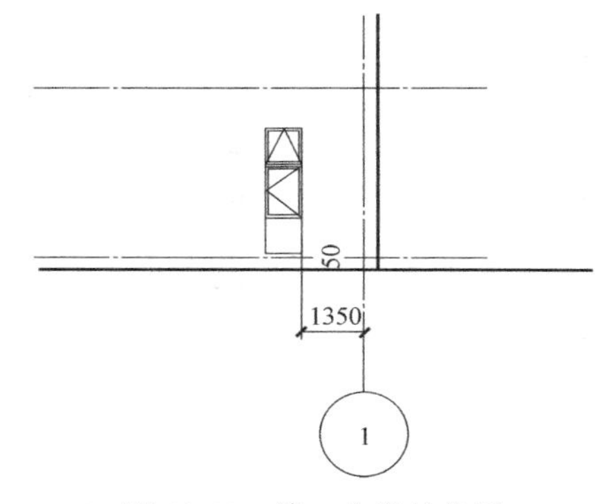

图 12-52　第一个窗的位置

将绘制好的窗利用“修改”面板中的移动命令 ，将窗放置在指定位置，如图 12-52 所示。

通过“修改”面板中的复制命令 ，复制第一个窗，绘制出一层楼的所有窗户。点击复制命令后，命令行出现“选择对象”，选中绘制的第一个窗户并按回车键，出现“指定基点”，选择窗户左下角单击鼠标左键，出现“指定第二个点”，鼠标向左水平移动出现“极轴 180 度”字样后输入 1750，即第一个窗户和第二个窗户之间的距离，按回车键结束命令。按照此方法，绘制出一层楼的窗户，绘制结果如图 12-53 所示。

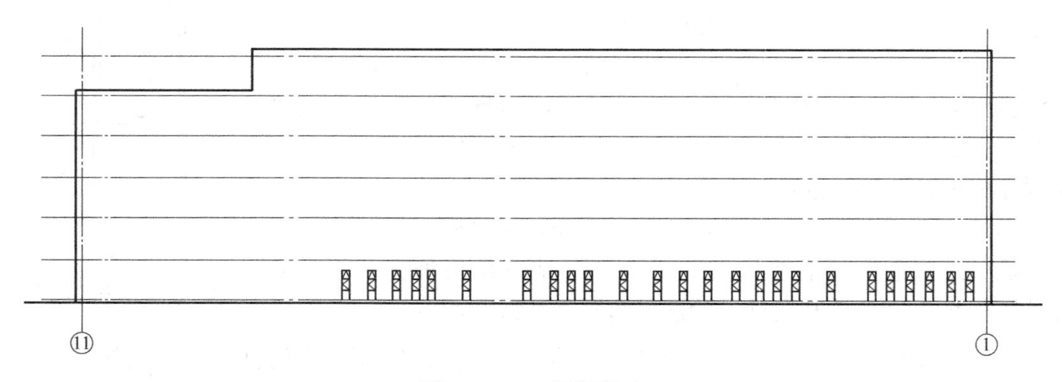

图 12-53　一层楼的窗

继续通过“修改”面板中的复制命令，复制一层楼的窗，绘制出所有楼层的窗户，需要注意的是二层楼窗户位置与其他楼层不一致，需要额外绘制。绘制结果如图 12-54 所示。

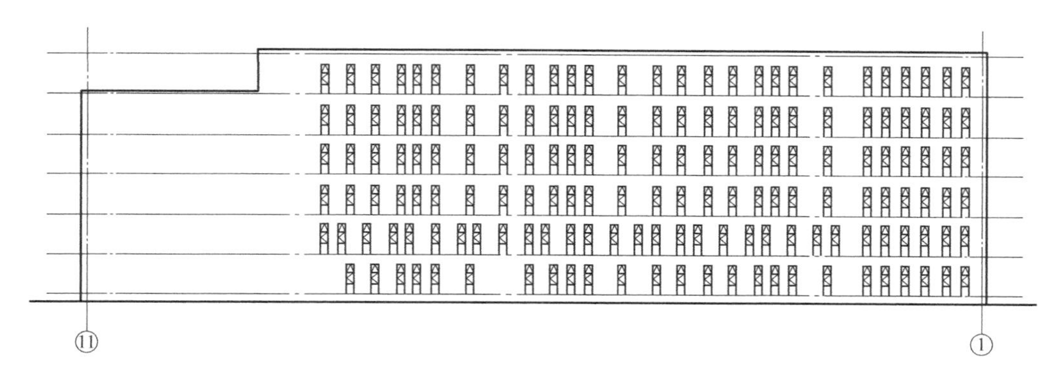

图 12-54　窗的绘制结果

5. 绘制门

在本节立面图中，一层有两个门，分别是 M-1 和 M-2，M-1 洞口尺寸是 1800×3000，M-2 洞口尺寸是 2000×3000，门的位置应结合一层平面图和剖面图进行读取。

（1）绘制门。

首先绘制门的外轮廓，单击“绘图”面板中的直线命令按钮，命令行出现“指定第一个角点”，鼠标放置在 O 点出现“端点”字样，鼠标沿水平方向向左输入 1100 并按回车键，确定 A 点。鼠标垂直向上移动，输入 2950 按回车键，确定 B 点。鼠标水平方向向左移动输入 2000 按回车键，确定 C 点。鼠标垂直向下移动，输入 2950 按回车键，确定 D 点。鼠标捕捉 A 点，按回车键结束命令，外轮廓绘制完毕，绘图结果如图 12-55 所示。

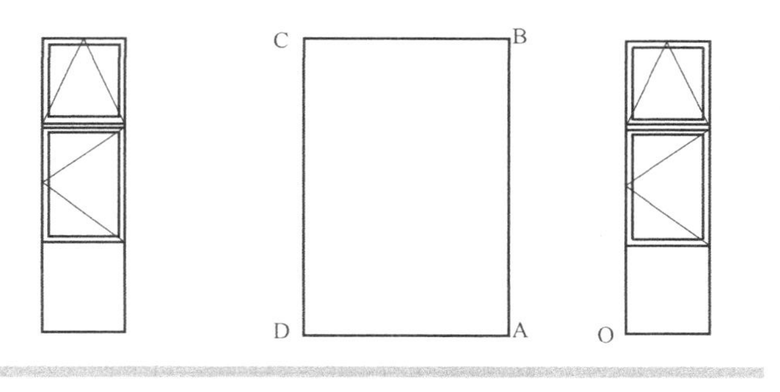

图 12-55　绘制门的外轮廓

继续使用矩形命令、直线命令等绘制门的内部图形，绘图结果如图 12-56 所示。

（2）绘制台阶。

首先绘制辅助线，单击“绘图”面板中的直线命令按钮，在⑪轴和①轴位置绘制辅助线，单击“修改”面板中的偏移命令按钮，复制其他辅助线，如图 12-57 所示。

绘制台阶，单击“绘图”面板中的直线命令按钮，绘制第一个台阶，命令行出现“指定第一个点”，鼠标放置在 A 点，出现“端点”字样，垂直向上追踪 150 按回车键，

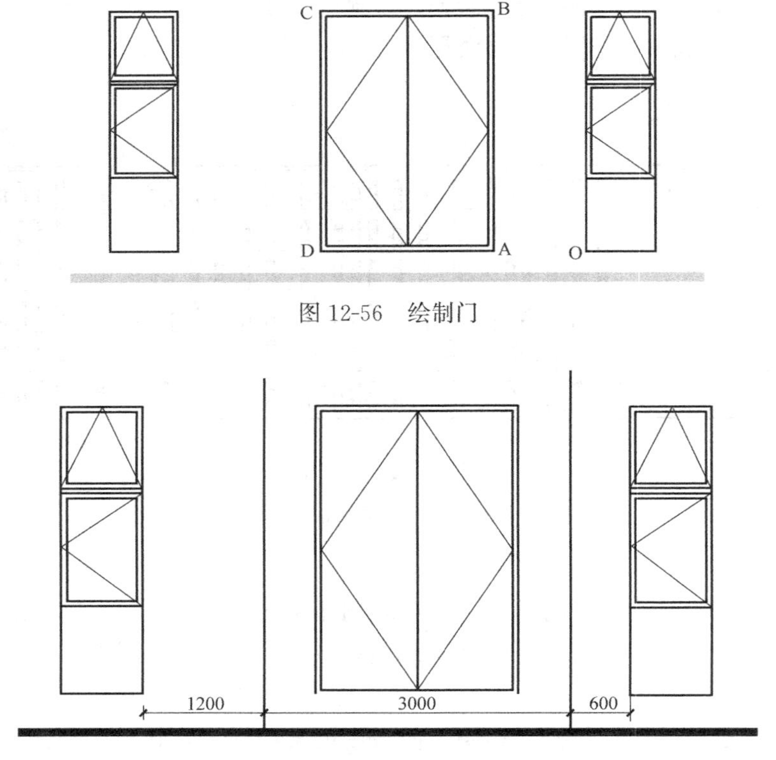

图 12-56　绘制门

图 12-57　绘制辅助线

确定第一点。鼠标沿水平方向移动，捕捉右侧辅助线交点，按回车键结束命令。使用复制命令，绘制第二个台阶，绘制结果如图 12-58 所示。

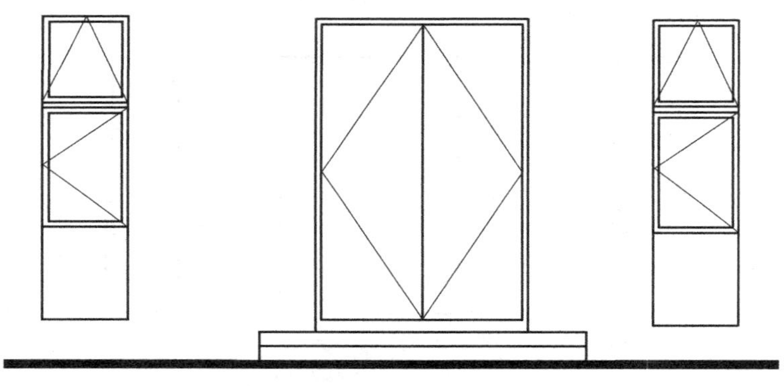

图 12-58　绘制完成的台阶

按照同样的方法绘制出 M-2。

6. 室外墙面材料及标注

（1）填充墙面材料。

将填充层设为当前层。使用“绘图”面板中的直线命令绘制内轮廓线，对墙面遮挡住的窗户进行修改，最后将不同材料的面层进行填充。绘制好的内轮廓线如图 12-59 所示。

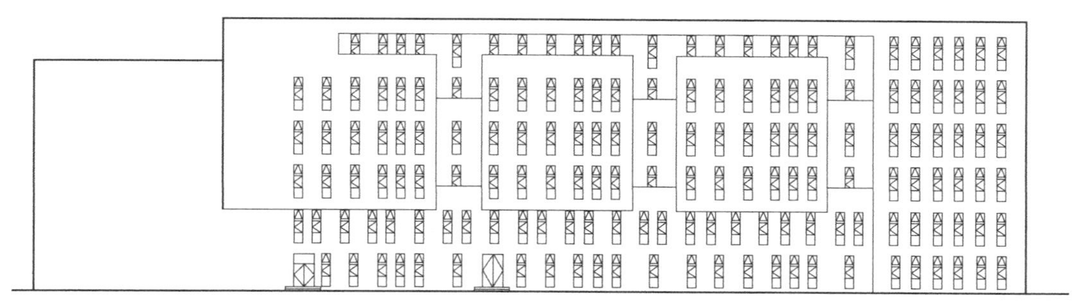

图 12-59　绘制内轮廓线

将绘制好的内轮廓线填充图例，单击“绘图”面板中的图案填充命令，出现如图 12-60 所示的【图案填充创建】选项卡栏，图案选择 AR-B816，然后点击“拾取点”命令，单击鼠标左键选中需要填充的部分，填充完成后点击“关闭图案填充创建”，结束命令，如图 12-61 所示。

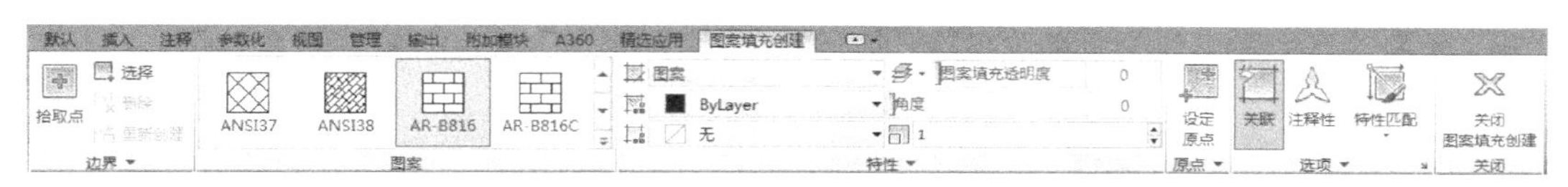

图 12-60　图案填充创建

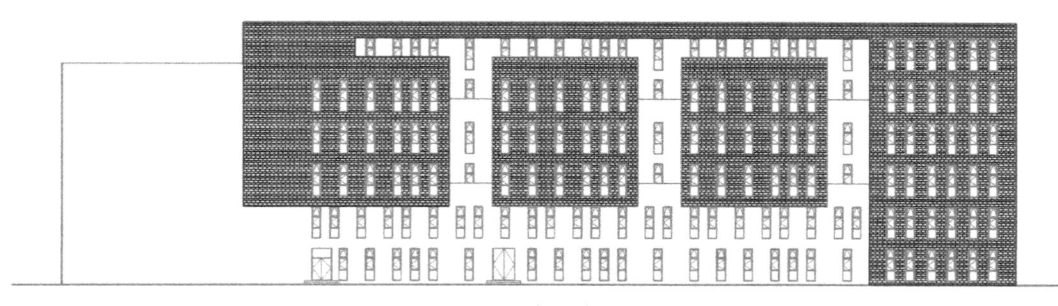

图 12-61　墙面填充材料

（2）标注装修材料。

首先利用“绘图”面板中的直线命令在合适位置标注引线，然后单击“注释”面板中的单行文字命令标注“砖红色仿古面砖”。单击“注释”面板中的“文字样式”按钮，设置当前文字样式为“汉字”。点击单行文字命令，出现“指定文字的中间点”，在空白处位置单击鼠标左键，出现“指定高度”，输入 400 并按回车键。出现“指定文字的旋转角度”，按回车键。命令行出现输入文字状态，输入文字“砖红色仿古面砖”，按回车键，转入下一行，再一次按回车键，结束命令。标注结果如图 12-62 所示。

7. 标注尺寸、标高和图名

（1）标注尺寸。

将“尺寸标注”层设置为当前层，锁定其他层，在“注释”面板中将标注样式改为“建筑”标注样式。单击“注释”选项卡，在“标注”面板中单击线性命令按钮，如图 12-63 所示。出现“指定第一个尺寸界线原点”，捕捉图 12-64（a）中的点，鼠标放置

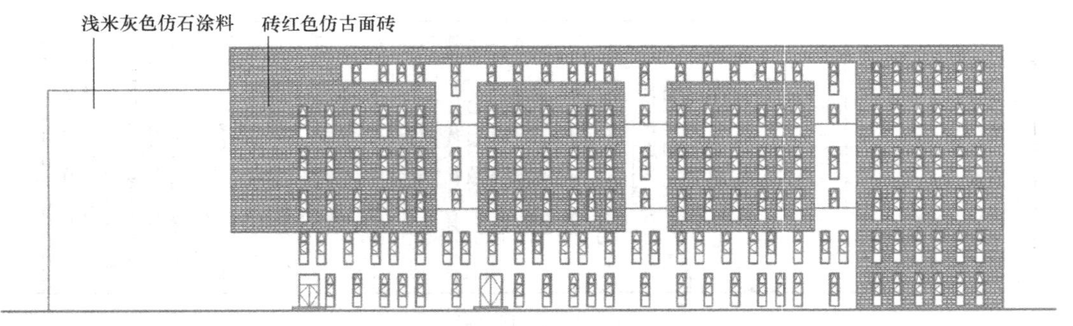

图 12-62　标注外墙装修做法

该点显示“交点”时单击鼠标左键。出现“指定第二条尺寸界线”，捕捉图 12-64（b）中的点，鼠标放置该点显示“交点”时单击鼠标左键。出现“指定尺寸线位置”，将尺寸标注放置在合适位置后单击鼠标左键，结果如图 12-65 所示。

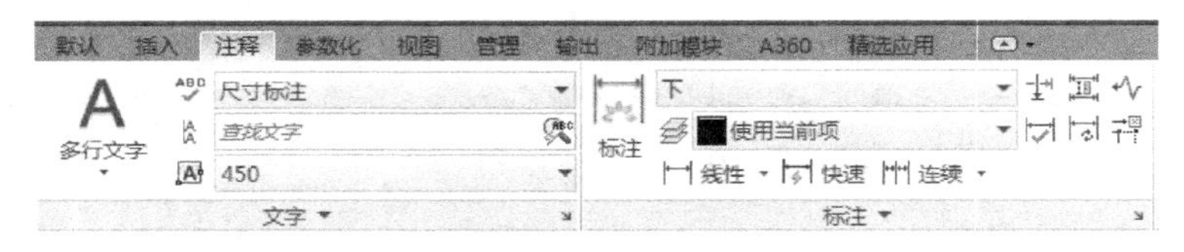

图 12-63　线性命令按钮

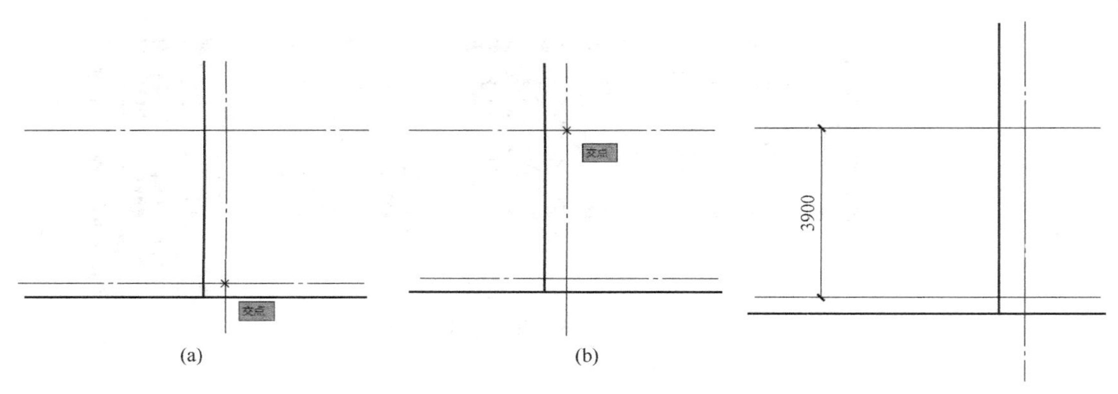

图 12-64　标注线性尺寸

（a）尺寸标注第一条界线；（b）尺寸标注第二条界线

图 12-65　尺寸标注结果

绘制完一个尺寸后，单击“标注”面板中的连续命令按钮，捕捉交点单击鼠标左键继续绘制其他尺寸线，结果如图 12-66 所示。在绘制过程中，文字位置、箭头大小、尺寸线和尺寸界线的参数等，都可以在“注释”面板中的标注样式或者“特性”面板中进行修改。

（2）绘制标高。

标高的绘制可以使用单行文字、直线、极轴追踪等命令完成，并用单行文字命令输入±0.000，如图 12-67 所示。

使用“修改”面板中的复制命令完成其他标高的绘制。鼠标左键选中文字内容，单击“特性”面板旁的箭头，修改标高符号、文字内容。绘制结果如图 12-68 所示。

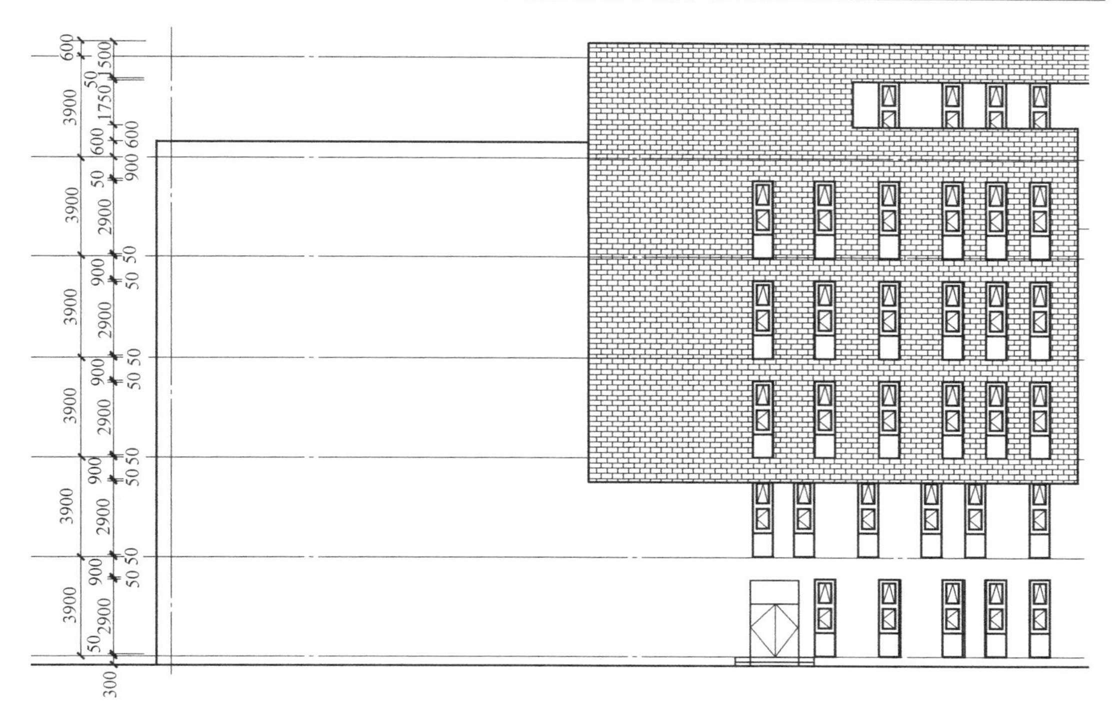

图 12-66　标注连续尺寸

±0.000

图 12-67　标高的绘制

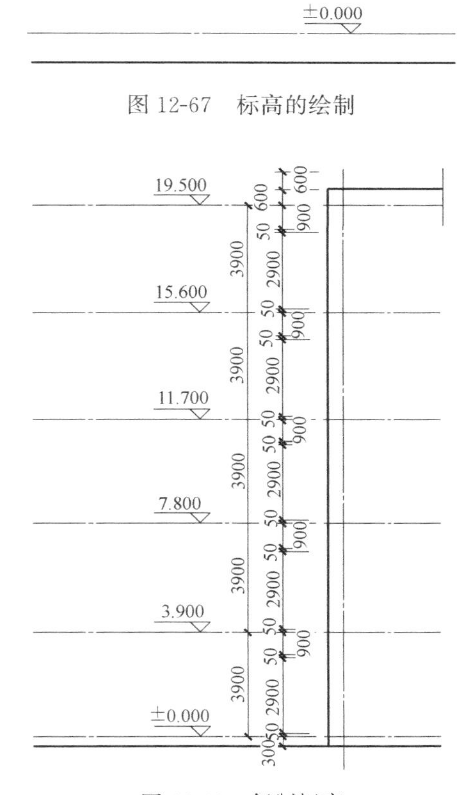

图 12-68　复制标高

（3）标注图名。

将“文本”图层设置为当前层，使用单行文字命令在图纸的下方标注图名“⑪～①轴立面图”和比例“1：150”，字高为 650，文字样式均为“汉字”。再使用直线命令在图名的下侧绘制 0.5mm 的粗实线，绘图结果如图 12-43 所示（图纸详见附录）。

12.3 AutoCAD 绘制建筑剖面图

12.3.1 绘制方法与步骤

本节以图 12-69 ××学院管理工程实训楼建筑 1—1 剖面图为例，介绍使用 AutoCAD 2018 绘制建筑剖面图的过程。一般建筑剖面图的绘制步骤为：

（1）设置绘图环境。

（2）绘制定位轴线。

（3）绘制墙体和楼地面。

（4）绘制门窗。

建筑剖面图

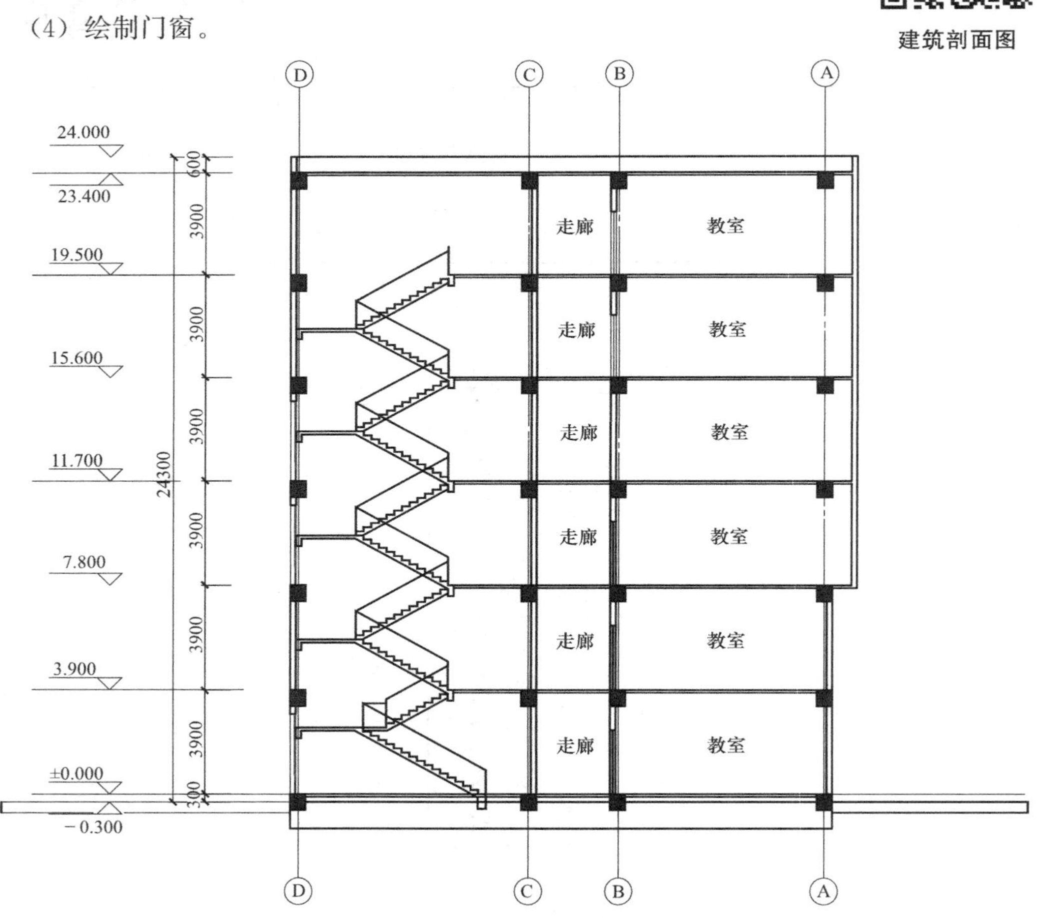

1-1剖面图 1:150

图 12-69 ××学院管理工程实训楼建筑剖面图

（5）绘制柱子。

（6）绘制楼梯。

（7）标注文字和尺寸。

12.3.2　绘图实例

1. 设置绘图环境

（1）新建图形文件。

启动计算机，打开 AutoCAD 2018 软件，单击快速访问工具栏中的新建命令按钮，弹出“选择样板”窗口，可选择默认样板文件“acadiso.dwt”，单击“打开”按钮，进入 AutoCAD 2018 绘图界面。

（2）设置绘图区域。

在菜单栏中点击“格式”→“图形界限”，或者在命令行输入 Limits，按回车键确认，由此设置图幅范围。

提示“指定左下角点”，默认值为（0，0）点，直接按回车键确认。

提示“指定右上角点”，案例中采用 1∶1 的比例绘图，按 0 号图纸 1∶100 的比例出图，所以设置绘图范围为＜118900，84100＞，输入“118900，84100”，按回车键确认。

（3）新建图层及设置。

首先新建图层，单击“图层”面板中的图层特性按钮，弹出“图层特性管理器”窗口，然后点击新建按钮，新建“轴线”“墙体”“门窗”“柱子”“楼梯”“标题栏”“尺寸标注”“其他”图层，如图 12-70。图层的状态、名称、图层开关、颜色、线型、线宽等特性都可以单击进行修改。

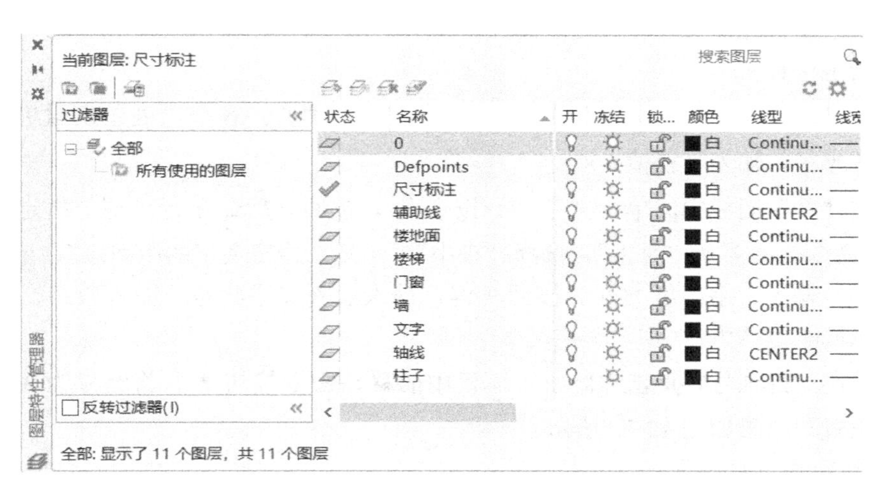

图 12-70　新建图层及设置

（4）设置文字样式和标注样式。

文字样式设置有两种，分别是数字和汉字，数字样式采用“Simplex.shx”字体，汉字使用仿宋字体。标注样式设置为“建筑”。文字样式和标注样式的其他设置，均可以在菜单栏中的“格式”或“注释”面板进行修改。

绘制一幅高质量的建筑工程图纸，首先要做的就是设置好绘图环境，这些设置对于后期的图纸绘制至关重要。

2. 绘制轴线

（1）绘制轴线。

将“轴线”层设置为当前图层，打开状态栏中的极轴追踪按钮、对象捕捉追踪按钮、对象捕捉按钮。

① 绘制Ⓐ轴线：单击“绘图”面板中的直线命令按钮。命令行中出现“指定第一点”，在绘图区左下角位置单击鼠标左键，或者直接输入第一点值后按回车键。命令行中出现“指定下一点”，输入轴线长度 100000mm，按回车键。再次按回车键结束直线命令，如图 12-90 所示。

② 绘制Ⓑ、Ⓒ、Ⓓ轴线：通过“修改”面板中的偏移命令按钮，绘制出Ⓑ、Ⓒ、Ⓓ轴线。

绘制Ⓑ轴：点击偏移命令按钮后，命令行中出现“指定偏移距离”，即Ⓐ、Ⓑ轴之间的距离，输入 7500 并按回车键；出现“选择要偏移的对象”，即以Ⓐ轴为复制对象；出现“指定要偏移的那一侧上的点”，即绘制的Ⓑ轴与Ⓐ轴的相对位置，Ⓑ轴处于Ⓐ轴上侧。

绘制Ⓒ轴：选择要偏移的对象，即以Ⓑ轴为复制对象，输入Ⓑ、Ⓒ轴间的“指定偏移距离”3300 并按回车键。

绘制Ⓓ轴：选择要偏移的对象，即以Ⓒ轴为复制对象，输入Ⓒ、Ⓓ轴间的“指定偏移距离”8400 并按回车键。

绘制完成的轴线，如图 12-71 所示。

（2）标注轴号。

轴号的绘制首先需要在空白处绘制几何图形圆，然后在圆内输入轴号编号，最后将轴号移动到指定位置。

单击“绘图”面板中的圆命令按钮，指定圆的圆心，在空白处单击鼠标左键，出现指定圆的半径，输入半径值 500。

单击“注释”面板中的单行文字命令按钮A，按回车后命令行出现“指定文字的中间点”，在命令行中选择“对正”，选择“正中”，出现“指定文字的中间点”，鼠标左键捕捉圆的圆心，输入文字高度 900 后按回车键，进入输入文字状态，输入数字 1 后按回车键，再次按回车键结束。

选中绘制好的轴号，单击“修改”面板中的移动命令按钮，将编号为Ⓐ的轴号移动到轴线位置，结果如图 12-72 所示。

3. 绘制墙体、楼地面

（1）绘制墙体。

将“轴线”层锁定，点击“图层”面板中的锁定按钮，然后将“墙体”层设置为当前层。绘制墙体需要提前设置好墙体厚度和偏移值，再绘制外墙，然后绘制隔墙，最后修剪门窗洞口。

① 设置多线样式：单击下拉菜单栏中的“格式”→“多线样式”命令，新建多线样式

命名为 200，点击“继续”出现“新建多线样式”窗口，偏移值修改为 300 和 100。

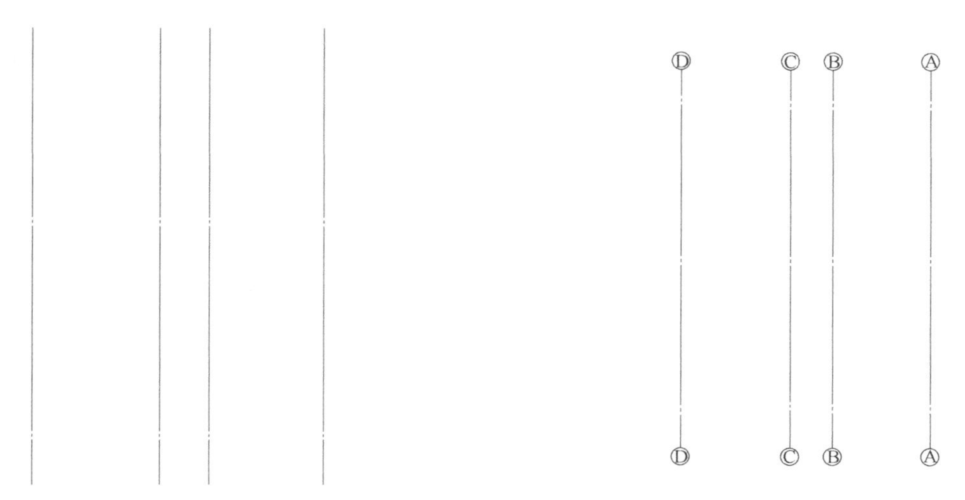

图 12-71　绘制轴线

图 12-72　绘制完成的轴线

② 墙的绘制：

使用多线命令按照顺时针方向绘制外墙，单击菜单栏中的“绘图”→“多线”命令，出现“指定起点或［对正（J）/比例（S）/样式（ST）］”，在命令行点击“样式”，输入刚才建立名称为“200”的墙体并按回车键，依次绘制外墙，按回车键结束命令。

使用多线命令绘制内墙，操作方法与绘制外墙一致。内墙绘制完成后，内墙与外墙连接的位置可以使用菜单栏中的“修改”→“对象”→“多线”命令进行修正，根据需要可选择 T 形打开、角点结合等工具。修改完成后的内外墙体如图 12-73 所示。

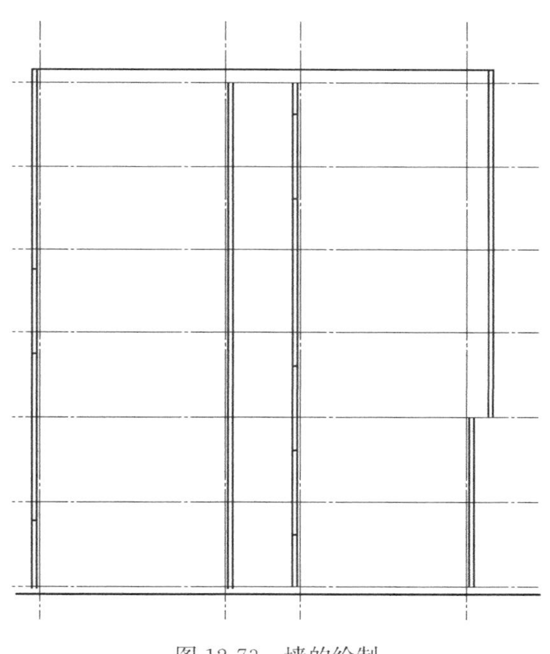

图 12-73　墙的绘制

③ 修剪门窗洞口。

修剪门窗洞口主要是为了预留出绘制门窗的位置或其他需要修剪的洞口。

首先需要绘制门窗洞口一端的墙线，单击“绘图”面板中的直线命令按钮，出现“指定第一个点”，鼠标移至起点然后水平向右移动，输入 3000 并按回车键确定直线第一个点，捕捉墙线的另一个点，单击鼠标左键完成。

完成一条墙线后，利用“修改”面板中的偏移命令，绘制出其他位置门窗洞口两端的墙线。

最后，使用“修改”面板中的修剪命令，修剪门窗洞口，结果如图 12-74 所示。

(2) 绘制地面。

将“地面”图层设置为当前。运用多线命令沿轴线绘制地面面层线，然后运用偏移复制命令向下复制楼地面面层线，偏移距离为3900，楼地面绘制的操作与墙体绘制一致，绘制结果如图12-75所示。

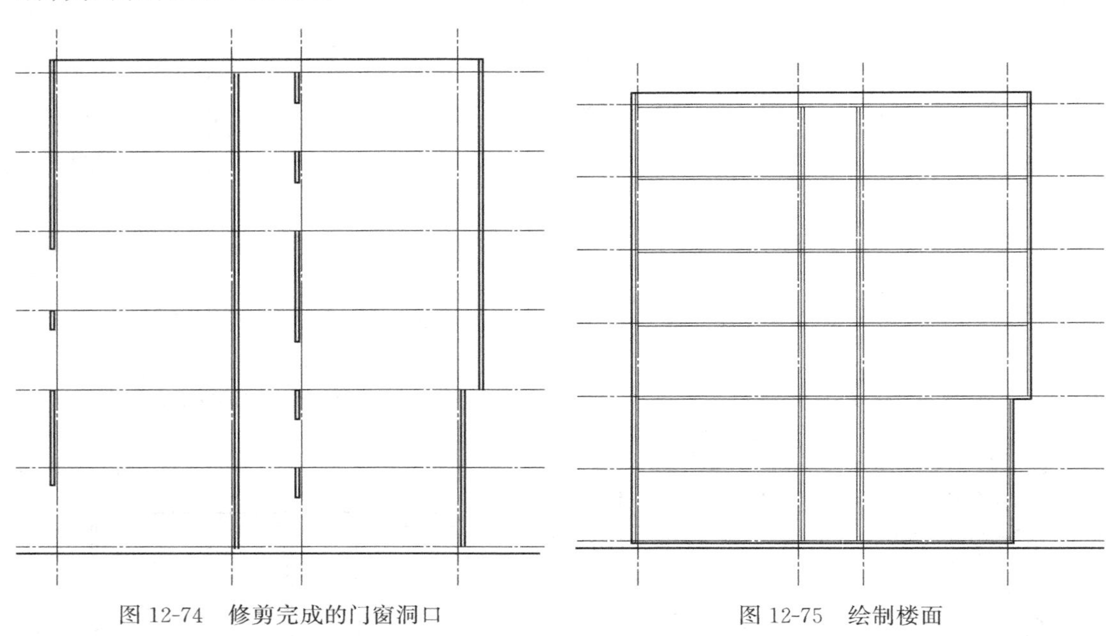

图12-74　修剪完成的门窗洞口　　　　图12-75　绘制楼面

4. 绘制门和窗

窗的绘制，首先要绘制出由直线组成的一个窗块整体，然后插入绘制好的窗块，最后把窗块复制到指定位置。窗块便于修改、定义且使用方便。

(1) 绘制窗。

选择“门窗”层为当前层，运用矩形命令在任意空白位置绘制一个长3000、宽200的矩形，单击“修改”面板中的偏移命令按钮，将窗线绘制出来，如图12-76所示。

将由各直线组成的窗图形块合并为整体，使用“块”面板中的创建命令按钮，名称输入“窗1”，单击“选择对象”按钮，此时块定义窗口消失，鼠标左键选择所有组成窗的对象，单击鼠标右键重新弹出“块定义”窗。在“块定义”窗口中，点击“拾取点”命令，此时块定义窗口消失，选择窗块右下角为基点。点击“确定”按钮，块命令结束。

将已经绘制好的窗复制到指定位置，选中窗块，单击“修改”面板中的复制命令按钮，选择左上角为基点，依次将所有窗绘制完毕。绘制结果如图12-77所示。

图12-76　绘制窗

(2) 绘制门。

门的绘制方法与窗的绘制过程一样，按照门的绘制步骤得到的门绘制结果如图12-78所示。

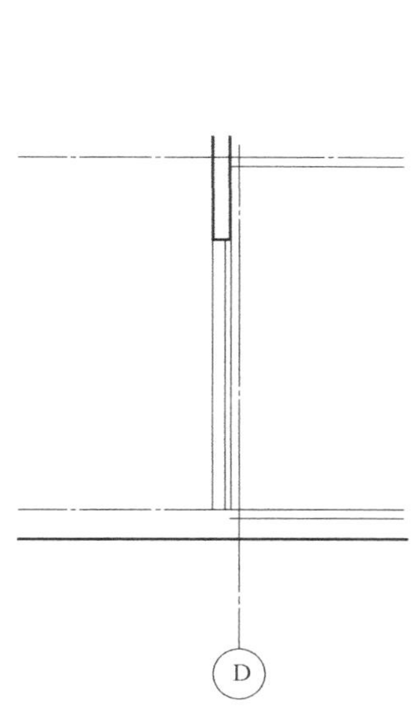

图 12-77　窗的绘制结果

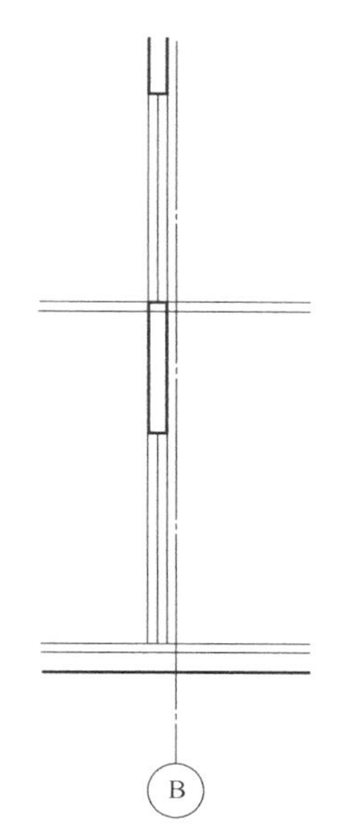

图 12-78　门的绘制结果

5. 绘制柱

绘制柱首先需要绘制出轮廓线，然后将柱填充颜色，最后将绘制好的柱复制到指定位置直至所有柱绘制完毕。

将“柱子”图层置为当前。锁定“门窗”“墙体”图层。单击“绘图”面板中的矩形命令按钮，命令行出现“指定第一个角点”，在任意位置单击鼠标左键，出现“指定另一个角点”，鼠标左键在命令行中点击“尺寸”，输入柱长 550 按回车键，输入柱宽 600 按回车键，单击鼠标左键结束命令。

将绘制好的矩形填充为黑色，单击“绘图”面板中的图案填充命令，图案选择“SOLID”，然后点击“选择”命令选中绘制好的矩形，关闭图案填充创建。

将绘制好的柱移动到指定位置，并复制柱到其他位置直至所有柱绘制完毕，如图 12-79 所示。

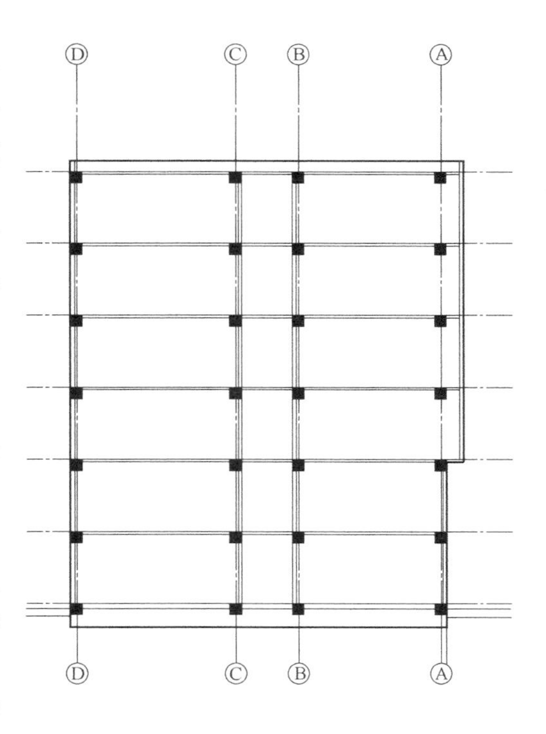

图 12-79　绘制完成的柱子

6. 绘制楼梯

在剖面图中，楼梯的绘制包括楼梯休息平台、踏步、梯段板和护栏。在本节中，楼梯共有两种样式，包括底层楼梯和二、三、四、五层楼梯。对于二、三、四、五层楼梯，可以只画出二层楼梯，然后利用复制命令将二层楼梯复制到三、四、五层。

（1）绘制楼梯休息平台。

将“楼梯”设置为当前图层。利用多线命令绘制楼梯休息平台，楼梯板厚度 120。

（2）绘制底层楼梯踏步。

在状态栏中设置对象捕捉方式为“端点”“中点”，打开“正交限制光标”。

单击“绘图”面板中的直线命令按钮╱，以楼板端为起点，单击鼠标左键。鼠标沿垂直方向向下，输入踏步高度 156 按回车键。鼠标沿水平方向向右，输入踏步宽度 280 按回车键。至此一个踏步已经绘制完毕，使用“修改”面板中的复制命令绘制出所有的踏步，结果如图 12-80 所示。

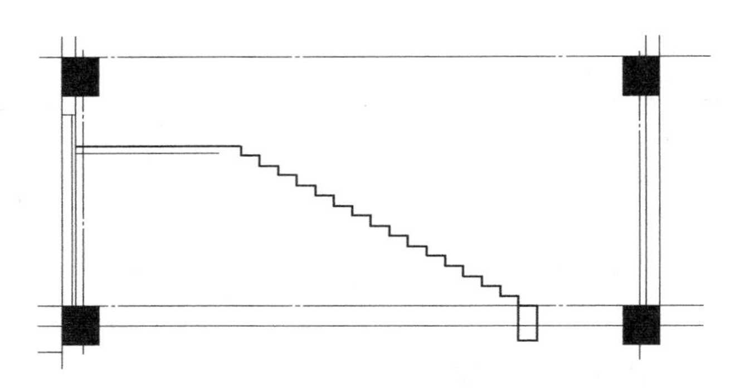

图 12-80　绘制完成的底层楼梯踏步

（3）绘制底层楼梯梯段板。

单击“绘图”面板中的直线命令，捕捉绘制踏步的起点和终点，绘制一条直线。命令行中出现“指定第一点”，捕捉踏步起点单击鼠标左键。出现“指定下一点”，捕捉踏步终点单击鼠标左键，按回车键结束命令，直线绘制完毕。

然后使用“修改”面板中的偏移命令，将所绘制的直线向左下方偏移 120。点击偏移命令后，命令行中出现“指定偏移距离”，输入 120 按回车键。出现“选择要偏移的对象”，选中刚才绘制的直线。出现“指定要偏移的那一侧上的点”，在直线左下方单击鼠标左键，按空格键结束命令。

最后使用延伸和修剪命令，修改偏移出的直线，第一梯段板绘制完成，结果如图 12-81 所示。

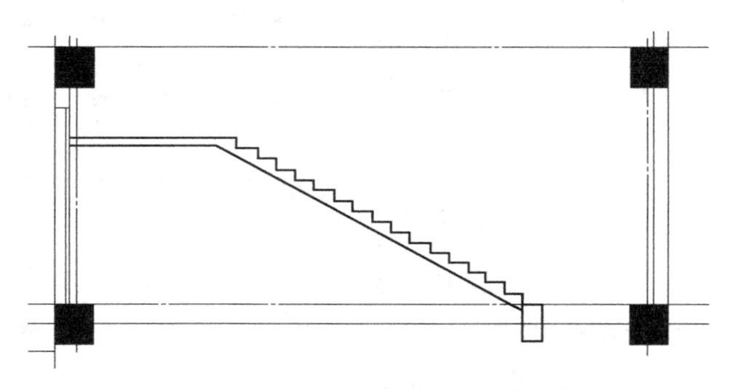

图 12-81　梯段板绘制结果

（4）绘制底层楼梯护栏。

运用直线命令绘制楼梯护栏，护栏高度为 900。在楼梯两端分别绘制长度为 900 的直线，然后捕捉两条直线的端点绘制一条直线，护栏就绘制完成了，结果如图 12-82 所示。

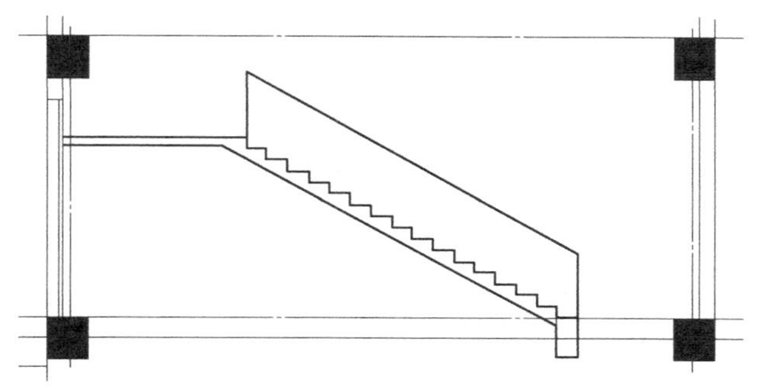

图 12-82　绘制完成的楼梯护栏

其他楼梯的绘制与上述步骤相同，按照同样的方法将其他楼梯绘制出来，结果如图 12-83 所示。

7. 标注尺寸、标高和图名

（1）标注尺寸。

将"尺寸标注"层设置为当前层，锁定其他层，在"注释"面板中将标注样式改为"建筑"标注样式。单击"注释"选项卡，在"标注"面板中单击线性命令按钮。出现"指定第一个尺寸界线原点"，捕捉尺寸标注的第一点，鼠标放置该点显示"交点"时单击鼠标左键。出现"指定第二条尺寸界线"，捕捉尺寸标注的第二点，鼠标放置该点显示"交点"时单击鼠标左键。出现"指定尺寸线位置"，将尺寸标注放置在合适位置后单击鼠标左键，结果如图 12-84 所示。

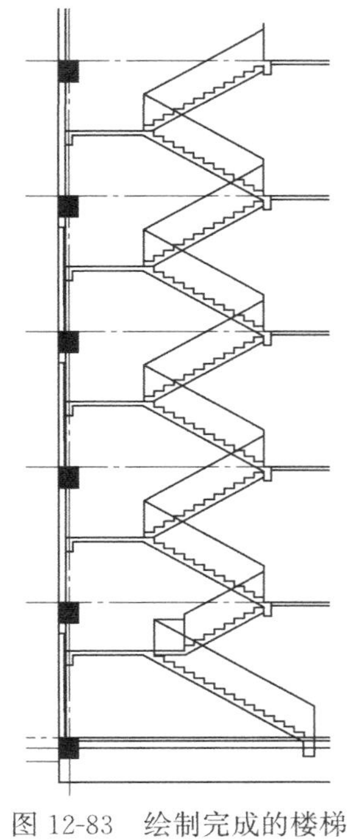

图 12-83　绘制完成的楼梯

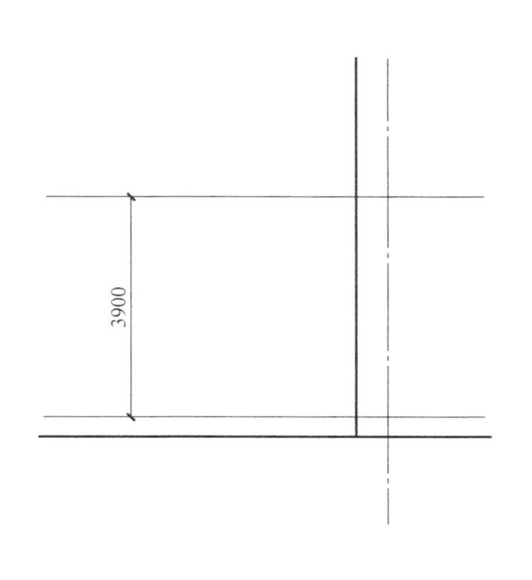

图 12-84　尺寸标注结果

绘制完一个尺寸后，单击“标注”面板中的连续命令按钮，捕捉交点单击鼠标左键继续绘制其他尺寸线，结果如图 12-85 所示。在绘制过程中，文字位置、箭头大小、尺寸线和尺寸界线的参数等，都可以在“注释”面板中的标注样式或者“特性”面板中进行修改。

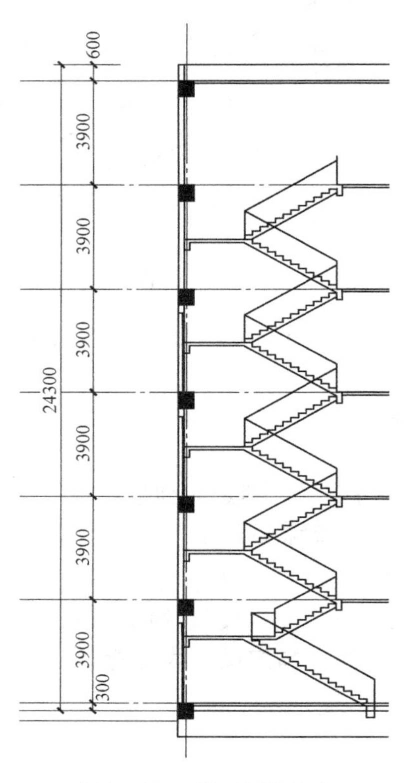

图 12-85 标注连续尺寸

（2）绘制标高。

标高的绘制，可以使用单行文字、直线、极轴追踪等命令完成，并用单行文字命令输入±0.000，如图 12-86 所示。

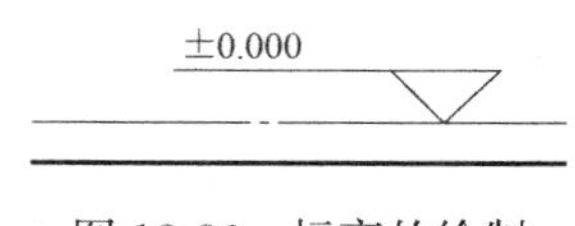

图 12-86 标高的绘制

使用“修改”面板中的复制命令完成其他标高的绘制。鼠标左键选中文字内容，单击“特性”面板旁的箭头，修改标高符号、文字内容。绘制结果如图 12-87 所示。

（3）标注图名。

将“文本”图层设置为当前层，使用单行文字命令在图纸的下方标注图名“1-1 剖面图”和比例“1∶150”，字高 650，文字样式均为“汉字”。再使用直线命令在图名的下侧绘制 0.5mm 的粗实线，绘制结果如图 12-87 所示。

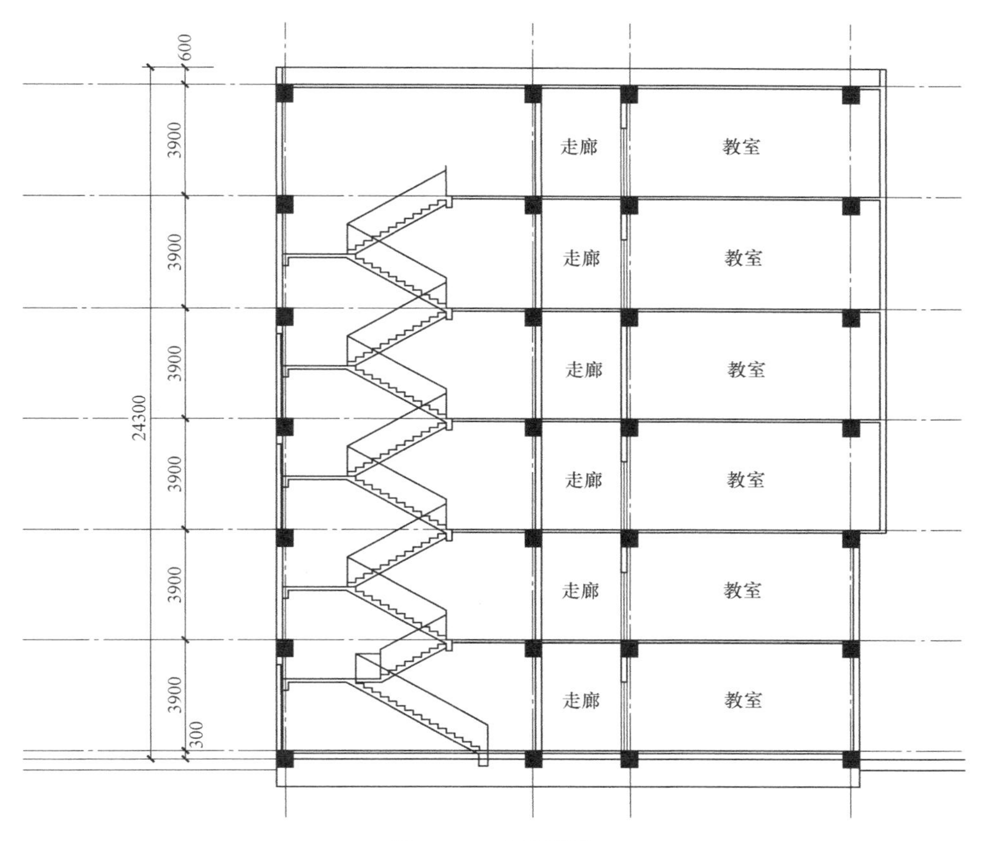

图 12-87　复制标高

【本章小结】

本章学习了使用 AutoCAD 2018 绘制建筑平面图、立面图、剖面图。在使用软件绘制工程图时，首先需要建立好图层，便于图纸后期的修改，然后通过不同的命令绘制出建筑的各部分。

【思考与习题】

（1）简述 AutoCAD 绘制建筑平面图的步骤。

（2）简述 AutoCAD 绘制建筑立面图的步骤。

（3）简述 AutoCAD 绘制建筑剖面图的步骤。

参 考 文 献

［1］ 姚继权，刘佳．工程制图［M］．北京：北京理工大学出版社，2017.
［2］ 姚继权，刘佳．工程制图学习指导［M］．北京：北京理工大学出版社，2017.
［3］ 何斌，陈锦昌，王枫红．建筑制图：第七版［M］．北京：高等教育出版社，2015.
［4］ 陈美华，袁果，王英资．建筑制图习题集：第七版［M］．北京：高等教育出版社，2019.
［5］ 姚继权，倪树楠．建筑构造与识图．［M］．北京：中国建材工业出版社，2010.
［6］ 张静，鲁桂琴，高树峰．土木工程制图．［M］．北京：北京理工大学出版社，2013.
［7］ 王琳，宋丕伟．工程制图．［M］．北京：北京理工大学出版社，2018.
［8］ 王芳．AutoCAD 2018 建筑施工图绘制实例教程［M］．北京：清华大学出版社，北京交通大学出版社，2018.
［9］ 崔景，张耀军．土木工程制图［M］．广州：华南理工大学出版社，2016.